AF561746

Philip Ball

EXPERIMENTE

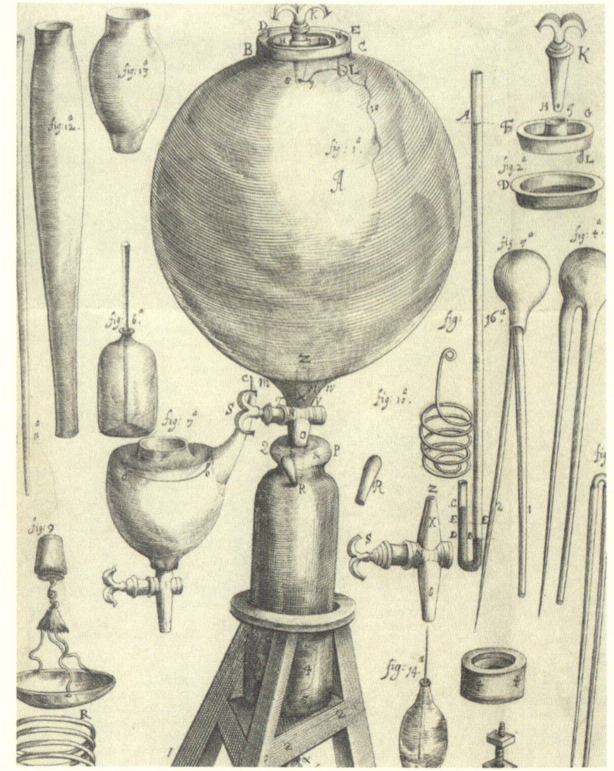

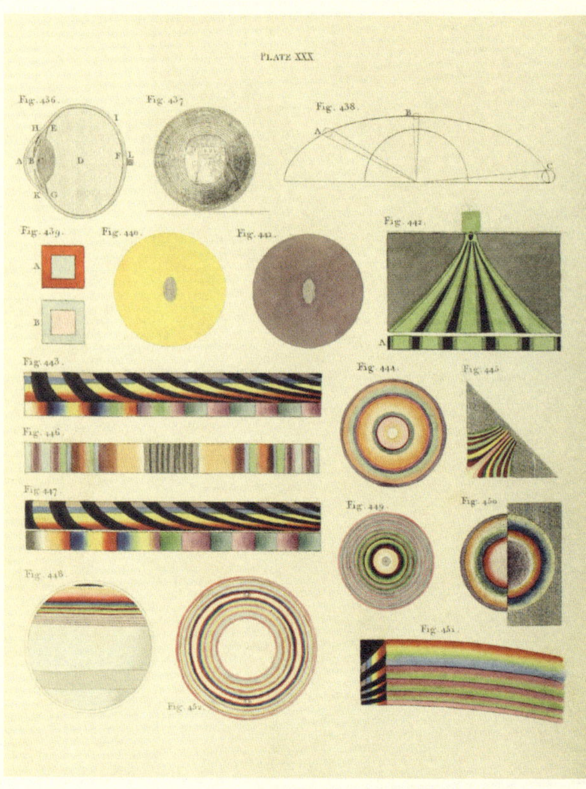
PLATE XXX

Philip Ball

EXPERI MENTE

Versuch und Irrtum in der Wissenschaft

Aus dem Englischen übersetzt von Susanne Schmidt-Wussow

Haupt Verlag

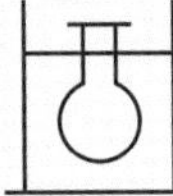

Philip Ball ist ein britischer Chemiker, Physiker und Wissenschaftsjournalist. Er war während vieler Jahre Redakteur der wissenschaftlichen Zeitschrift «Nature» und wurde mehrfach für seine naturwissenschaftlichen Sachbücher ausgezeichnet, u.a. mit dem «Prize for Science Books» der Royal Society.

1. Auflage: 2024

ISBN 978-3-258-08343-8

Aus dem Englischen übersetzt von Susanne Schmidt-Wussow, D-Berlin
Umschlaggestaltung und Satz der deutschsprachigen Ausgabe:
Die Werkstatt Medien-Produktion GmbH, D-Göttingen
Layout: Quarto Publishing plc, GB-London
Umschlagabbildungen: vorne: Wellcome Collection/473452i; hinten: Wellcome Collection/37197i

Die englischsprachige Originalausgabe erschien 2023 unter dem Titel *Beautiful Experiments. An Illustrated History of Experimental Science* bei The University of Chicago Press, London/Chicago.

Gedruckt in China

Um lange Transportwege zu vermeiden, hätten wir dieses Buch gerne in Europa gedruckt. Bei Lizenzausgaben wie diesem Buch entscheidet jedoch der Originalverlag über den Druckort. Der Haupt Verlag kompensiert mit einem freiwilligen Beitrag zum Klimaschutz die durch den Transport verursachten CO_2-Emissionen. Dabei unterstützt der Verlag ein Projekt zur nachhaltigen Forstbewirtschaftung in der Zentralschweiz.

Wir verwenden FSC®-zertifiziertes Papier. FSC® sichert die Nutzung der Wälder gemäß sozialen, ökonomischen und ökologischen Kriterien.

Diese Publikation ist in der Deutschen Nationalbibliografie verzeichnet. Mehr Informationen dazu finden Sie unter http://dnb.dnb.de.

Der Haupt Verlag wird vom Bundesamt für Kultur für die Jahre 2021–2024 unterstützt.

Inhalt

HINWEIS ZUR STRUKTUR DES BUCHES

Die Kapitel sind thematisch und in sich chronologisch geordnet. Die Kapitel 3 und 4 sind zum besseren Verständnis unterteilt. Vor den Unterkapiteln findet sich jeweils eine kurze Einführung in die Kernthemen.

Einführung

Experimente stehen im Zentrum der Wissenschaft. Wissenschaftliche Entdeckungen werden typischerweise durch Experimentieren gemacht – von der Entdeckung des ersten Virus 1892 bis zur Herstellung von Impfstoffen gegen das Covid-Virus SARS-CoV 2 im Jahr 2020. Wir begegnen Experimenten schon früh in der Schule, etwa im Physikunterricht mit Gewichten und Federn oder im Chemieunterricht beim Entzünden von Wasserstoff in einem Reagenzglas. Wir könnten also versucht sein anzunehmen, dass wir verstanden haben, wie genau Experimente zu verlässlichem und nützlichem Wissen führen. Aber eigentlich haben wir das nicht. Diese (sehr selektive) Geschichte der experimentellen Wissenschaft soll unter anderem zeigen, dass es keine stetige Anhäufung von Wissen durch die gut geölten Zahnräder der experimentellen Methodik in der Wissenschaft gab, sondern dass der ganze Prozess insgesamt eher planlos, zufällig und auch erfinderisch ablief.

Ein solcher geschichtlicher Abriss, der sich auf bestimmte wichtige und oft elegante Experimente konzentriert, ist notwendigerweise durch die Tatsache beschränkt, dass einige der wichtigsten Experimente in der Geschichte der Menschheit weit vor dem Beginn der Geschichtsschreibung liegen; so zum Beispiel, dass irgendwann im zweiten Jahrtausend v. Chr. im Nahen Osten jemand als Erster entdeckte, dass das Erhitzen von Eisenerz mit Kohle in einem Brennofen geschmolzenes Metall freisetzt – damit läutete die Person (unwissentlich) die Eisenzeit ein. Unzählige antike Arzneimittel wurden durch experimentelle Versuche und Irrtümer entdeckt; darunter auch einige, die zweifellos nutzlos (oder schlimmer) waren, aber auch einige von echtem therapeutischem Wert. Oft heißt es, dass man solche Entdeckungen kaum zu den Experimenten zählen könne, weil sie die Ergebnisse glücklicher Zufälle waren und nicht systematischer Manipulationen natürlicher Materialien. Das ist sicherlich unfair. Handwerksleute richteten sich auch in alten Zeiten oft nach recht präzisen Rezepten, um Handelswaren wie Anstriche, Färbemittel, Glas, Zement und Kosmetika herzustellen, die durch sorgfältige Beobachtung verfeinert worden sein mussten. Wir haben allen Grund zu der Annahme, dass sie aktiv nach Neuartigem suchten.

Handwerkliche Arbeit wurde in der Wissenschaftsgeschichte lange vernachlässigt – ein Versäumnis, das heute korrigiert wird, das aber mit Sicherheit eine vermeintliche intellektuelle Hierarchie widerspiegelt, in der Theorien ganz oben stehen. Das Experimentieren, das in der Praxis durchaus seinen Nutzen hat, wurde lange als eine Tätigkeit von geringem Status angesehen: Es war Handarbeit, keine Philosophie. Wie der britische Biologie Peter Medawar es formulierte, war die «angewandte Wissenschaft» vulgär, während reine Wissenschaft ohne praktisches Anwendungsziel oder Ergebnis als «lobenswert nutzlos» galt. In dieser Betrachtungsweise besteht der Zweck von Experimenten darin, Theorien voranzubringen und neues Wissen über die Welt zu erschaffen und nicht nur irgendein neues Produkt. Doch auch das ist nicht wahr. Viele wissenschaftliche Experimente, vor allem in der Chemie und der Materialwissenschaft, dienen heute dazu, eine nützliche oder vielleicht einfach eine interessante neue Substanz herzustellen. Unsere materiellen Verhältnisse haben sich durch diese Art von Experimenten deutlich verbessert.

Dennoch ist das experimentelle Labor tatsächlich auch der Schmelzofen, in dem neues Verständnis entsteht. Die Philosophien der Antike, von Babylonien über Griechenland bis nach China, waren keineswegs, wie manchmal impliziert wird, frei von investigativen Methoden, die wir heute sicher Experimente nennen würden. Die Abhandlung über Optik des ägyptisch-römischen Philosophen Ptolemäus aus dem 2. Jahrhundert beispielsweise beschreibt ein Experiment, bei dem eine Münze in einem Becher aus einem Winkel betrachtet wird, in dem sie gerade eben vom Rand verdeckt wird, und dann sichtbar wird, sobald Wasser hineingegossen wird. Auf diese Weise wird die Beugung von Lichtstrahlen durch Refraktion

Roger Bacon in seinem Observatorium am Merton College, Oxford. Ernest Board, Öl auf Leinwand, 20. Jahrhundert. Wellcome Collection, London.

demonstriert. Antike griechische Autoren beschreiben Experimente zu Hydraulik, Luft und Wasserdruck. Aristoteles sagt, dass das Sezieren von Tieren die Vorstellung widerlege, das Geschlecht eines Embryos werde dadurch festgelegt, auf welcher Seite des Uterus er sich entwickelt; der griechische Arzt Galen erweiterte später sein Verständnis der Anatomie durch umfangreiche Vivisektionen an Tieren. Griechische Texte sind voller Behauptungen à la «wenn du X tust, wirst du Y sehen». Wahrscheinlich wurden einige dieser Behauptungen nie auf den Prüfstand gestellt (einige sind in der Tat auch offenkundig absurd), aber sie zeigen, dass die griechischen Philosophen durchaus die *Erfahrung* wertschätzten und nicht nur abstrakte Argumentation.

In klassischen und mittelalterlichen Texten werden die Worte *experientia* und *experimentum* oft mehr oder weniger synonym gebraucht. «Experimente» wurden daher im Mittelalter häufig eher zu Demonstrationszwecken durchgeführt als mit dem Ziel, eine Theorie oder Idee auszuwerten: Die Erfahrung bestätigt ihren Wahrheitsgehalt. Der englische Philosoph Francis Bacon, der vielfach als Vater der «experimentellen Philosophie» gilt, traf im 17. Jahrhundert eine wichtige Unterscheidung zwischen Wissen, das zufällig erworben wird (das uns also die Erfahrung lehrt), und Wissen, das wir durch bewusstes Handeln erlangen. Nur Letzteres, sagt er, ist ein echtes Experiment.

Doch Experimente dürfen nicht einfach eine Reihe zufälliger Dinge sein, die wir beobachten. Wie also macht man daraus mehr? Bacon versuchte sich in seinem Buch *Novum Organum* (1620) an einer Antwort, indem er erklärte, wie sich Beobachtungen systematisch so sammeln lassen, dass man von spezifischen Fakten zu allgemeinen Axiomen kommt. Seine Methode war kompliziert und wurde von den «experimentellen Philosophen», die er inspirierte, nie tatsächlich angewandt. Vor allem aber lieferte er Argumente für das Experimentieren als bester Methode, um die Welt zu verstehen. Das nämlich war einer der Einwände gegen das gerade erfundene Mikroskop: dass es das Bild des Probestücks nicht nur vergrößerte, sondern verzerrte. Bacon konterte, dass «künstliche Dinge sich von natürlichen Dingen nicht in Form oder Wesenskern unterscheiden, sondern nur in der Ursache», also darin, wie sie entstanden. Der Schlüssel zum Experimentieren, argumentierten seine Verfechter, liege darin, dass man Verallgemeinerungen von natürlichen Vorgängen auf Prozesse anstellen könne, die unter kontrollierten Laborbedingungen zu beobachten sind. Diese Argumentation führte beispielsweise William Gilbert zu Beginn des 17. Jahrhunderts

Lichtbrechung durch ein rundes Glas voll Wasser nach Ptolemäus. Aus: Roger Bacon: *De multiplicatione specierum* (1275–1300), Manuscript Royal 7 F VIII, The British Library, London.

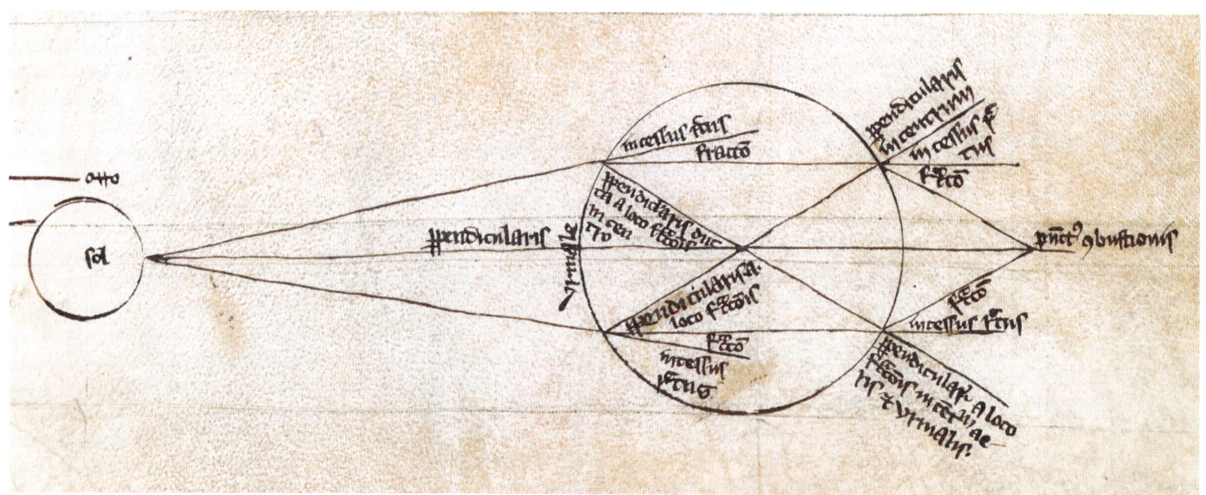

William Gilbert demonstriert Elizabeth I. 1598 einen Magneten. Gilberts *De magnete* galt als das führende Werk über magnetische und elektrische Phänomene seiner Zeit. Ernest Board, Öl auf Leinwand, 20. Jahrhundert. Wellcome Collection, London.

zu der These, dass die Erde selbst eine Art Magnet sei. Der Wissenschaftshistoriker David Wootton schreibt, in Gilberts Buch *De magnete* (1600) wurde «erstmals […] die experimentelle Methode als etwas dargestellt, das die traditionelle philosophische Fragestellung und die transformierende Philosophie ablösen konnte». Im 17. Jahrhundert begannen Wissenschaftler (auch wenn sie erst zweihundert Jahre später so genannt wurden), mit Methoden zu arbeiten, die die heutige Wissenschaft wiedererkennen würde: Es war die Zeit, die traditionell als «wissenschaftliche Revolution» bezeichnet wurde, auch wenn dieser Begriff inzwischen höchst umstritten ist.

Ein Wandel dieser Größenordnung passierte nicht einfach, weil alle ihre Arbeitsweise änderten. Er verlangte auch eine Veränderung in der Wissenschafts*kultur:* eine Akzeptanz, dass dies die richtige Methode ist, die Natur zu studieren. Wie Wootton erklärt: «Nicht das Durchführen von Experimenten zeichnet die moderne Wissenschaft aus, sondern die Herausbildung

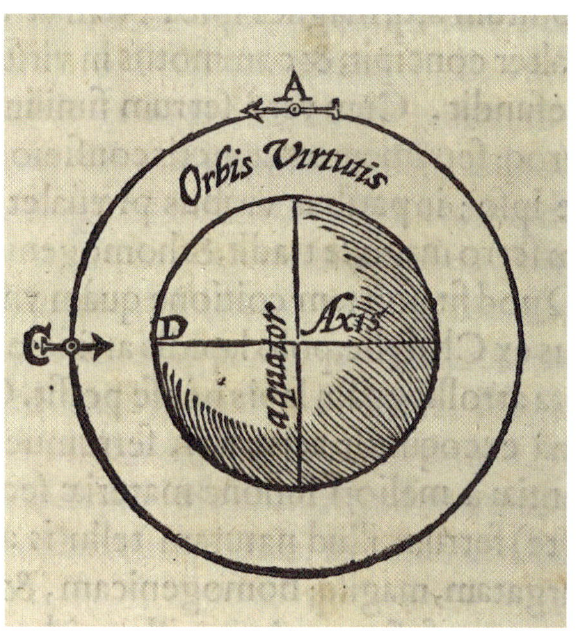

Illustration aus Willam Gilbert: *De magnete*, London; gedruckt von P. Short, 1600, Wellcome Collection, London. Gilbert hielt die Erde für eine Art Magnet.

einer kritischen Gemeinschaft, die Entdeckungen beurteilen und Ergebnisse replizieren kann.» Das bedeutete beispielsweise, sich auf die richtige Art zu einigen, seine Ergebnisse zu präsentieren (nämlich in Form objektiver, sachlicher Berichte, wie sie heute noch erstellt werden). Es bedeutete auch, sich darauf zu einigen, was und wem man vertraut. Die britische Royal Society, gegründet 1660 in London und inspiriert von Bacons Vision einer empirischen Wissenschaft, errichtete ein internationales Netzwerk verlässlicher Quellen für Berichte über Experimente. Der Ruf (und häufig der gesellschaftliche Status) waren wichtig; Wissenschaft wurde zu einer gesellschaftlich verhandelten Angelegenheit, und man musste nach den Regeln spielen.

Dieser Aspekt der Wissenschaft tritt deutlich zutage, wenn man sich einen Überblick über die Geschichte des Experimentierens verschafft. Wer hatte die Ressourcen, um Experimente durchzuführen? Wessen Stimme wurde und wird gehört (und wessen ignoriert)? Wie wird ein Experiment überzeugend gestaltet? Was ist sein Zielpublikum? Der Aufstieg der experimentellen Wissenschaft brachte verlässliches, durch Erfahrung bestätigtes Wissen, jedoch nicht ohne Komplikationen und Vorbehalte durch ihren gesellschaftlichen Kontext. Die Geschichte der Wissenschaft (experimentell oder nicht) ist kein Paradebeispiel für Vielfalt, auch wenn inzwischen Beiträge ans Licht geholt und gewürdigt werden, die zuvor außer Acht gelassen, vergessen oder ignoriert wurden. Wir können hoffen, dass die Wissenschaft der Zukunft es besser machen und davon profitieren wird.

Experimente bezeugen, wie die Wissenschaft sich das Nichtwissen zu eigen macht. Das wahrscheinlich Schlimmste, was man in der Wissenschaft tun kann, ist anzunehmen, man wüsste, was in einem gegebenen Szenario passieren wird, ohne es zu überprüfen. Der Aufstieg der experimentellen Philosophie fiel mit der Umdeutung der Neugier als wertvolle statt als fragwürdige menschliche Eigenschaft zusammen. Obwohl der experimentellen Wissenschaft heute oft unterstellt wird, sie sei durch einen philosophischen Rahmen und eine anerkannte Methodik («nenne deine Hypothese und überprüfe sie dann») untermauert, kann man in der Tat, wie der Wissenschaftsphilosoph Ian Hacking sagt, auch «ein Experiment aus reiner Neugier durchführen, nur um zu sehen, was passiert». In der Tat sollte man in den Augen des Sohnes von Charles Darwin, des Astronomen George Darwin, ab und zu ein vollkommen verrücktes Experiment durchführen, selbst wenn es höchstwahrscheinlich keine Ergebnisse bringen wird. Denn das weiß man nie, was daraus werden kann, bevor man es versucht.

James Gillrays mit Aquarell kolorierte Radierung *A Natural Philosopher* von 1796 zeigt Adam Walker bei der Durchführung wissenschaftlicher Experimente. Wellcome Collection, London.

Priestley
Frankl

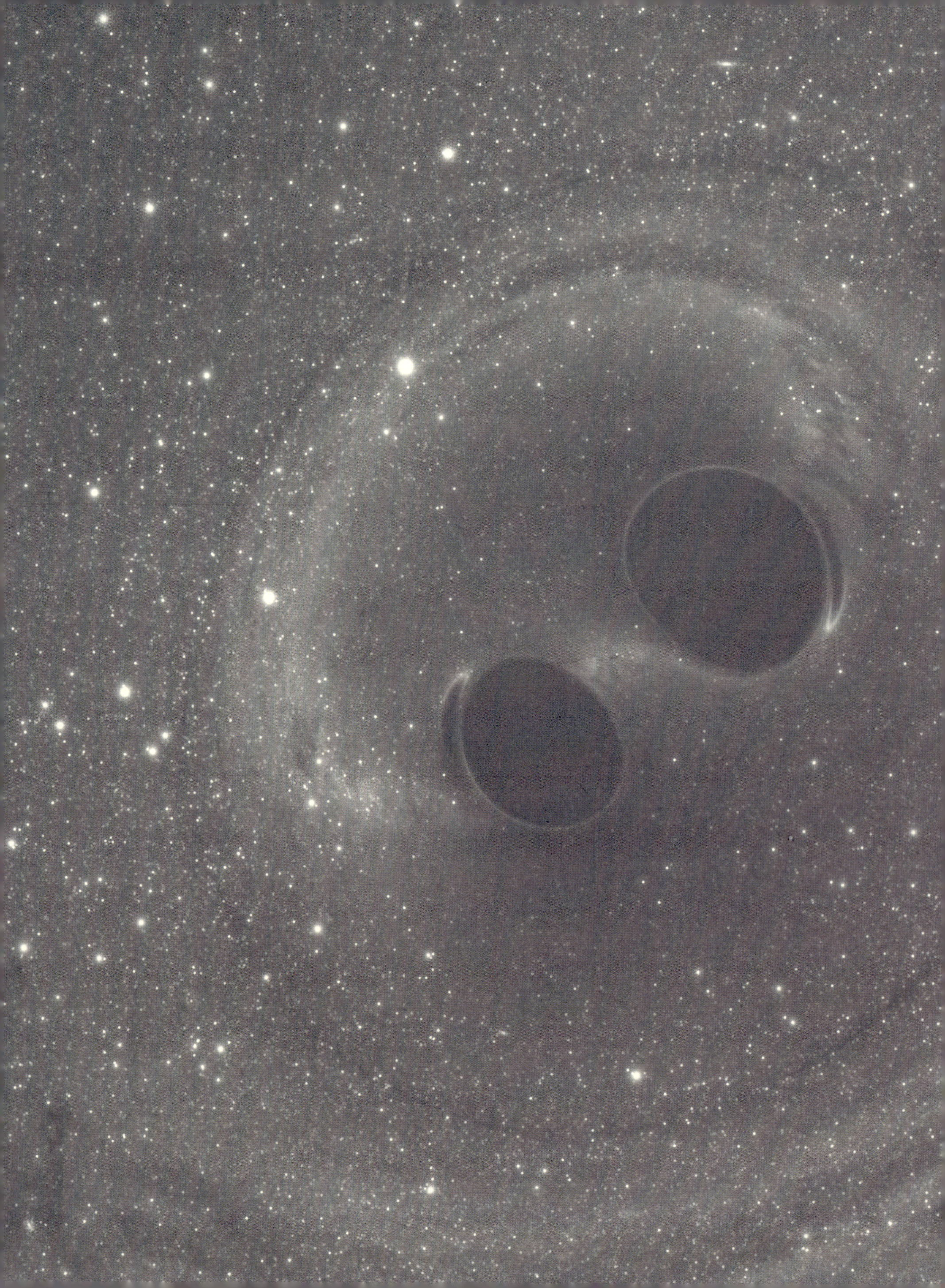

KAPITEL EINS

Wie funktioniert die Welt?

01

Bestimmung des Erdumfangs (3. Jahrhundert v. Chr.)

Wie groß ist der Radius der Erde?

Im Gegensatz zu einer verbreiteten Annahme wussten die meisten Gelehrten seit der Antike, dass die Erde rund ist – oder genauer gesagt, dass sie annähernd kugelförmig ist. Das erklärt, so Aristoteles um 350 v. Chr., warum Reisende an verschiedenen Orten unterschiedliche Sterne sehen und warum der Schatten, den die Erde während einer Mondfinsternis auf den Mond wirft, gekrümmt ist. Aristoteles fügt hinzu, dass diejenigen, die versucht haben, die Größe der Erde zu bestimmen, ihren Umfang auf rund 65 000 Kilometer festlegten – beeindruckend nahe am heute anerkannten Wert von 40 000 Kilometern am Äquator.

Die früheste Bestimmung des Erdumfangs, über die wir Aufzeichnungen haben, stammt von einem griechischen Mathematiker namens Eratosthenes, der seine Schätzung etwa ein Jahrhundert nach Aristoteles vornahm. Er war ein Zeitgenosse und Freund von Archimedes, der behauptete, dass der Erdumfang etwa 50 000 Kilometer betrage. Eratosthenes' Schätzung war noch präziser – nach manchen Berechnungen (die Umrechnung antiker griechischer Einheiten ist nicht ganz einfach) wich sie nur um wenige Prozent vom tatsächlichen Wert.

Es sind keine Exemplare von Eratosthenes' Werk *Über die Vermessung der Erde* erhalten geblieben, daher müssen wir uns auf das verlassen, was andere über seine Arbeit schrieben. Wir wissen weder genau, wie Eratosthenes seine Methode ableitete, noch, welches Messgerät er dazu verwendete. Doch die Prinzipien sind recht eindeutig. Sie beginnen mit der in der antiken Welt wohlbekannten Beobachtung, dass die Sonne an allen Orten entlang des Breitengrads, der als nördlicher Wendekreis bezeichnet wird, am Tag der Sommersonnenwende genau im Zenit steht, sodass die Schatten verschwinden (genauer gesagt fallen sie senkrecht). Ein solcher Ort, an dem dies passiert, ist die ägyptische Stadt Assuan, die damals Syene hieß. Dasselbe gilt (mit sechs Monaten Abstand) am südlichen Wendekreis und ist eine Folge der Neigung der Erdrotationsachse zu ihrer Umlaufbahn, doch Eratosthenes wusste das nicht und brauchte dieses Wissen auch nicht.

Überall nördlich des Wendekreises fallen die Schatten zur Sommersonnenwende in einem bestimmten Winkel. Eratosthenes erkannte, dass er aus dem Verhältnis der Länge eines Schattens an einem Ort genau im Norden von Syene – beispielsweise Alexandria – zur Entfernung zwischen den beiden Orten den Umfang der Erde ableiten konnte. Zumindest gilt das, wenn man annimmt, dass die Sonnenstrahlen parallel auf die Erde auftreffen – was mehr oder weniger auch stimmt, sofern die Erde im Verhältnis zum gesamten Kosmos sehr klein ist, wie Aristoteles behauptete.

Mit anderen Worten: Der Winkel, in dem der Schatten einer senkrechten Stange in Alexandria zur Sommersonnenwende fällt, ist derselbe wie der Winkel zwischen den Linien, die vom Erdmittelpunkt nach Alexandria und nach Syene führen. Durch die Messung dieses Winkels konnte Eratosthenes berechnen, welcher Bruchteil des Erdumfangs der Entfernung zwischen den beiden Städten entspricht. Der Beweis basiert auf einfacher Geometrie von der Art, wie sie in Euklids berühmter Abhandlung *Die Elemente* beschrieben wird.

Im Grunde war es eine einfache Messung, höchstwahrscheinlich mithilfe einer griechischen Sonnenuhr durchgeführt, bei der ein Gnomon (Schattenzeiger) in einer Bronzeschüssel stand. In der Praxis umfasste die Messung mehrere Annäherungen – nicht zuletzt befindet sich Syene gar nicht genau auf dem Wendekreis, und Alexandria liegt auch nicht exakt im Norden der Stadt. Dennoch ist Eratosthenes' Ergebnis erstaunlich gut.

Ist das überhaupt ein Experiment – oder einfach eine Beobachtung? Eratosthenes benutzte kein ausgeklügeltes Instrument (er hätte auch einen einfachen Stab oder einen Baum nehmen können) und nahm auch keinerlei Manipulation vor, sondern führte nur Messungen von dem durch, was er sah.

ERATOSTHENES
UM 276 BIS UM 195 V. CHR.

Eratosthenes wurde in Kyrene im heutigen Libyen geboren und studierte in Athen. Seine Interessen waren offenbar breit gefächert und umfassten beispielsweise Mathematik, Poesie und Geschichte. Er schrieb ein Buch (nicht erhalten) über Geografie, in dem er sich für die Verwendung eines Gitters aussprach, das wir heute als Breiten- und Längengrade kennen. Auf Einladung des ägyptischen Pharaos Ptolemaios III. wurde er oberster Direktor der berühmten Bibliothek von Alexandria und Hauslehrer seiner Kinder.

Siehe auch: Experiment 2: Direkter Nachweis der Erdrotation, 1851 (Seite 16).

Dennoch ist seine Arbeit nicht rein deskriptiv, wie etwa die Beschreibung einer neuen Tierart. Er sammelte Daten und nutzte sie, um daraus etwas Quantitatives abzuleiten, das so nicht sichtbar war. So ist es häufig mit Experimenten: Sie ermöglichen Schlussfolgerungen über die eigentliche Messung hinaus. Letztendlich ist es eine Frage des Ermessens, wo die Grenze zwischen einem Experiment und einer Beobachtung liegt.

Wichtiger ist die begleitende Argumentation: Eratosthenes ging davon aus, dass er die bekannten Prinzipien der Geometrie anwenden konnte, um das All zu vermessen. Heute mag das trivial erscheinen, doch für die alten Griechen war es keineswegs offensichtlich, dass das Himmelsreich von denselben Prinzipien beherrscht wurde wie das irdische. Der Wissenschaftsphilosoph Robert Crease formuliert es so: «Eratosthenes entwickelte die kühne Vorstellung, dass dieselbe Technik, die entwickelt worden war, um Häuser und Brücken zu bauen, Felder und Straßen anzulegen und Überschwemmungen und Monsune vorherzusagen, Informationen über die Abmessung der Erde und anderer Himmelskörper liefern könnte.» Nach dieser Vorstellung ließen sich Methoden entwickeln, um andere kosmische Dimensionen abzuschätzen, etwa die Entfernung zum Mond oder zu den Sternen. Wir konnten beginnen, uns selbst im Universum zu verorten.

Es war ein Argumentationssprung derselben Größenordnung, die Isaac Newton dazu brachte, die Flugbahn von Objekten, die zu Boden fielen, mit den Umlaufbahnen der Planeten in Verbindung zu bringen. Diese Annahme von Allgemeingültigkeit – also von Gesetzen, die im gesamten Kosmos gelten – ist der Dreh- und Angelpunkt der Wissenschaft.

Der Brunnen des Eratosthenes in Syene. Aus: *The Adolfo Stahl lectures in astronomy … 1916–17 and 1917–18,* Astronomical Society of the Pacific, San Francisco. Gedruckt für die Society bei Stanford University Press, 1919, Tafel XXXI, Abb. 1, University of California Libraries.

Direkter Nachweis der Erdrotation (1851)

F **Lässt sich die Erdrotation durch die Art demonstrieren, wie sich Objekte bewegen?**

Die Erdrotation bewirkt, dass die Sonne aufzugehen, über den Himmel zu wandern und unterzugehen scheint. Aber was bewegt sich da wirklich? Bis zur heliozentrischen Theorie des polnischen Astronomen Kopernikus im 16. Jahrhundert, der die Sonne im Zentrum des Kosmos sah, dachte man allgemein, die Erde bliebe an Ort und Stelle und die Sonne kreise um sie.

Bis zum 19. Jahrhundert hatte die Wissenschaft das Kopernikanische Weltbild akzeptiert: Die Erde umkreist die Sonne und rotiert um ihre Achse, wodurch der Tag-und-Nacht-Zyklus entsteht. Doch diese Achsenrotation konnte nicht direkt nachgewiesen werden. Das änderte sich allerdings 1851 mit dem berühmten Pendelexperiment von Jean-Bernard-Léon Foucault in Paris. Durch die bloße Beobachtung der Schwingungen eines großen Pendels, zeigte Foucault, können wir schlussfolgern, dass die Erde sich dreht; sein Experiment, so sagte er, sprach «direkt zu den Augen».

In den späten 1840er-Jahren erwachte Foucaults Interesse an der Fotografietechnik, die Louis Daguerre in Paris erfunden hatte. Zusammen mit seinem Kollegen Armand-Hippolyte-Louis Fizeau fertigte er fotografische Aufnahmen des Nachthimmels an. Doch da die Sterne sich aufgrund der Erdrotation über den Himmel zu bewegen scheinen, erschienen sie dank der langen Belichtungszeiten, die die Fotoplatten damals erforderten, als Streifen auf den Bildern. Zum Ausgleich entwickelte Foucault ein pendelgetriebenes Uhrwerk, das die Kamera mit den Schwingungen des Pendels sanft nachführte. Bei seinen Experimenten mit diesem Gerät im Jahr 1850 stellte er fest, dass es sehr langsam von sich aus zu rotieren schien. Als er das Experiment mit einem einfachen Pendel – einem Gewicht an einer Klaviersaite – wiederholte, trat dasselbe Phänomen auf. Er erkannte, dass die scheinbare Bewegung der Schwingungsebene des Pendels gar keine war: In Bewegung war alles andere um das Pendel herum, während die Erde sich langsam drehte.

Das hätte eigentlich niemanden überraschen dürfen. Es war schon lange bekannt, dass die Erdrotation beobachtbare Folgen für die Flugbahnen von Objekten haben müsste, die nicht auf der Erdoberfläche verankert waren. Ein aus großer Höhe fallen gelassenes Gewicht fällt nicht auf den Punkt direkt unter ihm, weil sich die Erde während seines Falls ein wenig weiterbewegt. Viele Experimente mit fallenden und geschleuderten Objekten waren unternommen worden, um diesen Effekt nachzuweisen, aber er ist so winzig, dass er nie beobachtet werden konnte.

Die Auswirkung der Erdrotation auf das Pendel war ebenfalls bekannt. Der französische Wissenschaftler Siméon Denis Poisson hatte ihn 1837 beschrieben,

Das Foucaultsche Pendel im Pantheon in Paris, mit dem Léon Foucault die Erdrotation demonstrierte.

LÉON FOUCAULT | 1819–1868

Jean-Bernard-Léon Foucault hatte keine formale Ausbildung in Physik. Er begann ein Medizinstudium, kann dann aber zum Schluss, dass er zu empfindlich für den Beruf des Chirurgen sei, und wurde dann Journalist. Er empfand eine anhaltende Faszination für Mechanik und Erfindungen, und seine Arbeiten zur Himmelsfotografie führten ihn zur Erforschung von Spiegeln und Teleskopen. Nach der gefeierten Demonstration seines Pendels im Pantheon in Paris ernannte ihn Napoleon III. zum Physiker am Pariser Observatorium.

Siehe auch: Experiment 1: Bestimmung des Erdumfangs, 3. Jahrhundert v. Chr. (Seite 14); Experiment 34: Die Wellenform des Lichts, 1802 (Seite 150).

hielt den Effekt aber für zu klein, um erkennbar zu sein. Tatsächlich hatte Galileis Schüler Vincenzo Viviani den Effekt offenbar schon zweihundert Jahre zuvor beobachtet, doch er betrachtete ihn als reine Störung und brachte ihn nicht mit der Erdrotation in Verbindung. Um die Rotation zu sehen, muss man in der Tat mit großer Sorgfalt vorgehen. Sie kann durch den Luftwiderstand am Pendelgewicht, aber auch durch vereinzelte Luftströme und Reibung am Befestigungspunkt des Drahtes gestört werden. Je länger der Draht und je schwerer das Gewicht, desto unbedeutender werden diese Störfaktoren. Im Januar 1851 sah Foucault die erwartete Rotation erstmals mithilfe eines zwei Meter langen Pendels, das er im Keller seines Pariser Hauses aufgehängt hatte. «In seiner Gegenwart», schrieb er, «wird jeder einige Sekunden lang nachdenklich und still und nimmt in der Regel ein eindringlicheres und intensiveres Gefühl für unsere Bewegung im All mit.»

Auf Einladung des Direktors des Pariser Observatoriums wiederholte er die Demonstration in der zentralen Halle der Sternwarte mit einem elf Meter langen Pendel. Nachdem er im Februar seine Ergebnisse der französischen Akademie der Wissenschaften vorgelegt hatte, bat ihn Kaiser Napoleon III. um eine öffentliche Demonstration, die er in der großen Kirche des Pantheons mit einem 28 Kilogramm schweren Gewicht an einem 67 Meter langen und weniger als 1,5 Millimeter dicken Draht durchführte. Im Umkreis der Schwingungsebene standen zwei halbkreisförmige Behälter mit feuchtem Sand; ein Dorn am Pendelgewicht hinterließ Spuren im Sand, deren Position sich mit jedem behäbigen Schwung weiterbewegte. Es war eine Sensation, und bald wurde das Experiment in Einrichtungen auf der ganzen Welt wiederholt.

Mithilfe der Trigonometrie zeigte Foucault, dass das Ausmaß der (scheinbaren) Rotation der Pendelebene sich mit dem Breitengrad verändert. Nur an den Polen vollzieht sie eine volle 360-Grad-Drehung, wie es 2001 ein wissenschaftliches Experiment in der Antarktis demonstrierte.

Foucaults Pendelexperiment. Radierung aus William Henry Smyth: *The Cycle of Celestial Objects continued at the Hartwell Observatory to 1859*, London: gedruckt zur privaten Verteilung von J. B. Nicols and Sons, 1860. Privatsammlung.

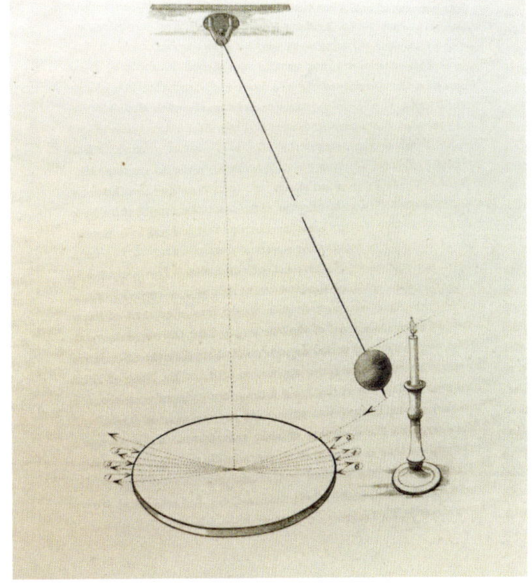

Versuch eines Äther-Nachweises (1887)

Lässt sich die relative Erdbewegung im Äther nachweisen?

Seit Isaac Newtons Zeiten stellte man sich das Universum voller Objekte vor, die vor dem festen Hintergrund des Weltalls verortet waren und sich bewegten, jede Position durch präzise Koordinaten definiert. Das Licht bewegte sich durch diesen Raum in Form von Wellen aus oszillierenden elektrischen und magnetischen Feldern in einem alles durchdringenden Fluidum, dem *Lichtäther,* der zu dünn für einen direkten Nachweis war. 1880 überlegte Albert Michelson, Physikdozent an der Marineakademie in Annapolis in Maryland, er könne die Gegenwart des Äthers zeigen, indem er die Geschwindigkeit von Lichtstrahlen bestimmte, die sich rechtwinklig zueinander in zwei Richtungen bewegten. Zwei Jahre zuvor hatte Michelson die bis dato genaueste Messung der Lichtgeschwindigkeit vorgenommen und mit 300 Kilometern pro Sekunde bestimmt.

ALBERT MICHELSON 1852–1931

Albert Abraham Michelson war der erste amerikanische Wissenschaftler, der einen Nobelpreis erhielt. Der gebürtige Pole bekam 1869 auf persönliche Anordnung des amerikanischen Präsidenten Ulysses S. Grant einen Platz an der US-Marineakademie in Annapolis (Maryland). Nach seiner Professur an der Case School of Applied Science in Cleveland (Ohio) war er 1892 Gründungsmitglied der physikalischen Fakultät an der Universität von Chicago.

Siehe auch: Experiment 34: Die Wellenform des Lichts, 1802 (Seite 150).

In Michelsons Vorstellung bewegt sich die Erde auf ihrer Umlaufbahn um die Sonne durch den Äther und erzeugt dabei einen «Ätherwind». Ein Lichtstrahl, der in die Richtung der Erdbewegung ausgesandt wird, müsste von diesem Wind gebremst werden, während ein zweiter Strahl im rechten Winkel zur Bewegung davon nicht betroffen sein sollte. Michelson stellte dazu den Vergleich zu einem Schwimmer auf, der flussaufwärts langsamer vorankommt, als wenn er dieselbe Entfernung quer über den Fluss von Ufer zu Ufer zurücklegen würde.

Um die winzige Veränderung der Lichtgeschwindigkeit «gegen den Wind» nachzuweisen, suchte Michelson nach Interferenzeffekten zwischen zwei rechtwinkligen Strahlen, die von Spiegeln abprallen und sich kreuzen. Wenn man die Scheitel ihrer Wellen zu Beginn gleich taktete – indem man einen einzelnen Strahl mithilfe eines teilweise transparenten und teilweise reflektierenden Spiegels in zwei rechtwinklige teilte –, würde das Zurücklegen derselben Entfernung in leicht unterschiedlichen Geschwindigkeiten die Scheitel minimal versetzen, was eine teilweise Aufhebung eines Lichtstrahls durch den anderen und eine Reihe von hellen und dunklen Bändern verursachen würde. Diese Art von Messung wird Interferometrie genannt.

1882 nahm Michelson eine Stelle an der Case School of Applied Science in Cleveland (Ohio) an. Auf einer Zugfahrt lernte er den Chemiker Edward Morley von der Western Reserve University im nahen Hudson kennen, und die beiden kamen überein, das Experiment zusammen durchzuführen. Doch bevor sie ihren Plan umsetzen konnten, erlitt Michelson offenbar einen Nervenzusammenbruch. 1887 waren Michelson und Morley aber schließlich bereit, den Test durchzuführen.Das Experiment verlangte eine unglaubliche Genauigkeit – selbst Vibrationen durch vorbeifahrende Kutschen vor dem Labor konnten das Gerät stören und Fehler verursachen. Die beiden Forscher bauten ihr Interferometer – eine Lampe und eine Serie von Spiegeln, um die rechtwinkligen Strahlen zu erzeugen und zu reflektieren – auf einer 1,50 mal 1,50 Meter großen Sandsteinplatte, die auf einem Holzträger in einem Becken mit flüssigem Quecksilber schwamm, um alle Vibrationen abzudämpfen. Michelson beobachtete die Interferenzbänder durch ein Okular, ohne das Gerät zu berühren, und rief Morley die Ergebnisse zu. Das Experiment setzte neue Präzisionsstandards, doch die Ergebnisse schienen enttäuschend: Sie konnten keinen Unterschied in der Geschwindigkeit der beiden Lichtstrahlen erkennen. Der Äther blieb unsichtbar. Die Forscher kamen zu dem Schluss, dass die Erde sich nicht einfach durch den passiven Äther bewegen, sondern einen Teil des Fluidums mit sich ziehen musste, sodass es doch keinen nachweisbaren Wind gab.

Es gab allerdings noch eine andere Möglichkeit, den scheinbaren Misserfolg zu erklären. Der niederländische Physiker Hendrik Lorentz argumentierte, dass elektromagnetische Felder sich in Bewegung verformen und damit eine Zusammenziehung der Wellenlänge des Lichts bewirken, das die Veränderung der Lichtgeschwindigkeit durch den Äther aufgrund der Erdbewegung genau ausgleiche. 1905 stellte Albert Einstein diese Argumentation auf den Kopf. Was wäre, fragte er, wenn die «Lorentzkontraktion» nicht die Lichtwellen veränderte, sondern in Wirklichkeit eine Verformung von Raum und Zeit selbst ist? Mit anderen Worten: Was wäre, wenn die Lichtgeschwindigkeit dieselbe bleibt, aber die relative Bewegung den Raum verändert? Wenn das stimmt, wie es Einstein zu zeigen gelang, gibt es keine Notwendigkeit mehr, überhaupt einen Lichtäther heraufzubeschwören. Das ist die Grundlage für Einsteins Relativitätstheorie, mit der er zeigte, dass Raum und Zeit nicht absolut sind, sondern sich für zwei Objekte mit ihrer relativen Bewegung verändern. Auch wenn nicht klar ist, inwieweit Einsteins Gedankengänge vom Michelson-Morley-Experiment beeinflusst wurden, erhielt Michelson 1907 den Nobelpreis in Physik für seine hochpräzisen Messungen des Lichtes. Wie er bewies, kann selbst ein Experiment, das ein «Nullresultat» hervorbringt – also kein Anzeichen für das ist, was man erwartet – unser Verständnis der Welt grundlegend verändern.

EDWARD MORLEY | 1838–1923

Edward Williams Morley verbrachte seine akademische Laufbahn als Professor der Chemie an der Case Western Reserve University in Cleveland (Ohio). Trotz seiner Ausbildung als Chemiker leistete er auch bedeutende Beiträge in den Bereichen Physik und Optik.

Siehe auch: Experiment 35: Messung der Lichtgeschwindigkeit, 1849 (Seite 152).

Der interferometrische Versuchsaufbau des Michelson-Morley-Experiments auf einer schwimmenden Steinplatte in einem ringförmigen Quecksilber-Becken, 1887, Albert A. Michelson Papers, Manuskript 347, Nimitz Library, US-Marineakademie, Annapolis, Maryland.

04

Überprüfung der allgemeinen Relativitätstheorie (1919/1959)

Ist Einsteins allgemeine Relativitätstheorie korrekt?

Einsteins Relativitätstheorie, die die «vernünftigen» Vorstellungen von Raum und Zeit über den Haufen warf, entstand in zwei Teilen. Die spezielle Relativitätstheorie, die er 1905 beschrieb und aus der die legendäre Gleichung $E=mc^2$ stammt, beschäftigt sich mit dem, was passiert, wenn Objekte sich sehr schnell bewegen, und kommt zu dem Schluss, dass dabei der Raum verkürzt und die Zeit gedehnt wird. In der allgemeinen Relativitätstheorie, die Einstein 1916 vorstellte, geht es um Objekte, die ihre Geschwindigkeit ändern, die also beschleunigen. Körper beschleunigen, wenn sie auf die Erde fallen und auch in einer Kreisbewegung, wie etwa der Mond um die Erde kreist. Beide Bewegungen werden durch die Schwerkraft verursacht, und Einstein entdeckte eine tief liegende Verbindung zwischen Schwerkraft und Beschleunigung. Seiner Ansicht nach ist das, was wir Schwerkraft nennen, eigentlich das Ergebnis von Verformungen im Gewebe von Raum und Zeit, die dazu führen, dass Objekte beschleunigen oder aus einer geraden Bewegung abgelenkt werden.

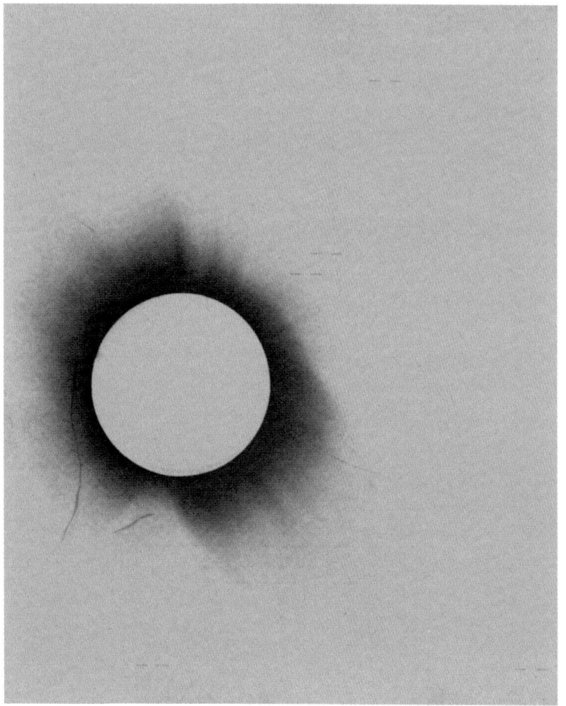

Diese Verformungen werden durch Masse verursacht. Man kann sich das vorstellen wie eine schwere Person in der Mitte eines Trampolins. Wenn ein Ball über die Sprungfläche rollt, wird seine Bahn durch die Vertiefung gebeugt, und möglicherweise geht er in eine spiralförmige Bewegung in Richtung der Füße über. Wie der Physiker John Wheeler es später formulierte, sagt die Masse der Raumzeit, wie sie sich krümmen soll, und die gekrümmte Raumzeit sagt massereichen Objekten, wie sie sich bewegen sollen.

Das war ein ganz anderes Bild für die Schwerkraft als das bisher vorherrschende, das im 17. Jahrhundert von Isaac Newton entwickelt wurde. In Newtons Theorie war die Schwerkraft eine Kraft wie der Magnetismus, die über den Raum hinweg wirkt. Doch für Einstein war die Schwerkraft eine Scheinkraft, verursacht durch die Umformung des Raums durch massereiche Objekte.

Viele andere Wissenschaftler fanden diese Vorstellung absonderlich. Die allgemeine Relativitätstheorie ließ sich jedoch überprüfen, weil sie Vorhersagen traf. So würde die Raumkrümmung nahe der gewaltigen Masse der Sonne dazu führen, dass die Umlaufbahn des Merkur sich mit jedem Umlauf auf eine Weise leicht verschob, die sich mit der Newton'schen Schwerkraft nicht erklären lässt. Eine solche anomale Verschiebung der Merkurbahn war bereits beobachtet worden und hatte die Astronomie

Sonnenfinsternis, abgebildet von Arthur Eddington und Frank Dyson. Aus: «A determination of the deflection of light by the sun's gravitational field, from observations made at the total eclipse of May 29, 1919», *Philosophical Transactions*, Series A, London: Royal Society of London, 1. Januar 1920, Bd. 220, Tafel 1, Natural History Museum, London.

vor ein Rätsel gestellt. Doch sie passte genau zur Vorhersage der allgemeinen Relativitätstheorie. Dennoch brauchte es für eine derart bizarre Theorie mehr Beweise als diese eine kompatible Beobachtung. Eine der bemerkenswerten Folgen von Einsteins Theorie war, dass sich das Licht möglicherweise nicht auf gerader Linie durch den leeren Raum bewegte, wie man immer angenommen hatte. Wenn die Lichtstrahlen sich in großer Nähe eines sehr massereichen Objekts vorbeibewegen, lenkt vielmehr die Raumkrümmung ihren Pfad ab. Dieser Effekt müsste sichtbar werden an Sternenlicht, das auf seiner Reise zur Erde nahe an der Sonne vorbeifällt: Diese Sterne würden tagsüber gegenüber ihrer nächtlichen Position eine verschobene Position am Himmel einnehmen. Ihre scheinbare Verschiebung wäre winzig, aber vielleicht groß genug, um sie mit einem großen Teleskop wahrzunehmen.

Sterne sind jedoch nicht sichtbar, wenn die Sonne am Himmel steht, weil sie viel zu schwach leuchten. Mit einer Ausnahme: wenn das Licht der Sonne während einer totalen Sonnenfinsternis vom Mond abgeschirmt wird. Der britische Astronom Arthur Eddington, Direktor der Sternwarte an der Cambridge University, war sehr erpicht darauf, dieses Experiment durchzuführen. Eddington gehörte zu den leidenschaftlichsten Verfechtern der Theorie Einsteins in England, wo viele seiner Kollegen ihr skeptisch gegenüberstanden. Eine totale Sonnenfinsternis am 29. Mai 1919 bot eine ideale Gelegenheit, Einsteins Theorie auf den Prüfstand zu stellen. Sie sollte in Äquatornähe zu beobachten sein, und 1917 schmiedete man mitten im Ersten Weltkrieg Pläne für eine astronomische Expedition. Eddingtons Team legte als optimalen Beobachtungsposten einen Ort namens Sobral im Norden Brasiliens und die Insel Principe vor der Küste des heutigen Äquatorialguinea fest. Eddington sollte die Afrika-Expedition anführen, ein anderes Team nach Brasilien fahren.

Bei ihrem Eintreffen auf Principe fand Eddingtons Team eine Insel voller Regen, Mücken und boshafter Affen vor. Im Laufe des Mai verschlechterte sich das Wetter, und der Tag der Finsternis begann mit einem schweren Wolkenbruch. Doch gerade noch rechtzeitig, als der Himmel schon dunkel wurde, teilten sich die Wolken so weit, dass Eddington und sein Team einige halbwegs brauchbare Fotos von den Sternen schießen konnten, die um die abgedunkelte Sonne herum aufblitzten.

Das Team in Brasilien andererseits erfreute sich eines wunderbar klaren Himmels für seine Beobachtungen. Erst später entdeckte man, dass die Sonnenwärme den wichtigsten Fokussierspiegel im Teleskop verformt hatte und dass die wichtigsten Fotoplattenaufnahmen verschwommen und nahezu nutzlos waren.

Würde man aus den Beobachtungen genügend Daten retten können, um Einsteins Theorie zu überprüfen? Bei seiner Rückkehr nach England studierten Eddington und der königliche Astronom Frank Dyson akribisch die einzigen beiden Fotoplatten aus Principe, die genügend Sterne zeigten, um etwaige Verschiebungen derjenigen am Sonnenrand zuverlässig erkennen zu können. Zu ihrer Erleichterung sahen sie, dass einige der Bilder, die in Brasilien mit einer kleinen Ersatzlinse gemacht worden waren, ebenfalls

ARTHUR EDDINGTON
1882–1944

Als Astronom an der Cambridge University machte sich Arthur Eddington einen Namen als Experte für den Aufbau von Sternen. Außerdem beschäftigte er sich mit der Wissenschaftsphilosophie. In seinem Buch *The Nature of the Physical World* («Die Natur der physikalischen Welt») stellte er 1928 der breiten Öffentlichkeit die «neue Physik» der Relativitäts- und Quantentheorie vor. Sein Bestreben, Einsteins Theorie zu überprüfen und am besten zu bestätigen, war indes nicht rein wissenschaftlich motiviert. Als Quäker fühlte er sich dem Frieden und der Versöhnung zwischen den Nationen nach dem Krieg verpflichtet, und er hoffte, dass sein Sonnenfinsternis-Experiment gute Beziehungen zwischen Großbritannien und Deutschland fördern und zeigen würde, dass die Wissenschaft politische Spaltungen und Konflikte überwinden kann.

Siehe auch: Experiment 6: Die Entdeckung der Gravitationswellen, 2015 (Seite 28); Experiment 35: Messung der Lichtgeschwindigkeit, 1849 (Seite 152).

Diese Montage zweier Fotografien, aufgenommen von Arthur Eddingtons Expedition in Sobral in Nord-Brasilien, zeigt die Ablenkung des Sternenlichts durch die Sonne. *Splendour of the Heavens,* London, Hutchinson & Co., 1923, University of Illinois Urbana-Champaign.

brauchbar waren. Im November verkündeten Eddington und Dyson vor einer überfüllten Versammlung von Fachleuten und Journalisten, dass die Sternenpositionen in der Tat verschoben waren. Einsteins Theorie war bestätigt.

Eddingtons Entdeckung machte Schlagzeilen auf der ganzen Welt; in London bejubelte *The Times* sie als «Wissenschaftliche Revolution». Wie Eddington Einstein am Jahresende schrieb: «Ganz England spricht über Ihre Theorie.» Die allgemeine Relativitätstheorie war eine neue Theorie des gesamten Universums. Als Einstein anhand seiner Theorie die Form dieses Universums berechnete, erkannte er, dass sie eine seltsame Vorhersage traf: Das Universum expandierte. Zu dieser Zeit glaubte niemand, dass das stimmen könnte, und Einstein fügte einen «Korrekturfaktor» hinzu, um die Expansion auszugleichen. Doch nur wenige Jahre später entdeckte man, dass das Universum tatsächlich größer wurde – vorangetrieben, wie wir inzwischen wissen, vom Urknall, mit dem es begann. (Begann aus was? Das weiß bisher niemand mit Sicherheit.)

Nach Eddingtons Finsternis-Beobachtungen nahm der Widerstand gegen Einsteins Theorie stetig ab. Doch eine derart tiefgreifende Idee verdient reichlich empirische Überprüfungen, und die Wissenschaft kommt seither immer wieder auf neue Möglichkeiten, das zu tun. Ein besonders eleganter Test wurde 1959 von dem kanadisch-amerikanischen Physiker Robert Pound von der Harvard University und seinem Doktoranden Glen Rebka entworfen. Da die allgemeine Relativitätstheorie vorhersagt, dass die Zeit in stärkeren Gravitationsfeldern langsamer vergeht, müsste eine Uhr im All etwas schneller laufen als eine auf der Erdoberfläche.

Eine der genauesten «natürlichen Uhren» sind die Schwingungsfrequenzen elektromagnetischer Strahlung wie Licht. Atome emittieren und absorbieren Licht bei genau definierten Frequenzen. Das von einem Atom abgegebene Licht müsste daher genau die richtige Frequenz haben, um von einem weiteren, identischen Atom absorbiert zu werden. Doch wenn die Atome sich in Gravitationsfeldern unterschiedlicher Stärke befinden, stimmt aufgrund der gravitativen Zeitverzerrung die Frequenz des aussendenden Atoms beim Eintreffen nicht mehr mit der Frequenz des absorbierenden Atoms überein. Der Effekt wäre in der Regel winzig, aber Pound und Rebka berechneten, dass er nachweisbar sein müsste, wenn das emittierende Atom – sie verwendeten eine radioaktive Form des Eisens, die Gammastrahlen aussendet – sich am Boden befindet und das absorbierende Atom oben auf einem hohen Turm.

Pound und Rebka führten das Experiment 1959 mithilfe eines 22 Meter hohen Turms am Jefferson Physical Laboratory in Harvard durch. Um den senkrechten Pfad der Gammastrahlen legten die Forscher eine heliumgefüllte zylindrische Polymerfolie, damit die Strahlen nicht durch die Luft absorbiert wurden. Die gravitative Frequenzverschiebung konnten sie ausgleichen, indem sie den Absorber mithilfe eines vibrierenden Lautsprecherkonus auf und ab bewegten und damit über den Dopplereffekt eine weitere

Glen Rebka 1959 am Fuße einer heliumgefüllten 22-Meter-Säule zur Überprüfung von Einsteins allgemeiner Relativitätstheorie im Jefferson Physical Laboratory, Harvard.

Frequenzverschiebung erzeugten. Auf diese Weise bewegten sich Quelle und Absorber in die und aus der Resonanz, was die Menge der erkannten Absorption veränderte. Die Veränderung lag innerhalb von 10 Prozent um den Wert, den die allgemeine Relativitätstheorie vorhersagte – eine Genauigkeit, die die Forscher durch Verbesserungen am Versuchsaufbau 1964 auf ein Prozent verbessern konnten.

Experimente zur Überprüfung von Einsteins allgemeiner Relativitätstheorie werden noch immer durchgeführt, sowohl im All als auch im Labor. Dabei geht es nicht darum, Einstein zu widerlegen, doch in der Wissenschaft herrscht die Überzeugung, dass es eine Theorie jenseits der allgemeinen Relativität geben müsste, die sie mit anderen Aspekten der Physik zusammenbringt, so wie Newtons Gravitationsgesetze nur eine Annäherung an die allgemeine Relativitätstheorie waren. Jede Abweichung von der allgemeinen Relativität könnte den entscheidenden Hinweis darauf geben, wie die neue Theorie aussehen könnte.

Was ist ein Experiment?

Der Begriff «Experiment» hatte zu verschiedenen Zeiten unterschiedliche Bedeutungen. Noch heute ist das Wesen des Wechselspiels zwischen Experimenten und Theorien umstritten. Nach Ansicht einiger wissenschaftlicher Kreise erfüllen Theorien, die sich nicht im Experiment überprüfen (und potenziell widerlegen) lassen, nicht die Kriterien für echte Wissenschaft. Diese Vorstellung, dass Wissenschaft darin besteht, Hypothesen einer möglichen Widerlegung im Experiment auszusetzen, wurde am deutlichsten in der Mitte des 20. Jahrhunderts von dem Philosophen Karl Popper formuliert. Sie spielt eine wichtige Rolle in der experimentellen Wissenschaft, doch diese Rolle wird häufig überbewertet. Zum einen hatten Hypothesen nicht immer einen guten Ruf – im England des frühen 19. Jahrhunderts etwa galten sie als verdächtig spekulativ. Darüber hinaus ist es schwierig, Hypothesen zu widerlegen (was Popper durchaus bewusst war). Wenn ein Experiment zu einem anderen Ergebnis führt als dem vorhergesagten, bedeutet das, dass die zugrunde liegende Theorie falsch ist? Nicht unbedingt: Vielleicht heißt es auch nur, dass ein Teil eines Geräts kaputt ist oder nicht so funktioniert wie vorgesehen; vielleicht wurde ein anderer Faktor übersehen, der das Ergebnis beeinflusst, oder vielleicht waren die Proben verschmutzt. Weil Forschende Menschen sind, neigen sie deutlich eher dazu, ihre Lieblingstheorie abzuändern in der Hoffnung, damit näher an unerwartete Ergebnisse heranzukommen, als sie sofort fallen zu lassen – das ist vielleicht auch gut so, da die Wissenschaft zu fragil wäre, wenn jedes widersprüchliche Experiment als Widerlegung betrachtet würde. Die Popper'sche Falsifikation verwirft allerdings die Vorstellung, dass Forschende ein Phänomen beobachten und dann eine Theorie entwickeln, um es zu erklären. Man muss *zuerst* eine Theorie haben, um überhaupt eine Vorhersage zu formulieren. Es sei, so Popper, «der Theoretiker, der dem Experimentator den Weg weist».

Wie der französische Physiker und Wissenschaftsphilosoph Pierre Duhem betont, ist ein Experiment insofern praktisch eine Verkörperung der Theorie, als alles, was gemessen wird (und alles, was unbeachtet bleibt), selbst auf theoretischen Konzepten basiert: In einem physikalischen Experiment wird die Bewegung einer Nadel auf einer Skala gleichgesetzt mit der Messung einer Menge wie etwa «Kraft» oder «Ladung». Wird also eine Vorhersage durch ein Experiment widerlegt, sagte Duhem, können wir nicht wissen, ob der Fehler in der getesteten Theorie liegt oder bei allen anderen Überzeugungen und Hypothesen, auf denen sie beruht: Das Problem ist «unterbestimmt». Diese Vorhersage macht die Wissenschaft zu einem komplexen Netz aus miteinander zusammenhängenden Hypothesen und verkompliziert ihre empirische Basis. In der Wissenschaftsphilosophie wird noch immer über die Größe dieses Problems debattiert. Und was macht man, wenn ein experimentelles Ergebnis durch zwei Theorien gleich gut vorhergesagt wird und es keine offensichtliche Möglichkeit gibt, zwischen ihnen zu wählen?

Selbst wenn also in einem Experiment etwas nachweislich geschieht (oder nicht geschieht), wird es wohl erst zum «Ergebnis», wenn wir wissen, was wir damit anfangen sollen. So war es beispielsweise sehr schwierig zu bestimmen, was man «damit anfangen sollte», dass es Michelson und Morley nicht gelang, den Lichtäther nachzuweisen (siehe Seite 18), bis Einstein zeigte (und andere zustimmten), dass die Annahme der Existenz von Äther gar nicht nötig war. So gesehen, sagt der Wissenschaftsphilosoph Ian Hacking, «könnte man sagen, dass das Experiment ein halbes Jahrhundert dauerte».

Bedeutet das also, dass Experimente selbst niemals neutral und erwartungsfrei sind und ihre Deutung niemals einzigartig oder unanfechtbar? In gewissem Maße ja, aber das ist kein Problem, wenn wir akzeptieren, dass experimentelle Wissenschaft tatsächlich ein heikler Tanz zwischen Theorie und Beobachtung ist, bei dem keine der beiden die Oberhand hat. Wichtiger ist vielleicht, wie Duhem herausstreicht, dass aufgrund der nahezu unbegrenzten Anzahl möglicher Experimente, die eine gegebene Hypothese auf die Probe stellen können, die Kunst darin besteht, *gute* Experimente zu identifizieren; d. h., jene Experimente zu finden, die das größte Potenzial haben, eine Idee zu überprüfen. Das bedeutet auch, dass zwei Experimente, die für Nicht-Fachleute vollkommen unterschiedlich aussehen, für Fachleute dasselbe *bedeuten*.

Was also ist ein gutes Experiment?

Die Wissenschaft wird seit jeher von falschen oder unbestätigten experimentellen Behauptungen heimgesucht. So behauptete 1988 etwa ein Forschungsteam unter der Leitung des französischen Immunologen Jacques Benveniste, dass chemische Lösungen eines biologischen Wirkstoffs selbst dann weiterhin biologische Aktivität zeigten, wenn sie so stark verdünnt wurden, dass sie kein einziges Molekül des Wirkstoffs mehr enthielten. Benvenistes Überzeugung nach bewies dies, dass Wasser ein «Gedächtnis» habe, also eine Art Abdruck der Moleküle behalte, die in ihm gelöst seien. Obwohl die Ergebnisse in gutem Glauben veröffentlicht wurden, ließen sie sich nie wieder replizieren und gelten heute als ein Beispiel für das, was der amerikanische Chemiker Irving Langmuir «pathologische Wissenschaft» nannte. Unter Umständen ist es besser, die Ergebnisse als schlechte Experimente zu betrachten: Schon ihr Aufbau machte eindeutige Ergebnisse unwahrscheinlich. Es gab zu viele unkontrollierte Faktoren, die die Ergebnisse beeinflussen konnten. Die Kunst des wissenschaftlichen Experimentierens besteht jedoch zu einem wesentlichen Teil gerade darin, es so zu gestalten, dass es ein Urteil ermöglicht.

Forschende beteuern oft, nach der «wissenschaftlichen Methode» vorzugehen, bei der man eine Hypothese formuliert, die Vorhersagen trifft, und dann ein Experiment entwickelt, um sie auf den Prüfstand zu stellen. Doch dies ist eine moderne Herangehensweise, die insbesondere durch die «pragmatischen» Philosophen des frühen 20. Jahrhunderts wie John Dewey und Charles Sanders Peirce entwickelt wurde. Spätere Wissenschaftsphilosophen wie Paul Feyerabend stellen infrage, ob die Wissenschaft je so formelhaft war, und argumentieren, dass ihre Ideen ebenso auf rhetorisches Geschick und Überzeugungskraft angewiesen sind wie auf Logik und Demonstration. Das beunruhigt einige Forschende, die auf «Erfahrung» – Beobachtung und Experiment – als ultimativer Vermittlerin der Wahrheit bestehen. Doch obwohl langfristig eine Theorie, die wiederholt experimentellen Beobachtungen widerspricht, keinen Bestand haben kann, können Theoretiker auf kurze Sicht gut daran tun, sich angesichts eines augenscheinlichen Widerspruchs nicht beirren zu lassen. Häufiger noch streiten Befürwortende rivalisierender Theorien über die Interpretation eines Experiments. Eine der Seiten trägt dann vielleicht nicht deswegen den Sieg davon, weil ihre Interpretation die richtige ist, sondern weil sie ihren Standpunkt besser darlegen kann. Oder eine Wissenschaftlerin zieht aus einem korrekten und sogar eleganten Experiment die falschen Schlüsse, weil sie die falschen Fragen stellt. All dies macht die Wissenschaft kompliziert, mehrdeutig und gesellschaftlich wandelbar, aber auch reicher, kreativer und wunderbar menschlich.

Experimentelle Methoden: Hier baut der französische Physiologe Jean-Paul Langlois 1921 ein Experiment an einem Radfahrer auf.

05

Die Paritätsverletzung (1956)

Unterscheidet die Natur zwischen links und rechts?

Der Grund, warum wir so häufig rechts und links verwechseln, liegt darin, dass sie äquivalent sind – sie sind jeweils ein Spiegelbild des anderen. Das ist ein Beispiel für das, was in der Wissenschaft als die fundamentale Symmetrie der Natur bezeichnet wird. Links und rechts sind durch die Symmetrie auf eine Weise verbunden, die für oben und unten nicht gilt, da die Schwerkraft diese Symmetrie bricht: Objekte fallen nur nach unten, nicht nach oben.

Symmetriebeziehungen bilden den Kern der meisten physikalischen Fundamentaltheorien. Die Gesetze der Physik sind in New York dieselben wie in Shanghai, weil sie eine Translationssymmetrie besitzen: Eine Verschiebung («Translation») im Raum macht keinen Unterschied. Die Gesetze der Mechanik sind außerdem zeitsymmetrisch: Sie würden genauso gelten, wenn die Zeit rückwärtslaufen könnte. Und die Gesetze der Physik galten lange auch als unveränderlich gegenüber einem Rechts-links-Wechsel – in einer Spiegelwelt würden sie genauso funktionieren.

Im Frühling 1956 jedoch stellten die chinesisch-amerikanischen Physiker Tsung-Dao Lee von der Columbia University in New York und Cheng Ning Yang vom Institute for Advanced Study in Princeton die These auf, dass nicht die gesamte Physik sich gleichgültig gegenüber einer Rechts-links-Umkehrung verhält. Diese Gleichgültigkeit wird in der Physik als *Parität* bezeichnet, und Lee und Yang identifizierten einen physikalischen Prozess, von dem sie glaubten, er könnte das Paritätsprinzip verletzen. Wenn sich das als wahr erwiese, wäre dies der erste Hinweis darauf, dass links und rechts in der Natur keine vollkommenen Äquivalente sind.

Die Vermutung kam den beiden Physikern, als sie versuchten, die Eigenschaften bestimmter Elementarteilchen zu verstehen, die in der sogenannten schwachen Wechselwirkung eine Rolle spielen. Dabei handelt es sich um eine Kraft, die in Atomkernen wirkt und einen Typ von Radioaktivität verursacht, der Betazerfall genannt wird: Ein Neutron teilt sich spontan in ein positiv geladenes Proton (das im Kern bleibt) und ein Betapartikel (ein Elektron, das ausgestoßen wird).

In der Fachwelt stieß diese Idee bei vielen auf Skepsis, aber Yang und Lee beschlossen, sie in einem Experiment zu überprüfen. Lee wusste, dass seine Kollegin Chien-Shiung Wu an der Columbia University eine Expertin für den Betazerfall war, und so wandten sie sich mit ihrem Vorschlag an sie. Wu fand, es sei einen Versuch wert – und hatte auch eine Idee, wie man das Experiment durchführen könnte. Das Konzept war einfach. Atomkerne besitzen eine quantenmechanische Eigenschaft, den Spin. Dieser sorgt dafür, dass der Atomkern sich wie ein kleiner Magnet mit entgegengesetzten Polen verhält. Wu wusste, dass die Spin-Richtung eines Kerns, der ein Betapartikel abgibt, die Richtung bestimmt, in der das Partikel ausgestoßen wird. Wenn sie also einige Atome mit Betazerfall dazu

Chien-Shiung Wu (links), hier zu sehen mit den Physikern Y. K. Lee und L. W. Mo von der Columbia University 1963, Smithsonian Institution Archives, Washington, DC.

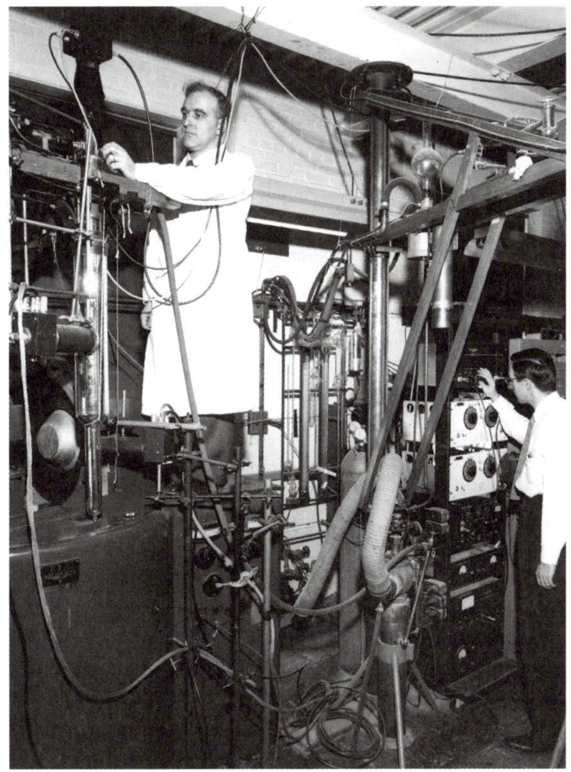

Ernest Ambler und Raymond W. Hayward mit dem Gerät des Paritätsexperiments im National Bureau of Standards 1956, National Institute of Standards and Technology Digital Archives, Gaithersburg, Maryland.

CHIEN-SHIUNG WU | 1912–1997

Chien-Shiung Wu wurde in Shanghai geboren und bekam einen Studienplatz für Atomphysik an der University of California in Berkeley, das zu dieser Zeit als das Mekka des Fachbereichs galt. Dort arbeitete sie in den späten 1930er-Jahren mit Ernest Lawrence zusammen, dem Erfinder des Zyklotron-Teilchenbeschleunigers. Nach ihrer Promotion 1940 war sie die erste weibliche Lehrkraft in der physikalischen Fakultät der Princeton University. Sie wechselte an die Columbia University in New York, wo sie 1944 als Expertin für Kernzerfall ins Manhattan Project geholt wurde. Wus berühmtes Experiment begründete ihren Ruf einer entschlossenen, rigorosen Herangehensweise an Experimente, die sie auch bei weiteren Studien zum Betazerfall und anderen Aspekten der Atomphysik unter Beweis stellte. Sie kämpfte unerschütterlich für Frauen in der Wissenschaft und erhob immer wieder ihre Stimme gegen die Steine, die Frauen durch Voreingenommenheit und Diskriminierung in den Weg gelegt wurden.

Siehe auch: Experiment 18: Die dreidimensionale Form von Zuckermolekülen, 1891 (Seite 84); Experiment 25: Bestimmung der Ladung eines Elektrons, 1909–1913 (Seite 112).

bringen könnte, ihre Spins aufeinander auszurichten, würde eine Links-rechts-Äquivalenz (Parität) bedeuten, dass in beiden Richtungen entlang der Ausrichtungsachse dieselbe Anzahl von Elektronen abgegeben wird. Sollte die Parität beim Betazerfall jedoch verletzt werden, müssten in einer Richtung etwas mehr Elektronen abgegeben werden als in der entgegengesetzten.

In der Theorie ist dies ein einfaches und elegantes Experiment, doch in der Praxis ist es schwer umzusetzen. Um viele Kernspins gleich auszurichten, musste Wu die entsprechenden Atome (sie verwendete das Isotop Kobalt-60) fast bis zum absoluten Nullpunkt hinunterkühlen – genauer gesagt, auf nicht mehr als 0,01 °C über dem ultimativen Kältezustand –, damit die Wärmebewegung die Ausrichtung nicht durcheinanderbrachte. Wu und ihre Doktorandin Marion Biavati lösten diese Aufgabe in Zusammenarbeit mit einem Team im National Bureau of Standards in Maryland. Ende 1956 war das Team so weit, das Experiment durchzuführen. Und es bestätigte innerhalb weniger Wochen Lees und Yangs Vorhersage: Die Natur kann doch rechts von links unterscheiden. Das Ergebnis zerschlug eine der langjährigen Annahmen der Grundlagenphysik – nach Wus Ansicht läutete es «eine plötzliche Befreiung unseres Denkens über die Struktur der physikalischen Welt selbst» ein. Der befreundete österreichische Physiker Wolfgang Pauli, der die Vorhersage mit Skepsis betrachtet hatte, formulierte es blumiger: Es zeigte, sagte er, dass Gott Linkshänder sei.

06

Die Entdeckung der Gravitationswellen (2015)

Gibt es Gravitationswellen tatsächlich?

In Einsteins allgemeiner Relativitätstheorie von 1916 wird der leere Raum selbst zu einer Art «Gewebe» – eine vierdimensionale Raumzeit –, das durch die Anwesenheit von Masse verformt wird und so die Schwerkraft hervorbringt. Eine der Vorhersagen dieser Theorie lautete, dass sehr massereiche Objekte bei der Beschleunigung Wellen in der Raumzeit verursachen können, die sich nach außen verbreiten wie die Wellen in einem Teich, in den man einen Kieselstein wirft. Diese Wellen heißen Gravitationswellen, und im Vorübergehen dehnen und komprimieren sie für einen Augenblick den Raum.

Eine Gravitationswelle (GW) von bedeutender Kraft zu erzeugen, würde eine sehr extreme Störung erfordern – eine Katastrophe, die enorm massereiche Körper betrifft. Zunächst meinte Einstein, dass GW ganz einfach zu schwach seien, um sie jemals zu entdecken, und 1936 argumentierten er und ein Kollege sogar (irrigerweise), dass die allgemeine Relativitätstheorie solche Wellen gar nicht vorhersage.

Eine potenzielle astrophysikalische GW-Quelle war eine weitere Vorhersage der allgemeinen Relativitätstheorie: schwarze Löcher, die entstehen, wenn sehr massereiche Sterne ausbrennen und unter ihrer eigenen Schwerkraft kollabieren. Theoretisch setzt sich dieser Kollaps fort, bis die gesamte Sternenmasse auf einen unendlich kleinen Punkt zusammengedrückt ist, eine sogenannte Raum-Zeit-Singularität. Das Gravitationsfeld um eine solche Singularität ist so stark, dass nicht einmal das Licht ihm entkommt – daher die «Schwärze».

Mehrere Jahrzehnte lang glaubte niemand, dass schwarze Löcher tatsächlich entstehen können – Raum-Zeit-Singularitäten galten einfach als eine mathematische Verschrobenheit der Theorie. Doch in den 1950er- und 1960er-Jahren erlebte die allgemeine Relativitätstheorie eine Renaissance, u. a. deshalb, weil Forschende allmählich besser mit der komplizierten Mathematik umgehen konnten und schwarze Löcher in der Folge ernster genommen wurden. Heute ist ihre Existenz mehr oder weniger allgemein akzeptiert, und über das ultraheiße Gas und die Materie, die sie umgeben und in die sie hineingesaugt werden, gelang es Forschenden sogar, schwarze Löcher auf Bilder zu bannen.

Wenn zwei schwarze Löcher einander nahe genug kommen, umkreisen sie sich der Theorie zufolge in einer immer enger werdenden Spirale, bis sie verschmelzen und dabei eine unvorstellbare Menge an Energie freisetzen, zum Teil in Form von Gravitationswellen. Eine einzige derartige Verschmelzung müsste kurzfristig mehr Energie ausstrahlen, als von allen Sternen im beobachtbaren Universum abgegeben wird. Als die Möglichkeit sowohl schwarzer Löcher als auch durch sie erzeugter GW akzeptiert war, begann

Die langen Arme des LIGO-Interferometers in Livingston, Louisiana, 19. Mai 2015, mit freundlicher Genehmigung des Caltech/MIT/LIGO Lab.

RAINER WEISS | GEB. 1932

Rainer Weiss wurde in Berlin geboren und kam im Zuge der jüdischen Auswanderungswelle aus Nazi-Deutschland in die USA. Seinen Doktor in Physik machte er 1962 am Massachusetts Institute of Technology und trat zwei Jahre später dort eine Stelle an. Als zentraler Mitwirkender nicht nur am LIGO, sondern auch an Projekten, in denen die kosmische Hintergrundstrahlung gemessen wurde – das allgegenwärtige Nachleuchten des Urknalls – steht Weiss im Mittelpunkt der Bemühungen, die grundlegende Natur des Universums zu begreifen.

die Suche nach diesen «Kräuselungen« der Raumzeit. Die ersten GW-Detektoren wurden in den 1960er-Jahren von dem amerikanischen Physiker Joseph Weber entwickelt. Er überlegte, dass die winzige Raumverzerrung durch eine vorbeilaufende GW sich durch ein piezoelektrisches Material nachweisen ließe, das bei Druck eine Spannung erzeugt. Weber suchte nach verräterischen Signaturen in Aluminiumstangen, die mit einer piezoelektrischen Substanz beschichtet waren und an einem Draht hingen, sogenannte Resonanzdetektoren. Es wäre sehr schwierig, ein solches GW-Signal von einer anderen Schwingungsquelle zu unterscheiden, doch Weber argumentierte, dass eine GW, die über die Erde hinwegläuft, in zwei weit voneinander entfernten Detektoren nahezu gleichzeitig ein identisches Signal erzeugen müsste. Für eine solche Gleichzeitigkeit ließe sich schwerlich eine andere Erklärung finden. 1969 behauptete er, ein solches Signal in zwei Resonanzdetektoren entdeckt zu haben, die 1000 Kilometer voneinander entfernt waren, doch niemand konnte das Ergebnis replizieren.

Gleichzeitig zogen Weber und andere eine weitere Nachweismethode in Betracht, die mit Interferometrie arbeitete. Im Grunde handelte es sich dabei um eine Variante der Technik, mit der Michelson und Morley 1887 den Äther nachzuweisen versuchten (Seite 18): Lichtstrahlen werden wie extrem präzise Lineale eingesetzt, die eine Verzerrung des Raums erkennen. Dazu teilt man einen Lichtstrahl in zwei und schickt sie im rechten Winkel durch zwei Kanäle. Am Ende des Kanals werden sie von Spiegeln zurückgeworfen. Wenn sie wieder aufeinandertreffen, sind ihre Wellen noch immer gleich getaktet, und es kommt zu einer positiven Interferenz, die Wellen verstärken sich also gegenseitig. Wenn jedoch eine GW die Raumzeit in einem Arm des Interferometers stärker verzerrt als im anderen, sind die Wellen nach ihrer Reise leicht gegeneinander versetzt, und die Interferenz verschiebt sich nachweisbar.

So weit die Theorie. Doch Berechnungen deuteten darauf hin, dass die Instrumente eine entmutigend hohe Empfindlichkeit bräuchten, um auf diese Weise eine GW nachzuweisen. Der Detektor müsste eine

Gravitationswellensignale, nachgewiesen von den LIGO-Zwillingsobservatorien in Livingston (Louisiana) und Hanford (Washington) im September 2015, mit freundlicher Genehmigung des Caltech/MIT/LIGO Lab. Die Signale stammten aus zwei verschmelzenden schwarzen Löchern, die jeweils etwa die dreißigfache Masse unserer Sonne haben und sich in 1,3 Milliarden Lichtjahren Entfernung von der Erde befinden.

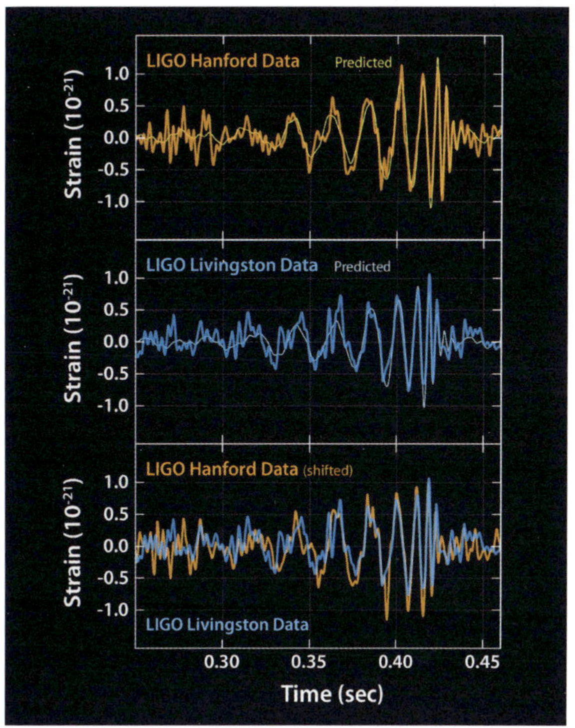

BARRY BARISH | GEB. 1936

Barry Barish war Physiker am California Institute of Technology, als er wegen seiner Erfahrung mit «Big Science»-Projekten 1994 zum Leiter des LIGO-Projekts gewählt wurde. In den USA und Italien hatte er bereits Projekte im Bereich der Teilchenphysik geleitet und kannte sich daher mit der Leitung großer Teams aus, die auf riesige, komplexe Instrumente angewiesen sind. Diese Fertigkeit gewinnt in der Ausreizung der Grenzen der Wissenschaft zunehmend an Bedeutung.

Veränderung in der relativen Länge der Pfade der beiden Strahlen messen können, die kleiner war als der Durchmesser eines Atomkerns. Je länger die Arme, desto größer die Empfindlichkeit. Angesichts dieser Herausforderung bezweifelten viele, dass die Methode je funktionieren würde. Doch Rainer Weiss vom Massachusetts Institute of Technology (MIT) und der theoretische Physiker Kip Thorne vom California Institute of Technology (Caltech) glaubten daran und taten sich mit dem schottischen experimentellen Physiker Ronald Drever zusammen, um sie in die Praxis umzusetzen. Am MIT stellte Weiss einen Prototyp eines interferometrischen GW-Detektors mit Armen von anderthalb Metern Länge her, und in den 1970er-Jahren verlängerte er die Arme auf neun Meter. Die Forscher wussten, dass die Detektoren letztlich riesengroß sein mussten, mit mehreren Kilometer langen Armen, um die erforderliche Empfindlichkeit zu erreichen. Gemeinsam setzten sie sich für das Projekt ein, und 1984 bekamen sie die Zusage für die Finanzierung eines gewaltigen Detektorsystems, des Laser Interferometer

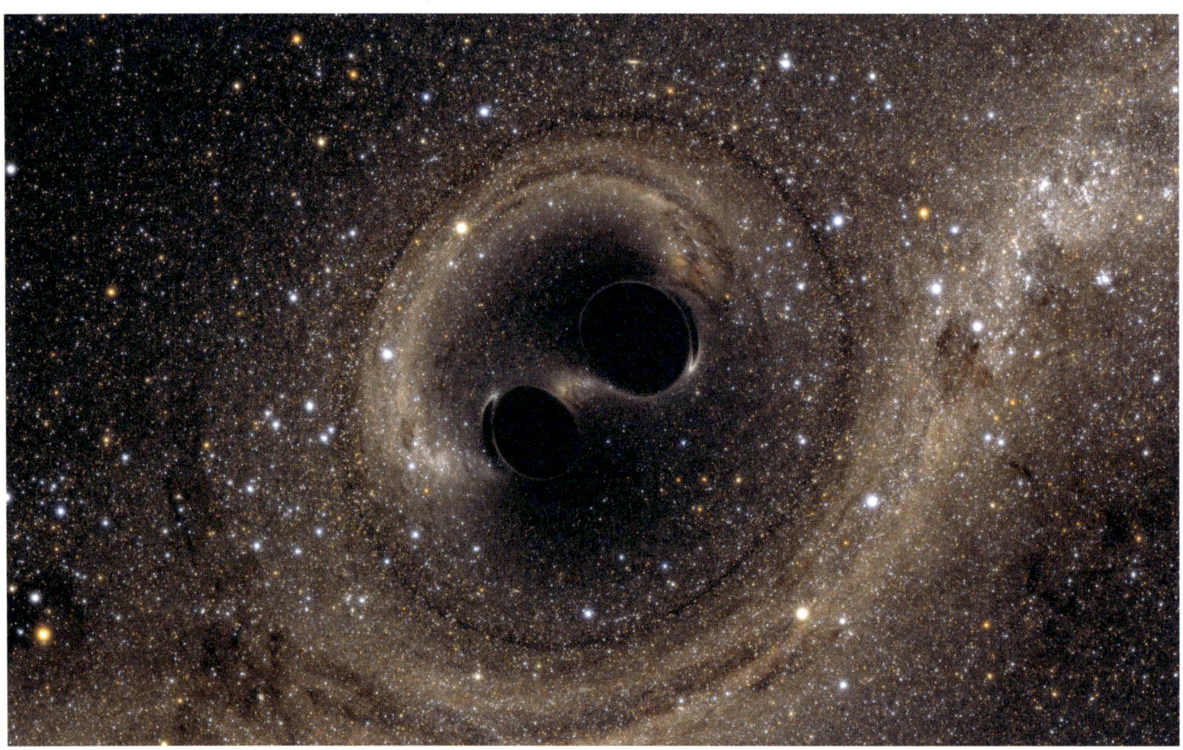

Computersimulation zweier verschmelzender schwarzer Löcher, der Quelle der Gravitationswellen, die am 14. September 2015 durch LIGO nachgewiesen wurden. Mit freundlicher Genehmigung des SXS (Simulation eXtreme Spacetimes) Project.

Gravitational-Wave Observatory (LIGO). Wie Weber argumentiert hatte, lag der Schlüssel zu einem überzeugenden Nachweis darin, zwei gleichzeitige Signale in räumlich weit voneinander entfernten Detektoren zu sehen. LIGO solle zwei Detektoren in den USA haben: eine in Hanford in Washington State und eine in Livingston in Louisiana, 3000 Kilometer voneinander entfernt. Jeder sollte zwei Arme von je zwei Kilometern Länge aufweisen. Um einen Laserstrahl zu erzeugen, der kräftig genug war, um diese Entfernung zurückzulegen, erforderte das Experiment technische Fortschritte in der Lasertechnologie.

Der Bau des LIGO begann 1994 unter der Leitung des Physikers Barry Barish, 2002 nahm es seinen regulären Betrieb auf. Im Laufe der nächsten zwei Jahrzehnte wurde das Instrument immer weiter verbessert und brachte ein Team aus rund tausend Wissenschaftlerinnen und Wissenschaftlern aus über zwanzig Ländern zusammen. Nach mehreren Upgrades Anfang September 2015 war das verbesserte LIGO kaum zwei Wochen wieder in Betrieb gewesen, als beide Detektoren ein Signal entdeckten, das genau wie das einer vorhergesagten GW aussah. Aus der Stärke und Form des Signals schlossen die Forschungsteams, dass es durch eine Verschmelzung zweier schwarzer Löcher mit der 29- bzw. 36-fachen Sonnenmasse in 1,3 Milliarden Lichtjahren Entfernung entstanden war – was bedeutete, dass das Ereignis stattgefunden hatte, als es auf der Erde nur Mikroorganismen gab. Die Veröffentlichung der Entdeckung im Februar 2016 sorgte für Furore und brachte Barish, Thorne und Weiss im folgenden Jahr den Nobelpreis ein.

Auch wenn damit zum ersten Mal eine GW direkt nachgewiesen werden konnte, hatte es bereits 1974 einen indirekten Beweis gegeben, als zwei US-Astronomen ein System aus zwei Neutronensternen entdeckten, die sich in einer Spirale allmählich aufeinander zubewegten und Energie in Form von GW abgaben. Mitte der 2010er-Jahre war in der Nähe der italienischen Stadt Pisa ein zweiter interferometrischer GW-Detektor namens VIRGO gebaut worden, und im August 2017 kam es zum ersten gemeinsamen Nachweis einer GW durch LIGO und VIRGO. In den folgenden Jahren wurden mehrere weitere GW nachgewiesen, und nun stoßen diese «Kräuselungen» in der Raumzeit ein neues Fenster zum Universum auf, indem sie uns Ereignisse zeigen, die sich nicht auf andere Weise untersuchen lassen. Derzeit planen die NASA und ESA zusammen einen gewaltigen weltraumbasierten interferometrischen GW-Detektor, die Laser Interferometer Space Antenna (LISA), in dem Raumfahrzeuge die Lichtstrahlen auf mehreren Millionen Kilometer langen Pfaden ausschicken, reflektieren und messen sollen.

LIGO und seine Nachfolger sind ein gutes Beispiel für die neue Ära des Experimentierens in der Grundlagenphysik, in der riesige, teure Instrumente, die von tausendköpfigen Teams aus Wissenschaft und Technik entwickelt und betrieben werden, die Natur an den äußersten Grenzen des Nachweisbaren erforschen. Was das für das Wesen des Experimentierens selbst bedeutet, ist nicht ganz eindeutig. Vielleicht gibt es keine andere Möglichkeit, solche schwer fassbaren Eigenschaften des Universums zu untersuchen, doch diese Projekte erfordern jahrelange Planung und unterliegen zudem der Gefahr des Gruppendenkens; sie besitzen nicht die Wendigkeit und Improvisation der traditionellen Laborwissenschaft. Sie sind nicht besser oder schlechter als die herkömmliche Art des Experimentierens, aber sie sind anders.

KIP THORNE | GEB. 1940

Barry Barish war Physiker am California Institute of Technology, als er wegen seiner Erfahrung mit «Big Science»-Projekten 1994 zum Leiter des LIGO-Projekts gewählt wurde. In den USA und Italien hatte er bereits Projekte im Bereich der Teilchenphysik geleitet und kannte sich daher mit der Leitung großer Teams aus, die auf riesige, komplexe Instrumente angewiesen sind. Diese Fertigkeit gewinnt in der Ausreizung der Grenzen der Wissenschaft zunehmend an Bedeutung.

Siehe auch: Experiment 3: Versuch eines Äther-Nachweises, 1887 (Seite 18); Experiment 4: Überprüfung der allgemeinen Relativitätstheorie, 1919/1959 (Seite 20).

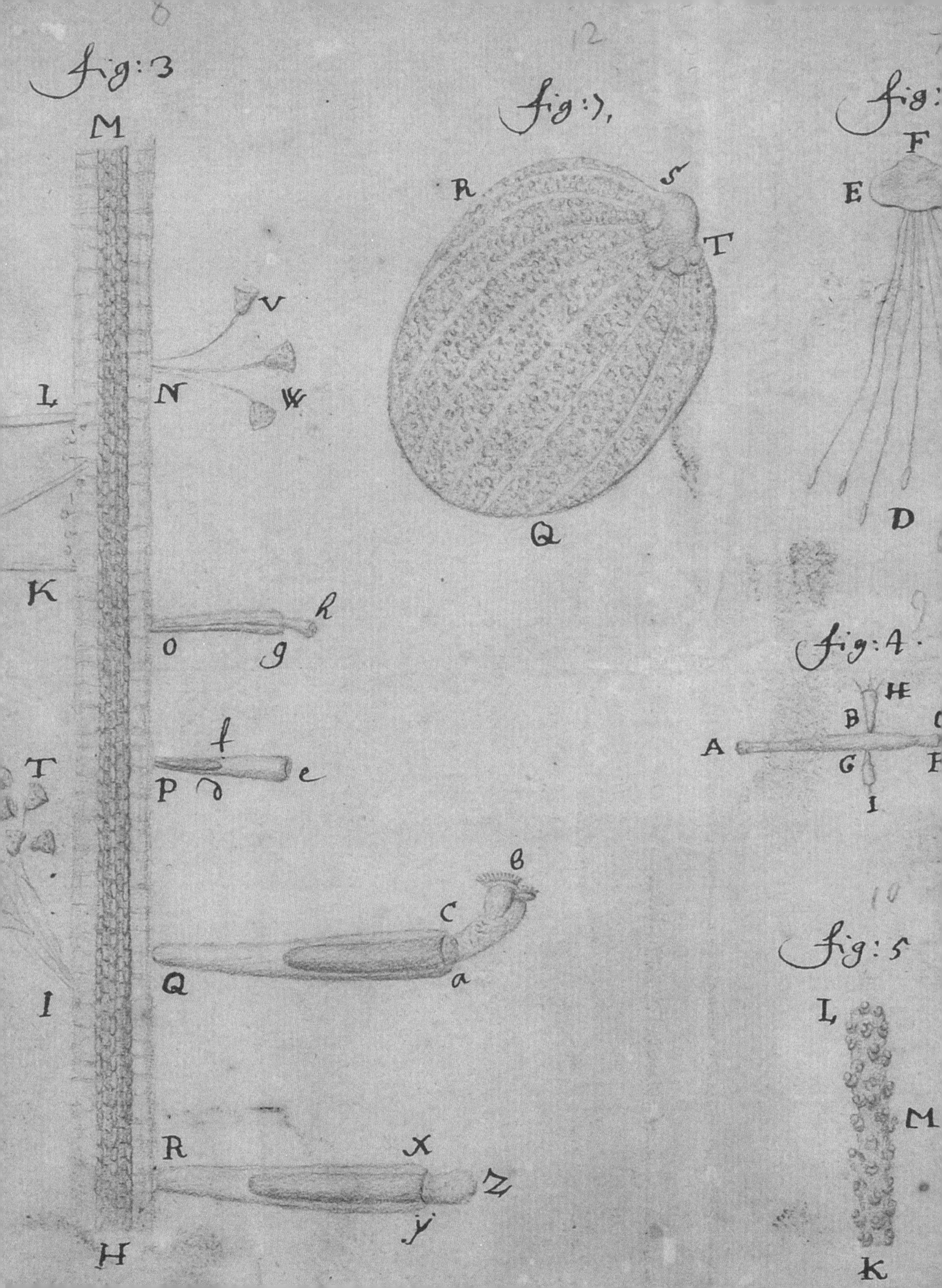

fig: 3
fig: 7
fig: 4
fig: 5

KAPITEL ZWEI

Was lässt Dinge geschehen?

07

Die Beobachtung fallender Objekte (1586)

Fallen alle Objekte mit derselben Geschwindigkeit?

Die Intuition sagt uns, je schwerer ein Objekt ist, desto schneller fällt es. Doch die Intuition ist in der Wissenschaft oft eine schlechte Ratgeberin – und genau deshalb sind Experimente so wichtig. Auch wenn Aristoteles ein scharfer Beobachter der Natur war, führte ihn die fehlende Tradition, Konzepte empirisch zu überprüfen, zu der intuitiven Ansicht, dass die Zeit, die ein Objekt braucht, um eine bestimmte Entfernung im Fall zurückzulegen, in der Tat von seiner Masse abhängt. Ein fallendes Blatt, eine fallende Feder oder Schneeflocke beispielsweise scheinen dieses Prinzip ja auch zu bestätigen, auch wenn wir inzwischen wissen, dass ihr Fall durch den Luftwiderstand gebremst wird.

Anonymes Porträt des flämischen Ingenieurs Simon Stevin, 17. Jahrhundert; Universitaire Bibliotheken Leiden, Niederlande.

Im Mittelalter wurde Aristoteles' Naturphilosophie in weiten Teilen von der Kirche unterstützt; erst in der Renaissance galt es zunehmend als akzeptabel, seine Aussagen über die Funktionsweise der Welt zu überdenken und auch auf den Prüfstand zu stellen. Aristoteles' Naturphilosophie war teleologisch, wenn nicht gar tautologisch: Objekte verhielten sich so, wie sie sich verhielten, weil sie eine natürliche Tendenz zu diesem Verhalten besaßen. Körper fallen zu Boden, weil sie nach ihrem natürlichen Ruheplatz im Mittelpunkt der Erde streben; Himmelskörper wie die Sterne, die Sonne und der Mond bleiben am Himmel, weil das ihr natürlicher Platz ist. Der Überlieferung nach wurde Aristoteles' Ansicht über Objekte im freien Fall von Galilei in einem Experiment auf dem Schiefen Turm von Pisa widerlegt. In Wirklichkeit ist es eher unwahrscheinlich, dass Galilei dieses Experiment jemals durchführte. Jemand anders jedoch tat es, einige Jahre bevor Galilei über das Thema schrieb: der flämische Ingenieur Simon Stevin, der dazu den Turm der Nieuwe Kerk in der niederländischen Stadt Delft nutzte.

1586 bestiegen Stevin und sein Freund Jan Cornets de Groot den Turm mit zwei schweren Bleikugeln, von denen die eine das zehnfache Gewicht der anderen hatte. Sie ließen die Kugeln neun Meter tief auf eine hölzerne Plattform fallen und bestimmten die Falldauer anhand des Aufprallgeräuschs sowie Augenzeugenberichten. Soweit es sich feststellen ließ, trafen die beiden Kugeln im selben Augenblick auf das Holz. Stevin beschrieb diese Beobachtungen in einem Buch, das er im selben Jahr verfasste.

Es ist jedoch eher unwahrscheinlich, dass selbst Stevin der Erste war, der diesen Aspekt der aristotelischen Physik infrage stellte. Schon im 6. Jahrhundert zog der byzantinische Gelehrte Johannes Philoponus in der Schule von Alexandrien dieses Bild des freien Falls in Zweifel und stellte fest, dass sich die

Detailansicht des Glockenturms der Nieuwe Kerk. Aus *Ansicht von Delft aus dem Südwesten* von Hendrick Vroom, Öl auf Leinwand, 1615, Museum Het Prinsenhof, Delft.

Falldauer eines doppelt so schweren Objekts nur unmerklich vom halb so schweren unterscheidet. Doch leichte Unvollkommenheiten und Ungereimtheiten in der aristotelischen Mechanik waren nichts weiter als geringe Abweichungen. Galileis Untersuchungen dagegen deuteten darauf hin, dass eine gründlichere Überarbeitung nötig war.

Galileo Galilei wurde in Pisa geboren und nahm 1580 an der dortigen Universität ein Medizinstudium auf. Nach seinem Abschluss bekam er 1589 eine Dozentenstelle an der Universität und blieb bis zu seinem Umzug nach Padua 1592 dort. Die Geschichte seines Experiments am Schiefen Turm von Pisa stammt von Vincenzo Viviani, der gegen Ende des Lebens Galileis dessen Assistent und Bewunderer wurde und in der Folge eine Biografie schrieb, die in der Manier jener Zeit sowohl schmeichelhaft als auch von zweifelhafter Zuverlässigkeit war. Viviani zufolge führte Galilei sein Experiment, vermutlich während seiner Dozentenzeit in Pisa, «in Gegenwart anderer Lehrer und Philosophen und aller Studenten» durch. Es gibt keine anderen Aufzeichnungen über das Ereignis – nicht einmal in Galileis eigenen Schriften, in denen nur Freifallproben mit einer Kanonen- und einer Musketenkugel erwähnt werden. Wir können

SIMON STEVIN | 1548–1620

Simon Stevin war Mathematiker und Ingenieur, geboren wahrscheinlich in Brügge, und diente am Hof von Wilhelm I., der in den Spanischen Niederlanden einen Aufstand gegen die spanische Herrschaft anführte. Nach der Ermordung des Prinzen 1584 wurde Stevin zum Hauptberater seines Sohnes und Erben Moritz ernannt, plante Befestigungsanlagen und öffentliche Arbeiten wie Verbesserungen an holländischen Windmühlen. Auf Moritz' Bitte gründete er an der Universität von Leiden eine Ingenieurschule.

Siehe auch: Experiment 2: Direkter Nachweis der Erdrotation, 1851 (Seite 16); Experiment 8: Ableitung des Beschleunigungsgesetzes im freien Fall, 1604 (Seite 38).

vernünftigerweise davon ausgehen, dass Galilei Experimente zum freien Fall durchführte, aber es ist eine Prise Skepsis darüber angebracht, ob das vom Schiefen Turm aus geschah. Wahrscheinlich wollte Viviani eher sein Publikum mit einer fesselnden Geschichte unterhalten. Doch auch wenn das Pisa-Experiment ein Mythos ist, erkannte Galilei, dass es um viel mehr geht als darum, wie Objekte fallen: Er war der Überzeugung, dass der Kosmos von allgemeinen Gesetzen und Prinzipien gesteuert wird, die universell auf alle Körper zutreffen. Wenn Aristoteles mit dem freien Fall unrecht hatte, hatte das weitreichendere Konsequenzen – es wurde eine ganz neue Wissenschaft der Bewegung gebraucht. Diese stellte Galilei 1638 in seinem Werk *Unterredung und mathematische Demonstration über zwei neue Wissenszweige die Mechanik und die Fallgesetze betreffend* vor.

Stevins Turmprobe ist ein perfektes Beispiel dafür, wie die reine Beobachtung in ein Experiment übergehen kann. Er testete dabei eine widerlegbare Hypothese (wie «die Falldauer hängt von der Masse ab»), indem er Objekte auf kontrollierte Weise manipulierte, statt nur ein natürliches Phänomen zu beobachten. Es wurden Messungen vorgenommen und Daten gesammelt: Das Aufprallgeräusch quantifiziert die Falldauer. Es gibt eine Variable, die der Experimentator abwandelt – die Masse der Kugeln –, um zu sehen, ob sie das Ergebnis verändert. Der sorgfältige Experimentator muss Fehlerquellen berücksichtigen (z. B. werden die Kugeln genau gleichzeitig losgelassen?). Dennoch bleibt der Test nahe am alten Verständnis von «Experiment»: Wir halten einfach nur Ausschau nach diesem oder jenem Ergebnis, das auf direkte Weise mit der Interpretation verknüpft ist. Es gibt keine Spezialgeräte und keine echte Datenquantifizierung. Den Kern des Ganzen bildete jedoch der neue Geist der damaligen Zeit: Glaubt den alten Autoritäten nicht blind, sondern prüft selbst nach.

Kupferstich von Jan Cornets de Groot. Aus *Illustrium Hollandiae & VVestfrisiae ordinum alma Academia Leidensis*, 1615, Lugduni Batavorum: bei James Marcus & Justum à Colster, Booksellers, Getty Research Institute, Los Angeles.

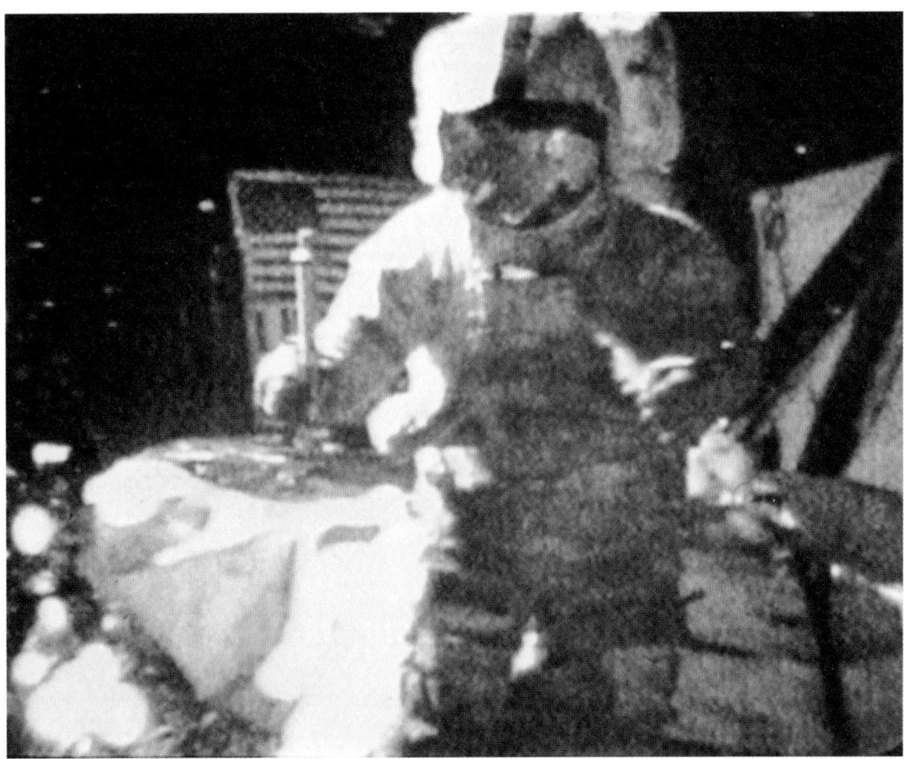

Das Hammer-Feder-Experiment: Standfoto von Commander David Scott beim Nachstellen von Galileis Experiment auf einem Mondspaziergang während der Apollo-15-Mission am 2. August 1972, mit dem er zeigte, dass Objekte in einem Vakuum mit gleicher Geschwindigkeit fallen. Mit freundlicher Genehmigung der NASA.

Galilei war der Erste, der (wenn auch nicht ganz in diesen Begriffen) die Rolle des Luftwiderstands bei der Verzögerung des Falls ins Spiel brachte. Gibt es keine Luft – fallen Objekte also in einem Vakuum –, sind ein Kieselstein und eine Feder gleich schnell. Dies demonstrierte 1969 der Astronaut David Scott von der Apollo 15, als er eine Feder und einen Geologenhammer auf dem Mond fallen ließ. In einer Anspielung auf den Pisa-Mythos erzählte Scott dem Publikum auf der Erde, dass er damit «eine recht bedeutende Entdeckung zu fallenden Objekten in Schwerkraftfeldern» demonstrierte, die «ein Gentleman namens Galilei» gemacht habe. Tatsächlich landeten Hammer und Feder gleichzeitig auf der Mondoberfläche – was bewies, so Scott, «dass Mr Galileis Ergebnisse korrekt waren». Hierbei handelte es sich nicht um ein Experiment im eigentlichen Sinn, da das Ergebnis nie in Zweifel stand; es war einfach nur eine Demonstration, wie wir sie aus der Schule kennen. Ungeachtet aller historischen Unzulänglichkeiten war es jedoch eine hervorragende Methode, einem Weltpublikum ein Stück Wissenschaft nahezubringen.

08

Ableitung des Beschleunigungsgesetzes im freien Fall (1604)

Wie hängt die Fallgeschwindigkeit mit der Zeit zusammen?

Zu wissen, dass alle Objekte für einen Fall unter Schwerkraft die gleiche Zeit brauchen (wenn sie nicht in bedeutendem Maß durch den Luftwiderstand gestört werden), war das eine. Aber wie genau fielen sie? Anscheinend auf der Grundlage von Beobachtungen von ins Wasser fallenden Körpern, behauptete Aristoteles, sie fielen mit gleichmäßiger Geschwindigkeit, die von ihrem Gewicht abhänge. Doch der Fall in der Luft war zu schnell, um das mit bloßem Auge zu beurteilen. Gäbe es doch nur eine Möglichkeit, ihn zu verlangsamen!

Zu Beginn des 17. Jahrhunderts erkannte Galilei, wie sich das auf einfache Weise umsetzen lassen könnte. Setzt man eine glatte Kugel auf einen leicht geneigten Tisch, fängt sie an zu rollen. Ist die Neigung steiler, nimmt die Kugel schneller Geschwindigkeit auf. Die Erhöhung der Neigung bis in die Vertikale bringt die Bewegung stetig näher an den perfekten freien Fall. Galilei schlussfolgerte daher, dass eine Kugel, die eine solche «schiefe Ebene» hinabrollt, eine verlangsamte Version des freien Falls darstelle, die es ihm ermögliche, Messungen vorzunehmen. Die Frage war, wie die zurückgelegte Entfernung (nennen wir sie s) von der verstrichenen Zeit (t) abhängt. Wenn die Kugel mit konstanter Geschwindigkeit rollt, sind die Werte proportional zueinander: Die Geschwindigkeit ist dann nur das Verhältnis von Entfernung zu Zeit. Galilei begann 1602, mit schiefen Ebenen zu experimentieren, und zwei Jahre später hatte er die Methode ausreichend verfeinert, um die mathematische Beziehung zwischen s und t herzuleiten. Den Apparat beschreibt er 1638 in *Zwei neue Wissenszweige:* An der Kante eines etwa 8,50 Meter langen Holzbalkens wurde eine Rille geschnitten und mit glattem Pergament ausgekleidet. Durch diese Rille rollte eine Bronzekugel, sobald der Balken schräg gehalten wurde. Um die Zeit zu messen, die sie bis zum Boden brauchte, nachdem sie an verschiedenen Punkten des Balkens losgelassen wurde, verwendete Galilei eine Wasseruhr, in der Wasser mit konstanter Geschwindigkeit durch eine Röhre floss. Konnte die Röhre mit ausreichender Genauigkeit geöffnet und geschlossen werden, war die Wassermenge proportional zur vergangenen Zeit. In Anerkennung des Fehlerpotenzials bei dieser Technik wiederholte Galilei jeden Durchlauf des Experiments viele Male – «ganze hundert Mal», wie er schrieb.

Auf diese Weise kam er zu dem Schluss, dass die Kugel doch nicht mit konstanter Geschwindigkeit rollte, wie Aristoteles behauptete, sondern allmählich schneller wurde: Sie beschleunigte. Die Beziehung zwischen s und t war also keine einfach proportionale; stattdessen wuchs s proportional zum *Quadrat* der vergangenen Zeit. Nach der heutigen Schreibweise gilt also $s = \frac{1}{2}at^2$, wobei a die Beschleunigung ist. Bewegung und Mechanik ließen sich also am besten nicht in qualitativer Sprache, sondern mathematisch darstellen. Folgerichtig erklärte Galilei die Mathematik zur wahren Sprache der Natur.

Galilei war der Erste, der die Beschleunigung als Größe in der Mechanik identifizierte. Ein Körper beschleunigt, wenn eine Kraft auf ihn wirkt – in diesem Fall die Schwerkraft (und auch die kleinere verlangsamende Reibungskraft beim Rollen der Kugel). Galilei schlussfolgerte, dass ein Körper, auf den keine Kräfte wirken, seine Geschwindigkeit nicht verändert: Wenn er sich bereits bewegt, setzt er diese Bewegung in derselben Geschwindigkeit fort; wenn er jedoch ruht (seine Geschwindigkeit also null beträgt), bleibt er in Ruhe. Später formulierte Isaac Newton dies in seinem ersten Grundsatz der Bewegungslehre und fügte einen zweiten hinzu, der die Beschleunigung mit der Kraft verknüpft, die sie erzeugt: Die Kraft entspricht der Masse des Körpers multipliziert mit seiner Beschleunigung a.

Galileis schiefe Ebene gehört zu den ersten Vorrichtungen, die einzig und allein für die quantitative experimentelle Wissenschaft entwickelt wurde. Bisher

Ottavio Mario Leonis Porträt von Galileo Galilei, 1624, Disegni Vol. H., Biblioteca Marucelliana, Florenz, Italien.

hatten Naturphilosophen meist auf die Ressourcen zurückgegriffen, die ihnen zur Verfügung standen – Stöcke und Stangen, abgedunkelte Räume, Prismen und Weckgläser –, um die Funktionsweise der Natur zu untersuchen. Doch Galileis Apparat war ein wahrhaft wissenschaftliches Gerät, das er mit einem bestimmten Ziel vor Augen konstruierte. Das Experiment läutete den Beginn eines Jahrhunderts ein, in dem spezialisierte (und häufig kostspielige) wissenschaftliche Instrumente immer mehr zum Standard wurden. Durch ihren Einsatz hob sich zunehmend der «Experte» (später manchmal auch Virtuose genannt) vom einfachen Amateur ab. Dennoch sollten wir nicht davon ausgehen, dass Galilei Wissenschaft im selben Sinn betrieb wie die Forschenden von heute. Seine Methode lag irgendwo zwischen der älteren Praxis, Axiome aufzustellen und daraus logische Schlussfolgerungen zu ziehen, und der modernen Methode, Hypothesen zu formulieren und zu überprüfen. Wie der Wissenschaftshistoriker Domenico Bertoloni Meli schreibt, «formulierte [er] die Bewegungslehre als mathematisches Konstrukt und nutzte das Experiment erst in einer späteren Phase, um zu zeigen, dass die von ihm formulierte Wissenschaft dem Verhalten

GALILEO GALILEI | 1564–1642

Galilei wurde in Pisa geboren und gelangte 1610 durch seine Teleskop-Beobachtungen des zerklüfteten Mondes und der vier Hauptmonde des Jupiters zu Ruhm – beides Anzeichen dafür, dass der Himmel nicht die schlichte Perfektion besaß, die Aristoteles ihm zuschrieb. Seine Veröffentlichung des *Dialogs über die beiden hauptsächlichen Weltsysteme* 1632 verärgerte Papst Urban VIII. sowohl wegen seines spöttischen Tonfalls als auch wegen seiner Befürwortung des kopernikanischen Kosmos-Modells mit der Sonne im Zentrum. Nachdem er 1633 vor Gericht erscheinen und widerrufen musste, verbrachte er den Rest seines Lebens unter Hausarrest in Arcetri in der Nähe von Florenz.

Kein historischer Wissenschaftler, mit Ausnahme vielleicht von Newton und Darwin, weckt unter den Forschenden von heute mehr Bewunderung als Galilei. Wegen seiner sorgfältigen Versuchsarbeiten und Beobachtungen, ausgedrückt in Form mathematischer Gesetze, betrachten viele Physikerinnen und Physiker ihn als Vater der modernen Wissenschaft. Unter Historikern ist er umstrittener. Er war zweifellos brillant und originell, konnte aber auch arrogant und über Gebühr selbstsicher in seinen Schlussfolgerungen sein (so konnte er etwa Johann Keplers elliptische Planetenbahnen nicht akzeptieren). Die Behandlung, die er wegen seines Bekenntnisses zum heliozentrischen Weltbild durch die katholische Kirche erfuhr, war ein beschämender Triumph des Dogmas über die wissenschaftliche Untersuchung – eine weniger streitlustige und provokante Persönlichkeit hätte diesem Schicksal jedoch entkommen können. Unabhängig aller persönlichen Komplexitäten jedoch läuteten Galileis sorgfältige Experimente und Beobachtungen eine bedeutende Phase in der Entwicklung der modernen Wissenschaft ein.

Rekonstruktion (5,44 Zentimeter lang) aus Holz und Messing von Galileis schiefer Ebene, frühes 19. Jahrhundert. Museo Galileo, Florenz, Italien.

der Natur entsprach». Und selbst wenn das nicht der Fall war, argumentierte Galilei, dass die Wissenschaft als mathematische Übung ihre Gültigkeit behielt.

Wegen seiner Bedeutung in der Geschichte der experimentellen Wissenschaft wurde das Experiment mit der schiefen Ebene besonders genau unter die Lupe genommen. Eine Frage war, ob Galilei mit den eher groben Methoden der Zeitmessung, die ihm zur Verfügung standen, tatsächlich zuverlässige Ergebnisse erzielen konnte. Die Kugel braucht nur wenige Sekunden für die Strecke; es gibt also Raum für erhebliche Fehler bei der genauen Bestimmung, wann die Bewegung beginnt und endet. Mit diesem Hintergedanken äußerte sich der französische Wissenschaftsphilosoph Alexandre Koyré mit beißender Herablassung über das Ganze, als er 1953 schrieb: «Es ist offensichtlich, dass Galileis Experimente vollkommen wertlos sind: Gerade die Perfektion ihrer Ergebnisse ist ein schlüssiger Beweis für ihre Fehlerhaftigkeit.» Doch Koyrés Zweifel wurden ihrerseits 1961 infrage gestellt, als Thomas Settle, ein Student der Wissenschaftsgeschichte an der Cornell University, mit billigen, selbst gebastelten Geräten zeigte, dass er mit etwas Übung Daten sammeln konnte, deren Qualität absolut ausreichte, um Galileis Beschleunigungsgesetz zu bestätigen. Koyrés Argument des persönlichen Unglaubens reichte nicht aus; inzwischen

Skizze der Bewegung eines Projektils. Aus Galileis Notizbuch, *Discorsi*, 1604, Galileis Manuskript 72, Biblioteca Nazionale Centrale, Florenz, Italien.

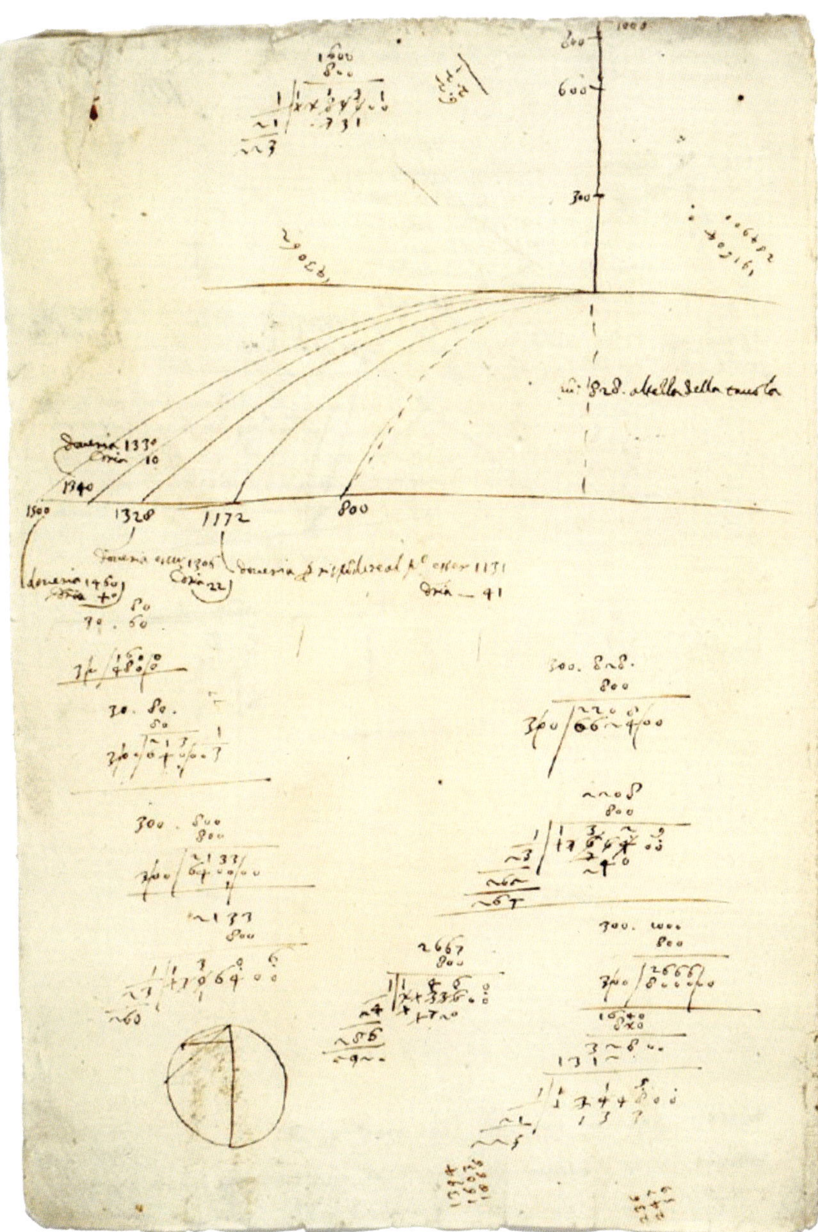

ist es in der Wissenschaftsgeschichte gängige Praxis, historische Rekonstruktionen von Experimenten mit den damals verfügbaren Ressourcen herzustellen, um die Plausibilität der Ergebnisse zu überprüfen. Settles Arbeit zeigte zudem, wie wichtig es ist, ein Gefühl für die eigenen Gerätschaften zu bekommen, bevor man sie sicher einsetzen kann.

Darüber hinaus kam 1972 der Historiker Stillman Drake nach einer genauen Untersuchung der Notizen Galileis in seinem bruchstückhaften «Laborbuch» zu dem Schluss, dass Galilei auch eine andere Methode der Zeitmessung angewandt haben könnte, indem er bewegliche Darmsaiten an der schiefen Ebene befestigte, sodass die darüber rollende Kugel ein hörbares Klicken erzeugte. Auf der Grundlage seines ausgeprägten Rhythmusgefühls, das seine musikalische Ausbildung ihm verschafft hatte, könnte Galileo die Saiten dann verschoben haben, bis die Kugel eine regelmäßige Serie von Klickgeräuschen erzeugte, und das Beschleunigungsgesetz aus den Entfernungen zwischen den Saiten abgeleitet haben, die die Kugel in jeweils derselben Zeit zurücklegte. Drake meinte, dass Galilei diese Zeiterfassungsmethode nicht aufgezeichnet habe, vielleicht aus Sorge, dass sie töricht klang – da sie erforderte, dass er einen regelmäßigen Rhythmus festlegte, indem er beispielsweise ein Lied sang.

09

Die Auswirkungen des Luftdrucks (1643/1648)

Was hält eine Flüssigkeit in einer umgedrehten Röhre, und wie verändert sich dies mit der Höhe?

Wasser über Pumpen zu bewegen, gehörte zu den nützlichsten Technologien der Antike. Auf diese Weise ließ sich Wasser aus tiefen Brunnen und überfluteten Minen fördern und zur Bewässerung verteilen. Im alten Ägypten bestanden die wichtigsten Technologien zur Wasserförderung im Schaduff, einem einfachen, durch ein Gegengewicht bewegten Eimer, und dem Wasserrad. Archimedes, dem großen Ingenieur aus dem hellenistischen Griechenland des 3. Jahrhunderts v. Chr., wird gemeinhin die Erfindung der Schneckenpumpe zugeschrieben – eines Geräts, das Wasser in einem rotierenden spiralförmigen Kanal nach oben fördert. Sein Zeitgenosse Ktesibios aus Alexandria entwickelte die Art von Pumpe, die uns heute am vertrautesten ist: Kolben in Zylindern ziehen das Wasser in den leeren Raum, der bei ihrem Hochziehen entsteht. Mit einer solchen Apparatur pumpte Ktesibios auch Luft für die erste bekannte Pfeifenorgel.

Kolbenpumpen scheinen das von Aristoteles geäußerte Prinzip zu illustrieren, nach dem «die Natur das Vakuum verabscheut»: Kurz gesagt strömt Luft oder Wasser ein, um einen leeren Raum zu füllen. Für Aristoteles spiegelt dieser Grundsatz ein teleologisches Universum wider: Die Leere steht im Widerspruch zum Natürlichen. Doch es ist eine Sache zu behaupten, dass die Natur stets versucht, ein Vakuum zu vermeiden, und eine vollkommen andere anzunehmen, dass ein solches Vakuum unmöglich ist. Könnten Experimente die Natur dazu bringen, etwas sozusagen gegen ihren Willen zu akzeptieren?

Derart esoterische Fragen scheinen weit entfernt von den praktischen Beschränkungen von Pumpen, die durch Erfahrung entdeckt wurden. Zum großen Frust der Bergbauingenieure, die Wasser aus tiefen Schächten pumpen wollten, erwiesen sich Wasserpumpen als unfähig, Wasser über größere Höhen als etwa zehn Meter zu befördern. In seiner Abhandlung *De re metallica* von 1556 stellt der deutsche Ingenieur Georgius Agricola eine mühsame Lösung vor: Aus großer Tiefe musste Wasser in mehreren Stufen nach oben befördert werden.

Galilei war dieses Problem bekannt, und er vermutete, dass es mit der Frage zu tun hatte, ob ein Vakuum möglich ist. Wenn eine Pumpe eine Wassersäule hebt, zieht das Gewicht des Wassers sie wieder nach unten. In seinen *Zwei neuen Wissenszweigen* (1638) spekulierte er, dass bei einer Wassersäule mit einer Höhe von über zehn Metern das Gewicht des Wassers die Säule zerstört und ein Vakuum erzeugt, welches das weitere Aufsteigen der Säule verhindert.

In den frühen 1640er-Jahren stellte der italienische Mathematiker Gasparo Berti in Rom diese Idee mithilfe einer knapp zwölf Meter langen senkrechten Bleiröhre mit einer gläsernen Phiole an einem Ende auf die Probe. Wurde die Röhre mit Wasser gefüllt, lief es ab, bis die kritische Höhe von zehn Metern erreicht war, und die Phiole blieb leer. Was befand sich in ihr? Luft – oder nichts?

Einen anderen italienischen Gelehrten namens Evangelista Torricelli interessierte ein anderer Aspekt dieses Experiments. Er fragte sich, was das restliche Wasser eigentlich in der Röhre hielt, und kam zu dem Schluss, dass es der Abwärtsdruck der Atmosphäre – eines «Ozeans aus Luft» – auf das Wasser sein musste, das am unteren Ende in den Behälter floss, in dem die Röhre stand.

1643 entwickelte Torricelli ein ähnliches, aber deutlich zweckmäßigeres Experiment: Er füllte eine an einem Ende geschlossene Glasröhre mit flüssigem Quecksilber und hielt sie mit dem offenen Ende nach unten in eine Schale. Wegen des größeren Gewichts von Quecksilber hatte die Säule nun eine Grenzhöhe von weniger als einem Meter. Der Luftdruck an der Oberfläche der quecksilbergefüllten Schale, so Torricelli, hielt sie in ihrer Position und nicht etwa die Abscheu der Natur vor einem Vakuum. Auch hier hinterließ die fallende Säule einen leeren Raum am oberen Ende, der unter dem Namen «torricellische Leere» bekannt

Torricellis Quecksilber-Barometer. Aus: Accademia del cimento: *Saggi di naturali experienze,* Florenz: Per Guiseppe Cocchini all'Insegna della Stella, 1666, Tafel LXI. Rare Book and Special Collections Division, Library of Congress, Washington DC.

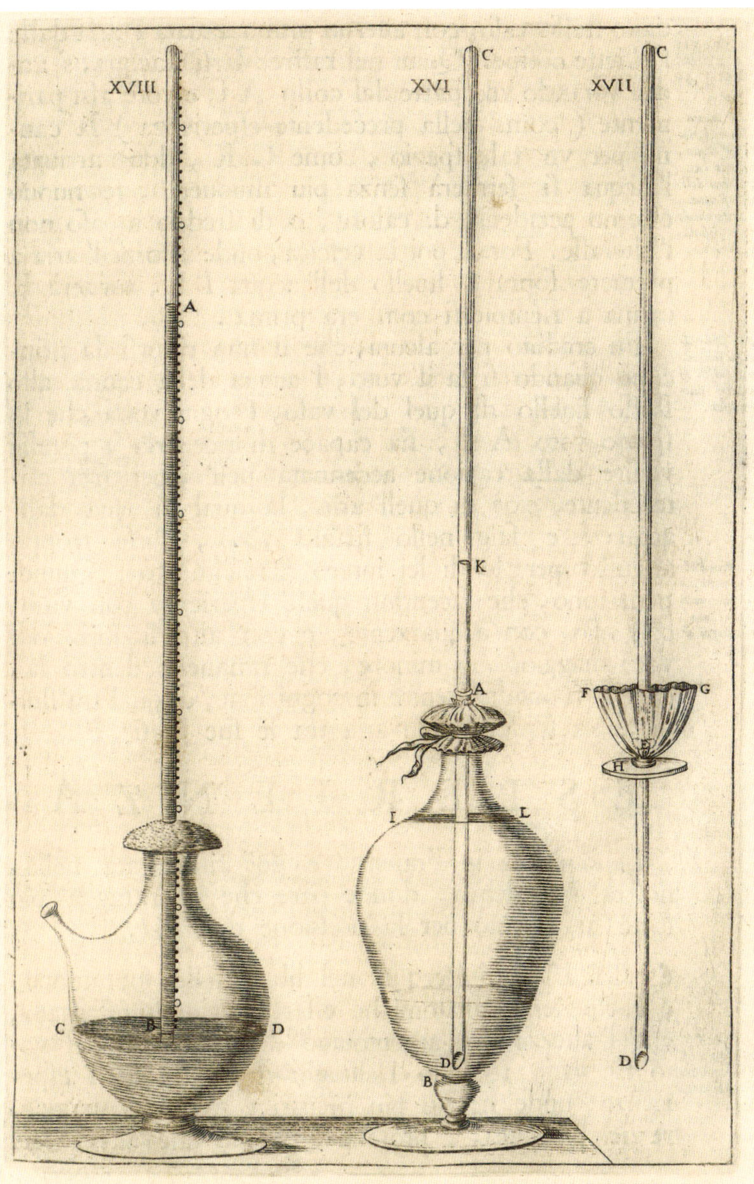

wurde. Torricellis Auffassung nach enthielt er ein Vakuum, doch darüber wurde erbittert debattiert. Er zeigte, dass die Eigenschaften des angenommenen Vakuums auf jeden Fall keinen Unterschied für die Grenzhöhe der Quecksilbersäule machten: Sie blieb gleich, ob nun die Röhre am oberen Ende einfach verschlossen wurde oder ob eine kleine Glaskugel dort angebracht war.

Torricellis Experiment und seine Interpretation lassen darauf schließen, dass der Luftdruck an der Erdoberfläche groß genug ist, um eine zehn Meter hohe Wassersäule zu halten. Dass die Luft selbst ein Gewicht hat, war nicht neu; das hatte bereits Aristoteles gesagt, und Galilei wiederholte die Behauptung unter Verweis auf diese Instanz in seinen

EVANGELISTA TORRICELLI 1608–1647

Als Student der Wissenschaften in Rom lernte Torricelli bei dem Benediktinermönch Benedetto Castelli, der seinerseits ein Schüler Galileis war. Als Castelli später Torricellis Abhandlung über Dynamik und Ballistik an Galilei schickte (zu jener Zeit unter Hausarrest in Arcetri), lud dieser den jungen Mann zu sich ein. Torricelli besuchte ihn Ende 1641 und wurde in den drei Monaten vor Galileis Tod noch von diesem unterrichtet. Später trat er Galileis Nachfolge als Hofmathematiker des Großherzogs Ferdinand II. und Mathematikprofessor an der Universität von Pisa an, wo er sich mit Mechanik, Geometrie und Optik beschäftigte, bevor er noch in jungen Jahren starb, wahrscheinlich an Typhus.

Siehe auch: Experiment 10: Vakuen und die Elastizität der Luft, um 1659–1660 (Seite 48); Experiment 15: Die Entdeckung des Sauerstoffs, 1774–1780er-Jahre (Seite 70).

Zwei neuen Wissenszweigen. Aber wer hätte gedacht, dass dieser Druck so gewaltig ist, wenn wir ihn doch selbst so wenig spüren? Torricelli war jedoch nicht überrascht, weil er schätzte, dass die Atmosphäre rund 80 Kilometer dick ist und deshalb über jedem Punkt auf dem Boden eine riesige Luftsäule steht. Galilei schätzte das Gewicht der Luft experimentell auf etwa ein Vierhundertstel des entsprechenden Wasservolumens; Torricelli übernahm diese Zahl einfach, auch wenn sie etwa doppelt so groß ist wie der echte Wert (was unweigerlich die Frage aufwirft, ob Galilei dieses Experiment wirklich durchführte). Auf jeden Fall wurde die gewaltige Kraft des Luftdrucks 1654 vom deutschen Philosophen Otto von Guericke in einem berühmten Experiment demonstriert: Mit einer Luftpumpe pumpte er den Hohlraum zwischen zwei eng aneinanderliegenden Kupferhalbkugeln von 50 Zentimetern Durchmesser luftleer und zeigte, dass es zwei Pferdegespannen unmöglich war, die Kugelhälften auseinanderzuziehen. Diese plakative Demonstration des Luftdrucks erregte damals großes öffentliches Interesse und machte gleichzeitig das Potenzial von Luftpumpen bei der Vakuumerzeugung sichtbar.

Wenn die Höhe, auf die die Quecksilbersäule fällt, durch den Luftdruck bestimmt wird, müsste dieser Druck in größerer Höhe, wo weniger Luftmasse von oben drückt, geringer sein. Torricelli erkannte das offenbar, denn er schrieb: «Das Gewicht, auf das Galilei sich bezieht, gilt für Luft an sehr niedrig gelegenen Orten, wo Menschen und Tiere leben, während die Luft auf dem Gipfel hoher Berge deutlich dünner wird und viel weniger wiegt als den vierhundertsten Teil des Wassergewichts.»

Evangelista Torricelli. Aus dem Frontispiz von *Lezioni accademiche d'Evangelista Torricelli,* Florenz: Nella Stamp. Di S.A.R. Per Jacopo Guiducci, e Santi Franchi, 1715. Rare Book and Special Collections Division, Library of Congress, Washington DC.

Gaspar Schott: *Technica curiosa, sive mirabilia artis,* Nürnberg: Johann Andreas Endter (gedruckt von Jobst Hertz, Herbipolus, 1664). Wellcome Collection, London.

1648 stellte der französische Philosoph Blaise Pascal diese Vorstellung auf den Prüfstand, indem er das Quecksilber-Röhren-Experiment in großer Höhe wiederholte. Er ließ die Apparatur auf den Puy-de-Dôme im Zentralmassiv bringen, woraufhin die Quecksilbersäule um mehrere Zentimeter fiel. Pascal unternahm die Bergwanderung über 900 Meter allerdings nicht selbst, sondern überredete seinen Schwager Florin Périer, der in Clermont in dieser Gegend lebte, das für ihn zu übernehmen. Der gewissenhafte Périer behauptete, die Messung an fünf Stellen auf dem Gipfel wiederholt zu haben, wobei das Quecksilber übereinstimmend um neun Zentimeter fiel; zusätzlich habe er festgestellt, dass die Quecksilbersäule weiter unten am Berg weniger stark fiel. Er führte das Experiment außerdem ein weiteres Mal durch, indem er den Turm der Kathedrale von Clermont bestieg, was zu einem erkennbaren Sinken des Quecksilbers führte. Einige Geschichtsforschende zweifeln die Glaubwürdigkeit von Périers Bericht in seinem Brief an Torricelli an – doch unter der Annahme, dass er wahr ist, wird seine Unternehmung gelegentlich als erstes formales Experiment bezeichnet, weil sie von einer eindeutigen Hypothese motiviert war und geplant, dokumentiert und wiederholt wurde.

Torricellis umgedrehte Quecksilberröhre ist de facto ein Barometer: Die Höhe der Quecksilbersäule misst den lokalen Luftdruck. Dieser verändert sich nicht nur mit der Höhe, sondern auch aufgrund von Änderungen des atmosphärischen Drucks im Zusammenhang mit dem Wetter, weshalb Barometer in der Wettervorhersage eingesetzt werden.

Der Einfluss neuer Techniken

Wir haben bereits festgestellt, dass Theorien in der Regel dem Experiment vorausgehen, statt sich aus ihm zu ergeben (siehe Seite 24). Wenn das so ist, wie entwickelt die Wissenschaft dann jemals neue Konzepte, statt nur die zu bestätigen oder zu widerlegen, die sie bereits kennt? Das ist eine komplexe Fragestellung, aber eine Antwort liegt sicherlich in der Entwicklung neuer Techniken. Vom Mikroskop und Teleskop bis zur Beobachtung des Universums über Wellenlängen, die das Auge nicht wahrnimmt, hat sich unsere Sicht auf die Welt durch die Erfindung neuer Untersuchungstechniken wiederholt verändert.

Manchmal wird behauptet, neue wissenschaftliche Techniken und Instrumente ermöglichen uns den Nachweis von Phänomenen, die wir vorher nicht nachweisen konnten. Gelegentlich stimmt das auch. Ein Experimentator könnte beispielsweise sagen: «Ich weiß, dass es bestimmte Arten von Molekülen gibt, die sich in diesen Zellen bewegen, aber ich kann sie nicht sehen – also werde ich eine Methode entwickeln, um sie sichtbar zu machen.» Doch neue Techniken können auch Phänomene sichtbar machen, von denen wir gar nicht wussten, dass es sie gibt, und für deren Erklärung wir daher keinen bereits bestehenden theoretischen Rahmen haben. Das galt zum Beispiel für C. T. R. Wilsons Nebelkammer (siehe Seite 121), die die Existenz kosmischer Strahlung offenbarte. Dank der Entwicklung der Fotografie konnte Henri Becquerel die Radioaktivität entdecken (siehe Seite 88). Die wohl schockierendste Erkenntnis lieferten jedoch die frühen Mikroskope: dass es Lebewesen gibt, die das bloße Auge gar nicht wahrnehmen kann (siehe Seite 170). Solche Phänomene werden gewissermaßen theoriefrei in die Welt gebracht, und häufig folgt darauf ein auf herrliche und (hoffentlich) produktive Weise ungeordnetes Deutungsgerangel. Es ist nicht übertrieben zu behaupten, dass neue Techniken so die Realität verändern können (wenn wir damit alle Dinge meinen, von denen wir wissen oder glauben, dass sie existieren). Einige Experimente, sagt der Wissenschaftsphilosoph Ian Hacking, weisen neue Phänomene nicht einfach nur nach, sondern *erzeugen* sie erst. Sie können hypothetische Objekte wie das Atom, das Neutrino und das Higgs-Boson (siehe Seite 104, 128 und 130) in echte verwandeln.

Traditionelle Darstellungen der Wissenschaftsgeschichte feiern häufig Durchbrüche im Denken: wie Newton die Einheitlichkeit von Schwerkraftphänomenen erkannte, wie Lavoisier begriff, dass die Sauerstoffhypothese die Verbrennung besser erklärte als das Phlogiston (siehe Seite 68), und wie Charles Darwin auf die Theorie von der Evolution durch natürliche Selektion kam. Dies ist eine nachvollziehbare Verzerrung, denn es handelt sich hier um die Ideen, die unser Verständnis der Welt umgestalten. Doch der Einfluss neuer Instrumente und Techniken auf den Fortschritt der Wissenschaft ist unberechenbar. Die Einführung der Röntgenstrukturanalyse (siehe Seite 158) gehört mit Sicherheit zu den tiefgreifendsten, da sie uns erstmals einen Blick in das Reich der Atome ermöglichte und uns ihre Anordnung zeigte – mit entsprechenden Konsequenzen für Chemie, Biologie, Metallurgie, Mineralogie und weitere Bereiche. Manche neuen Techniken liefern nur Antworten auf spezielle Fragen, doch solche Methoden durchdringen die gesamte Wissenschaft. Ihre Bedeutung spiegelt sich in den Nobelpreisen der Wissenschaftsdisziplinen wider, die nicht selten für die Entwicklung einer neuen Technik statt für neue Entdeckungen oder Theorien verliehen wurden.

Forschende sind nur so gut wie ihre Werkzeuge

Eine neue Methode bringt jedoch neue Probleme mit sich. Wer ein bewährtes Instrument wie ein Mikroskop oder ein Galvanometer einsetzt, geht davon aus – solange es keine Fehlfunktionen aufweist –, dass es tut, was man von ihm erwartet, weil das schon viele Male zuvor gezeigt wurde. Doch Ansprüche an ein vollkommen neues Gerät oder eine neue Technik können nicht mit dem gleichen Vertrauen gestellt werden. Neue Instrumente wurden noch nicht perfektioniert und arbeiten oft an den Grenzen des Nachweisbaren – wie können wir beispielsweise sicher sein, dass Anstieg und Fall des elektrischen Stroms, der mit einem Rastertunnelmikroskop gemessen wurde (siehe Seite 116), tatsächlich auf einzelne Atome zurückzuführen waren und nicht nur ein Zufallsrauschen darstellten? Neue Techniken haben unzählige Male

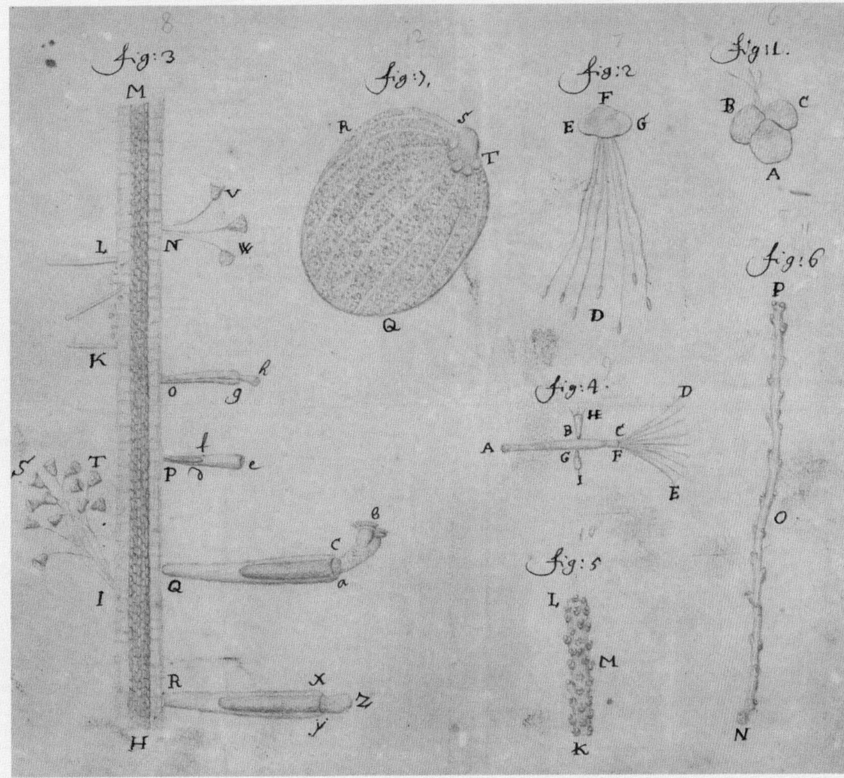

Wasserlinsen und Süßwasserorganismen (*diertjes* oder «animalcules»). Illustration aus Antoni van Leeuwenhoeks *Brief an die Royal Society,* 25. Dezember 1702. The Royal Society, London.

falschen Alarm ausgelöst: Ja, Fotoplatten machten Röntgenstrahlen und Radioaktivität sichtbar, aber auch mehrere andere neue Typen von «Strahlen», die sich später als Hirngespinste herausstellten. Es ist daher nur natürlich und richtig, dass neue experimentelle Techniken und Werkzeuge oft zunächst auf eine gewisse Skepsis stoßen. Ein Bericht von 1610 über eine frühe Demonstration des Teleskops durch Galilei in Bologna (ein Instrument, das er nicht selbst erfunden hatte, auch wenn er der berühmteste Early Adopter war) erwähnt, wie er niedergeschlagen davonschlich, nachdem es ihm nicht gelungen war, sein gelehrtes Publikum davon zu überzeugen, dass das Gerät funktionierte. «Alle waren sich einig, dass das Instrument ein Schwindel war», schreibt der Autor. «Wichtigtuerisch versuchte er, eine Mär zu verkaufen.» Doch wer zuletzt lacht, lacht am besten: Seine kurze Abhandlung *Sidereus Nuncius,* die er im selben Jahr veröffentlichte und in der er über die Monde des Jupiters und die zerklüftete Mondoberfläche berichtete, machte ihn berühmt.

Das Problem, sagt Wissenschaftshistoriker Albert van Helden, besteht darin, dass bis zum Aufkommen der zuverlässigen Instrumente des 20. Jahrhunderts, die ihre Beobachtungen auf fotografischem Film festhielten, die Beobachtung durch ein Teleskop ein privater Akt war, den einige besser beherrschten als andere. Das gilt immer noch für viele wissenschaftliche Techniken, vor allem für die maßgeschneiderten. Um die Ladung eines Elektrons zu messen, musste Robert Millikan (siehe Seite 112) erst ein Gefühl für seine Apparatur bekommen. Experimente an biologischen Systemen wie Hilde Mangolds Gewebetransplantationsstudien (siehe Seite 192) sind berüchtigt für ihre Unberechenbarkeit und erfordern häufig eine fachkundige Anleitung anstelle der sturen Befolgung eines Rezepts. Wie in der Musik muss man erst lernen, das Messinstrument zu «spielen». Erst dann erreicht man ansprechende und gut ausgeführte Ergebnisse oder gar Offenbarungen.

10

Vakuen und die Elastizität der Luft (um 1659–1660)

Wie «elastisch» ist Luft?

Experimente mit Vakuen zeigten, wie die experimentelle Philosophie unser intuitives Verständnis der Welt erschüttern kann. Dass leerer Raum mit Luft gefüllt ist, sagte einem der gesunde Menschenverstand; die Vorstellung eines wahrhaft leeren Raums, der gar nichts enthielt, erschien vielen Philosophen verstörend und unnatürlich. Selbst wenn er sich erzeugen ließe, würde die Natur doch sicherlich alles dafür tun, ihn zu vernichten.

Der anglo-irische Gelehrte Robert Boyle sah das anders. Er wollte Vakuen nicht fallweise untersuchen wie von Guericke oder Torricelli (siehe Seite 46), sondern systematisch auf eine Weise, die ihm die Kontrolle über das relative Verhältnis von Luft und Nichts gab. Boyle war der jüngste Sohn des ersten Earl of Cork in Irland. In den 1650er-Jahren schloss er sich einer Gruppe gleichgesinnter Naturphilosophen in Oxford an, die ein Interesse an der neuen experimentellen Philosophie entwickelt hatten. 1657 hörte Boyle von der Pumpe, die von Guericke benutzt hatte, um den Luftdruck zu demonstrieren, und wünschte sich ein solches Gerät für seine eigenen Studien. Als Adliger mit den entsprechenden Mitteln ausgestattet, engagierte er den Erfinder und Experimentator Robert Hooke – einen Mann von wesentlich bescheidenerer Herkunft –, der ihm eine verbesserte Version bauen sollte, die *Pneumatical Engine*.

ROBERT BOYLE | 1627–1691

Robert Boyle wurde in Lismore in Irland geboren. Er wird zwar oft als früher Chemiker betrachtet (in seinem Buch *Der skeptische Chemiker* stellte er das Konzept des Elements klar), besaß jedoch eine tiefgehende Neugier in Bezug auf alle Wissenschaften und gehörte zu den Gründern und Vordenkern der Royal Society in London.

Siehe auch: Experiment 9: Die Auswirkungen des Luftdrucks, 1643/1648 (Seite 42); Experiment 15: Die Entdeckung des Sauerstoffs, 1774–1780er-Jahre (Seite 70).

Anstelle der Kupferhalbkugeln von Guerickes verwendeten Boyle und Hooke eine große kugelförmige Kammer aus Glas mit einem Deckel, durch den Objekte (darunter auch glücklose kleine Tiere) in die Vakuumkammer gesetzt und beobachtet werden konnten. Im Boden der Kammer befand sich eine Öffnung, durch die eine handbetriebene Pumpe die Luft herauszog – ein schwieriges Unterfangen, weil bei jeder Pumpbewegung ein Ventil geöffnet und wieder geschlossen werden musste, damit die Luft nicht wieder hineingesaugt wurde. Je weniger Luft noch in der Kammer war, desto schwieriger wurde es, auch noch den letzten Rest herauszupumpen. Die Dichtungen mit Kitt luftdicht zu halten, war ein ständiger Kampf für die beiden Männer; die Vakuen, die dieses Gerät erzeugen konnte, waren alles andere als vollkommen, und die beiden brauchten Zeit und Hilfe, um es überhaupt zum Laufen zu bringen. Dennoch konnte Boyle mit seiner Luftpumpe Experimente durchführen, wie es keinem anderen möglich war. Es war ein exklusives und kostspieliges Stück Ausrüstung, das oft mit den großen Partikelbeschleunigern verglichen wird, mit deren Hilfe Forschende der Physik heute Untersuchungen durchführen können, zu denen nur sie allein Zugang haben. Diese Exklusivität stellt in der experimentellen Wissenschaft ein Problem dar: Wie zuverlässig sind die eigenen Ergebnisse, wenn niemand die Möglichkeit hat, sie unabhängig zu überprüfen?

In den späten 1650er-Jahren führten Boyle und Hooke eine Vielzahl von Studien zum Wesen der Luft und den Folgen ihrer Abwesenheit durch. Sie untersuchten, ob Geräusche sich in einem Vakuum verbreiten konnten, und kamen zu dem Schluss, dass das nicht möglich war (wenigstens soweit es das Ticken

Joseph Wright of Derby: *An Experiment on a Bird in the Air Pump*, Öl auf Leinwand (Nachstellung eines von Boyles Experimenten), 1768. National Gallery, London.

einer von Hookes Taschenuhren betraf). Sie zeigten, dass die Magnetkraft auch in einem Vakuum wirkt: Eine Kompassnadel wurde in der leeren Kammer von einem Magneten angezogen. Vögeln und Mäusen erging es im Vakuum sehr schlecht – ein solches Experiment stellte hundert Jahre später Joseph Wright of Derby in seinem dramatischen Gemälde *An Experiment on a Bird in the Air Pump* (1768) dar, mit dem er die Aufregung und Offenbarung ebenso einfing wie die moralische Ambivalenz zu Beginn der Aufklärung. Boyle beschrieb die Früchte seiner Studien 1659 in seinem Buch *New Experiments Physico-Mechanicall* …, kurz bevor er nach London zog und die Royal Society mitgründete, das spätere Zentrum der experimentellen Philosophie in England.

Ein besonderes Thema, das Boyle (und Hook, der eigene Ambitionen hatte) beschäftigte, war das Wesen der Luft an sich. Heute sind wir vertraut mit der Vorstellung, dass Luft und Gase im Allgemeinen Fluide sind, die sich stetig ausbreiten, um den zur Verfügung stehenden Raum zu füllen. Wird ein Teil der Luft aus einer Kammer gepumpt, verteilt sich der Rest dünner. Boyle stellte es sich jedoch etwas anders vor. Er und seine Zeitgenossen hielten Luft für eine Art elastische

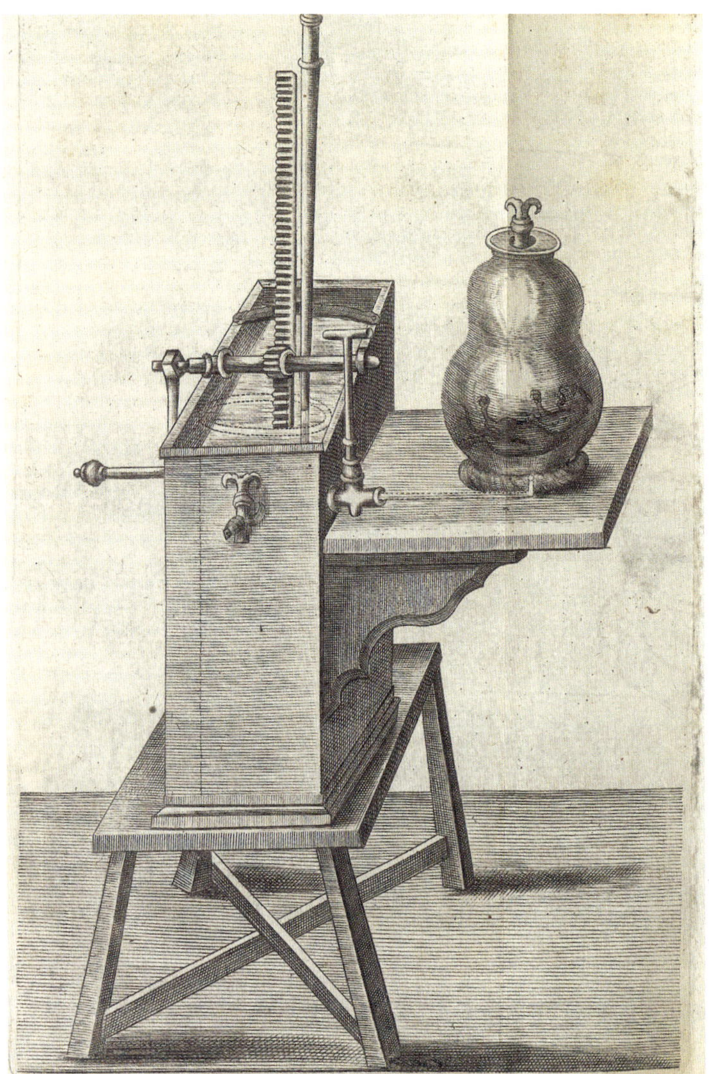

Experiment zur Veranschaulichung, dass ein Tier in einem Vakuum stirbt. Aus: Robert Boyle: *A Continuation of New Experiments, Physico-Mechanicall, Touching the Spring and Weight of the Air;* Oxford: H. Hall, für R. Davis, 1669–82, Bd. 1, Tafel I. Rare Book and Special Collections Division, Library of Congress, Washington DC.

Substanz mit einer gewissen «Federkraft»: Boyle verglich sie mit Schafwolle, die sich zusammendrücken lässt, beim Loslassen jedoch wieder in ihre alte Form springt.

Boyle maß diese «Elastizität» der Luft mit einer einfacheren Apparatur als der Luftpumpe. Es war ein Modell voll minimalistischer Eleganz: eine J-förmige Glasröhre, die am kürzeren Ende verschlossen war und in deren offenes Ende Boyle und Hooke Quecksilber gossen, um eine Luftblase einzuschließen. Erst hielten sie die Röhre schräg, um eine Verbindung zwischen der Luftblase und der Außenluft herzustellen, damit der Druck sich angleichen konnte. Dann gossen sie mehr Quecksilber ins offene Ende, sodass die eingeschlossene Luftblase sich unter dem zusätzlichen Gewicht zusammenzog. Der erhöhte Druck («Elastizität»), mit der die Blase eine Gegenkraft auf die Quecksilbersäule ausübte, ließ sich aus dem Gewicht des zusätzlichen Quecksilbers ableiten; auf diese Weise erkannten Boyle und Hooke, wie der Luftdruck von dem eingenommenen Volumen abhängig war.

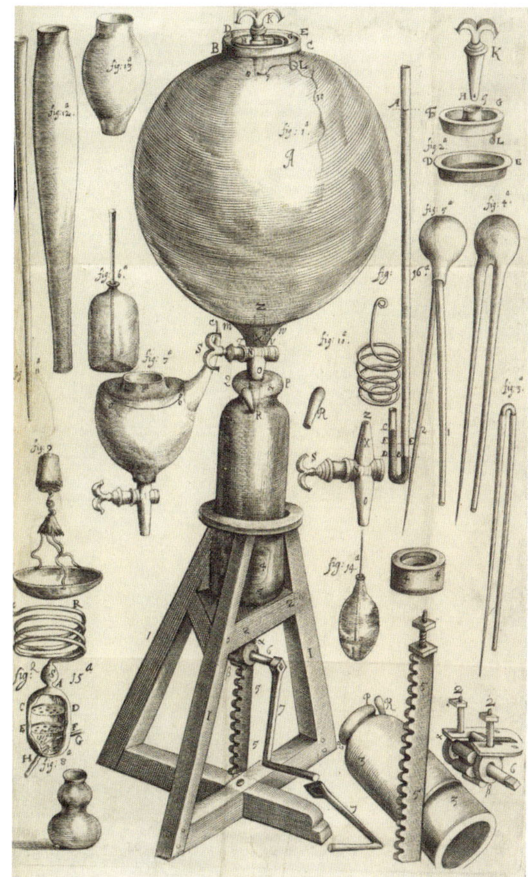

Kupferstich einer *Pneumatical Engine* und ihrer Bestandteile. Aus: Robert Boyle: *New Experiments, Physico-Mechanicall, Touching the Spring of the Air, and its Effects;* Oxford: H. Hall, für T. Robinson, 1660. Science History Institute, Philadelphia.

Das Experiment verlief nicht pannenfrei: Die erste Röhre zerbrach unter dem Gewicht des Quecksilbers (und verschüttetes Quecksilber macht nicht nur Dreck, sondern ist auch gefährlich), daher wiederholten sie das Experiment mit einer robusteren Röhre in einem Holzgehäuse.

Boyle berichtete über diese Studien in seinem 1662 erschienenen Buch *A Defence of the Doctrine Touching the Spring and Weight of the Air* («Eine Verteidigung der Doktrin über die Federkraft und das Gewicht von Luft»). Hier legte er dar, dass bei der Ausbreitung von Luft ihr Druck umgekehrt proportional zu ihrem Volumen abnimmt: Wenn sich das Volumen verdoppelt, halbiert sich der Druck. Dies ist heute als Boyle'sches Gesetz bekannt und gehört zu den sogenannten «Gasgleichungen», die Druck, Volumen (bzw. Dichte) und Temperatur eines Gases miteinander in Verbindung bringen. Angesichts der Hilfe, die er von Hooke bekam, konnte Boyle von Glück sagen, dass er allein die Lorbeeren für diese Erkenntnis erntete. Sein Assistent hat inzwischen ein eigenes Gesetz – das Hooke'sche Gesetz für Federsysteme – entdeckt, doch er entdeckte auch ein anderes, unseliges Gesetz wissenschaftlicher Experimente: Die technische Assistenz bekommt selten die Anerkennung, die ihr gebührt.

Anonym: *The Hon. Robert Boyle, experimental philosopher,* Öl auf Leinwand, ca. 1690er-Jahre. Wellcome Collection, London.

11

Der Ursprung der Wärme (1847)

Entsteht Wärme wirklich nur durch Atome in Bewegung?

Feuer gehörte im alten Griechenland nach Aristoteles zu den klassischen vier Elementen und war damit ein eigenständiger Stoff. Doch im 18. Jahrhundert wusste man, dass Feuer ein chemischer Prozess war, der Wärme erzeugte; nun wurde die Wärme selbst als elementar betrachtet. Manche sahen Wärme als eine Art Fluid, das durch winzige Räume oder Poren in andere Stoffe eindrang und sich so verteilte. In seiner Liste der Elemente führte der französische Chemiker Antoine Lavoisier 1789 die «kalorische Substanz» auf, die er sich als fluiden Stoff der Wärme vorstellte.

Die kalorische Theorie der Wärme war im frühen 19. Jahrhundert in der Wissenschaft weithin akzeptiert, stellte aber nicht die einzige Erklärung dar. Wenn Wärme sich tatsächlich auf die fluide kalorische Substanz zurückführen ließ, konnte ein Stoff nur eine endliche Menge davon enthalten. Doch 1797 führte der amerikanische Physiker Benjamin Thompson ein Experiment durch, das diese Vorstellung in Zweifel zog. Als Offizier der Bayerischen Armee (wodurch er den Titel Reichsgraf von Rumford erlangte) fiel Thompson auf, dass beim Bohren von Kanonenrohren eine große Reibungswärme entstand. Er zeigte, dass das Bohren eines Rohrs unter Wasser ausreichend Wärme erzeugte, um das Wasser innerhalb weniger Stunden zum Kochen zu bringen – wieder und wieder, offenbar ohne Beschränkung. In einem Aufsatz, den er 1798 der Royal Society vorlegte, stellte Thompson die These auf, dass Wärme mit Bewegung gekoppelt war: Die Bewegung des Bohrkopfes versetzte die Partikel des Messingrohrs ebenfalls in Bewegung.

Mit dem Aufkommen der Dampfmaschine und der Mechanisierung der Industrie im frühen 19. Jahrhundert wurde die Frage, wie sich Wärme am effizientesten erzeugen und nutzen ließ, immer drängender. Aus Untersuchungen zu diesen Fragen entstand im Laufe des Jahrhunderts die Wissenschaft der Thermodynamik – wörtlich «Bewegung der Wärme». Ein Pionier dieser neuen Disziplin war der französische Ingenieur Nicolas Léonard Sadi Carnot, der das Konzept der zyklischen Umwandlung von Wärme in Bewegung in Motoren einführte. Carnot zweifelte die kalorische Theorie an und stimmte mit Thompson überein, dass Wärme aus der Bewegung von Molekülen entstand.

James Joule, ein Ingenieur aus dem Herzen der industriellen Revolution in Salford nahe Manchester, war in den 1840er-Jahren derselben Auffassung. Joule hatte bei John Dalton gelernt, dem Architekten der frühen Atomtheorie, und war daher gut vertraut mit den Erklärungen der Eigenschaften von Materie auf der Grundlage der Atombewegung. Joules Untersuchungen der elektrischen, chemischen und mechanischen Wärmeerzeugung führten ihn zu der Annahme, dass sie mit mechanischen Kräften in Verbindung stand. «Wo immer mechanische Kraft ausgeübt wird, erhält man immer ein exaktes Äquivalent an Wärme», schrieb er 1850 – ein Kommentar, den man als Darlegung des ersten Gesetzes der Thermodynamik verstehen kann, der besagt, dass Energie weder erzeugt

JAMES JOULE | 1818–1889

James Prescott Joule stammte aus einer wohlhabenden Familie, die eine örtliche Brauerei in Salford besaß. Als Kind war er kränklich, und seine Schüchternheit und gesellschaftliche Unbeholfenheit beeinträchtigten möglicherweise seine Fähigkeit, Unterstützer für seine Ideen zu gewinnen. Obwohl er mit seiner Demonstration der Energieerhaltung einige Grundlagen der Thermodynamik legte, erlangte Joule erst allmählich die Anerkennung, die seinen Leistungen gebührte.

Siehe auch: Experiment 23: Verstehen der Brownschen Bewegung, 1908 (Seite 104).

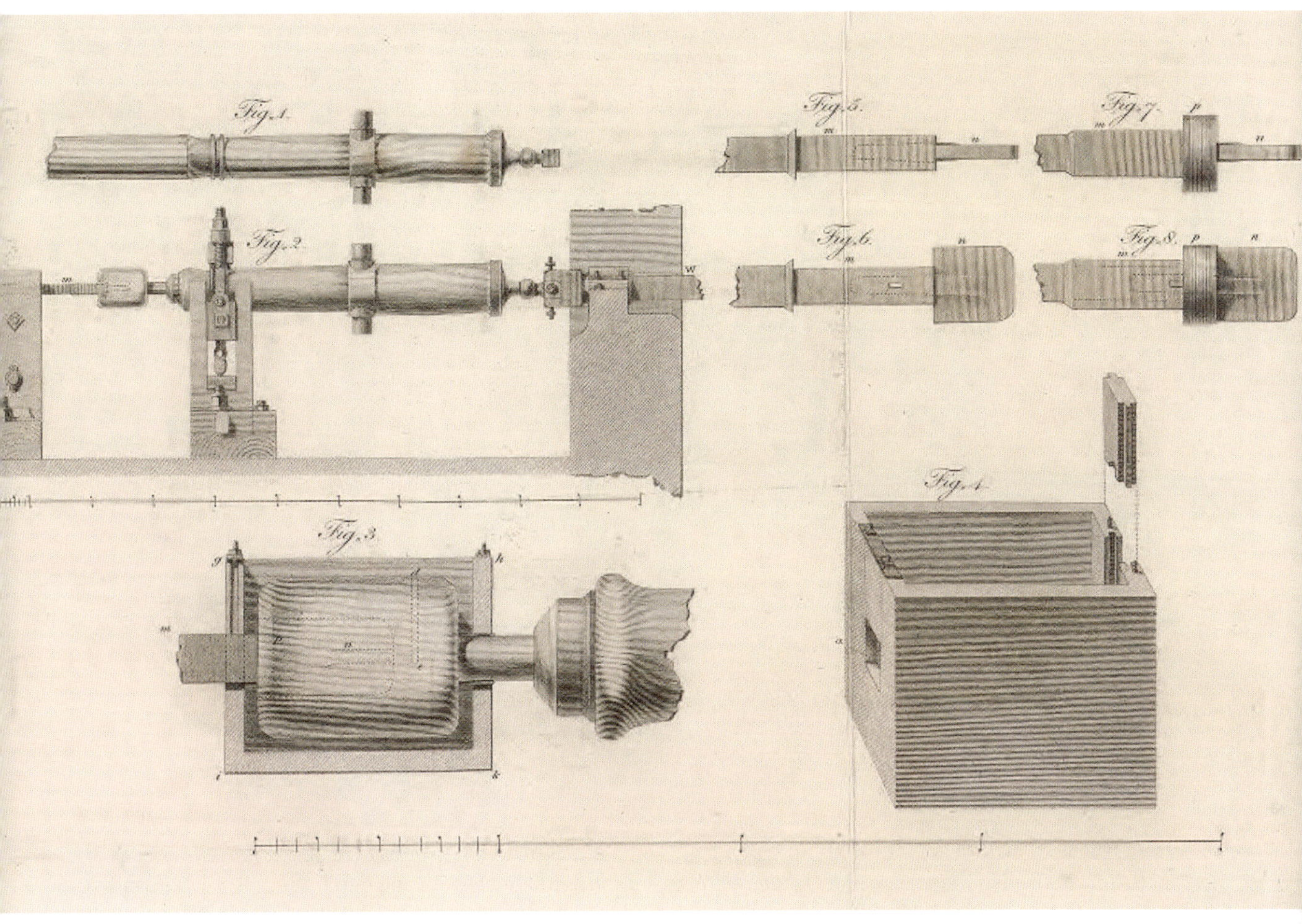

Benjamin Thompson, Reichsgraf von Rumford: «An Inquiry concerning the Source of the Heat which is excited by Friction». Aus: *Philosophical Transactions of the Royal Society of London for the Year MDCCXCVIII* [1798], Teil I, Bd. 88, Tafel IV. Smithsonian Libraries, Washington DC.

noch vernichtet, sondern nur von einer Form in eine andere umgewandelt wird. Mit anderen Worten, Energie bleibt stets *erhalten*.

Joules Ideen wurden eher kühl aufgenommen; unter denjenigen, die sie anfangs ablehnten, waren Michael Faraday, der renommierte Chemiker John Herschel und der Physiker William Thomson (Lord Kelvin). Erst als Joule seine Ergebnisse 1847 bei einem Treffen der British Association in Oxford präsentierte, wendete sich das Blatt für ihn dank eines neuen Experiments, das sie zu untermauern schien.

Joule hatte einen zylindrischen Kupferbehälter etwa vom Durchmesser einer Puddingschüssel hergestellt, in dem sich ein Schaufelrad befand. Seine Achse ragte aus der Kammer heraus und ließ sich über daran befestigte Schnüre drehen. Die Schnüre liefen über Rollen, und an ihrem Ende befestigte Joule Gewichte. Die verrichtete Arbeit beim Heben eines Gewichts konnte er berechnen, ebenso die Wärme, die sie im Zylinder erzeugte, wenn das Schaufelrad das Wasser oder Quecksilber darin in Bewegung brachte. Das Anheben des Gewichts wurde viele Male schnell hintereinander wiederholt, um einen merklichen

James Prescott Joule, with his calorimeter von George Pattens, Öl auf Leinwand, 1863. The Manchester Literary and Philosophical Society, UK.

Temperaturanstieg zu bewirken. Nach einer gewissenhaften Aufzählung der verschiedenen Quellen für Wärmeverlust in seinem Gerät zeigte Joule, dass die Menge der Hubarbeit der erzeugten Wärmemenge entsprach. Er argumentierte, dass Reibung ganz einfach die Umwandlung mechanischer Kraft in Wärme ist: Mit anderen Worten, Wärme und mechanische Arbeit sind austauschbar. Doch auf Drängen eines skeptischen Gutachters musste er diese tiefschürfende Schlussfolgerung aus dem Aufsatz entfernen, den er 1850 in den *Philosophical Transactions of the Royal Society* veröffentlichte. Dieser Gutachter war niemand Geringeres als Michael Faraday. «Ich bin überzeugt», schrieb Joule bald darauf einem anderen Physiker, «dass diese Ansicht sich letztlich als die korrekte herausstellen wird.»

Und genau so kam es auch. Lord Kelvin ließ sich schließlich bekehren und begann damit, Joules Vorstellungen über die Umwandlung von Wärme in Bewegung und umgekehrt zu unterstützen. Er erkannte, dass Energie, sobald sie sich als Wärme verflüchtigte, nur schwer für nutzbringende Arbeit wiederzugewinnen war: Diese Energie war abgewertet und «unwiderruflich verloren». Kelvin wurde klar, dass dies nach und nach das Schicksal aller Energie im Universum sein musste; das Finale wäre ein kosmischer «Hitzetod», wenn keine nutzbringende Arbeit mehr verrichtet werden und keine bedeutsame Veränderung mehr stattfinden kann. In der Tat eine mächtige Schlussfolgerung aus einem Experiment mit einem Schaufelrad.

Joules Experimente besiegelten das Schicksal der kalorischen Theorie, die rasch an Bedeutung verlor. Doch in gewisser Hinsicht wird dieser Kampf in den heute verwendeten Einheiten für die Energie fortgeführt. Die wissenschaftlich seriöse Einheit ist nach Joule benannt, doch die ältere «Kalorie» ist noch immer in Gebrauch, vor allem als Maß für den Energiegehalt von Nahrung. (Beide Einheiten sind so klein, dass sie im Ernährungskontext in Tausenderschritten gezählt werden, also in Kilojoule [kJ] und Kilokalorien [kcal]).

Es ist eine verlockende Annahme, dass es ein Muster für wichtige experimentelle Entdeckungen gibt, das mit einer Offenbarung beginnt und in Ruhm und Ehre mündet. Nicht so für Joule: Seine mühseligen Experimente trafen im wissenschaftlichen Establishment auf Skepsis, und er musste sowohl um die Finanzierung seiner Arbeit als auch um ihre Veröffentlichung kämpfen. Das, so werden viele heutige Forschende mit schiefem Lächeln bezeugen, ist ein mindestens ebenso wahrscheinlicher Pfad für bahnbrechende Forschungen.

Coalbrookdale by Night von Philippe Jacques De Loutherbourg, Öl auf Leinwand, 1801, Science Museum, London. Das Bild der Eisenhütte Bedlam Furnaces in Shropshire zeigt symbolhaft, wie die industrielle Revolution die Landschaft veränderte.

12

Elektrischer Motor und elektromagnetische Induktion (1821/1831)

Wie hängen Elektrizität und Magnetismus zusammen, und können wir sie nutzen, um Maschinen anzutreiben?

Im frühen 19. Jahrhundert war die Elektrizität eines der größten Rätsel für den Naturphilosophen – oder «Wissenschaftler», wie der Universalgelehrte William Whewell ihn 1834 neu benannte. Der Italiener Alessandro Volta hatte gezeigt, wie sich Elektrizität bequem nach Bedarf mit seiner «Volta'schen Säule» zuführen ließ, der ersten chemischen Batterie. Und 1820 entdeckte der dänische Wissenschaftler Hans Christian Ørsted offenbar zufällig eine Verbindung zwischen Elektrizität und Magnetismus: Als er Strom aus einer Volta'schen Säule durch einen Draht leitete, bemerkte er, dass die Nadel eines daneben liegenden Kompasses zuckte. Die Ablenkung der Nadel erfolgte, als der Strom eingeschaltet wurde, und dann erneut, als er wieder ausgeschaltet wurde: Sie schien mit der Veränderung des Stroms in Verbindung zu stehen.

Die Nachricht über die Entdeckung verbreitete sich, und einige Monate später zeigte André-Marie Ampère in Paris, dass zwei Strom führende parallele Drähte sich wie Magneten anziehen, wenn der Strom in dieselbe Richtung lief, sich jedoch abstoßen, wenn der Strom in einem Draht umgedreht wird. Ursprünglich dachte man, dass die Drähte auf irgendeine Weise einen magnetischen Einfluss ausstrahlen (ein Feld, wie wir heute sagen würden), so wie ein heißer Draht Wärme und Licht ausstrahlt – doch Ørsted schlussfolgerte, dass die Magnetkraft des Drahtes ihn umschließt.

Berichte über diese Untersuchungen kamen schließlich Humphry Davy in London zu Ohren, dem Direktor der Royal Institution und einem der großen Experten für Elektrizität jener Zeit. Offenbar erwähnte Davy sie gegenüber seinem Assistenten Michael Faraday. Der neugierige junge Mann beschloss, eigene Forschungen zu dem Thema durchzuführen, und baute im September 1821 einen Versuch auf, um die Verbindung zwischen Elektrizität, Magnetismus und mechanischer Bewegung zu erkunden.

Die Interaktion zwischen elektrischem Strom und Magnetfeld in Ørsteds Experiment erzeugte eine Kraft, die die Kompassnadel bewegte, während Ampères Versuche Bewegungen der beiden Drähte induzierten. Faraday überlegte nun, wie wohl ein Strom führender Draht durch einen Magneten bewegt würde. Er stellte einen magnetischen Pol aufrecht in ein Gefäß mit Quecksilber und ließ einen Draht so von oben herabhängen, dass ein Ende nahe dem Magneten ins Quecksilber eintauchte. Das andere Ende des Drahtes sowie ein Stück in das Quecksilber getauchtes Metall verband er dann mit einer Batterie und erzeugte so einen Kreis, in dem Elektrizität durch den Draht fließen konnte. Er sah, wie dies die Drahtspitze dazu brachte, um den Magneten zu kreisen und damit «elektromagnetische Rotationen» auszuführen, wie Faraday sie nannte.

Das war etwas Neues, und Faraday schrieb seine Ergebnisse rasch nieder und veröffentlichte sie im Januar 1822 in einem Aufsatz mit dem Titel *On some new electromagnetic motions and the theory of electromagnetism* («Über einige neue elektromagnetische Bewegungen und die Theorie des Elektromagnetismus») – der letzte Begriff war bereits eingeführt worden, um die Verbindung zwischen den beiden Phänomenen anzudeuten. Sein Triumph wurde jedoch bald durch Davy gedämpft, nach dessen Ansicht Faraday die Arbeit seines Freundes William Hyde Wollaston auf diesem Gebiet nicht ausreichend gewürdigt hatte (obwohl Faraday ihn ebenso wie Ørsted und Ampère erwähnt hatte). Es war eine aggressive Geste gegenüber seinem Schützling, den Davy offenbar zunehmend als Rivalen sah. Die bereits belastete Beziehung zwischen den beiden Männern erholte sich nie wieder. Als Faraday 1824 zum Fellow der Royal Society gewählt wurde, stammte die einzige Gegenstimme von Davy.

Faradays Experiment gilt gemeinhin als Grundlage für den ersten Elektromotor, obwohl es nicht offensichtlich war, wie die Rotation des Drahtes sich

Auswahl von schematischen Darstellungen der Apparaturen, die zur Umwandlung elektrischer Energie in mechanische Rotation verwendet wurden, die Grundlage eines Dynamos. Verwendet wurden ein Stabmagnet, ein Becherglas mit Quecksilber und Strom führender Draht. Aus: Michael Faraday: *Experimental Researches in Electricity,* London: Bernard Quaritch, 1844, Bd. II. Wellcome Collection, London.

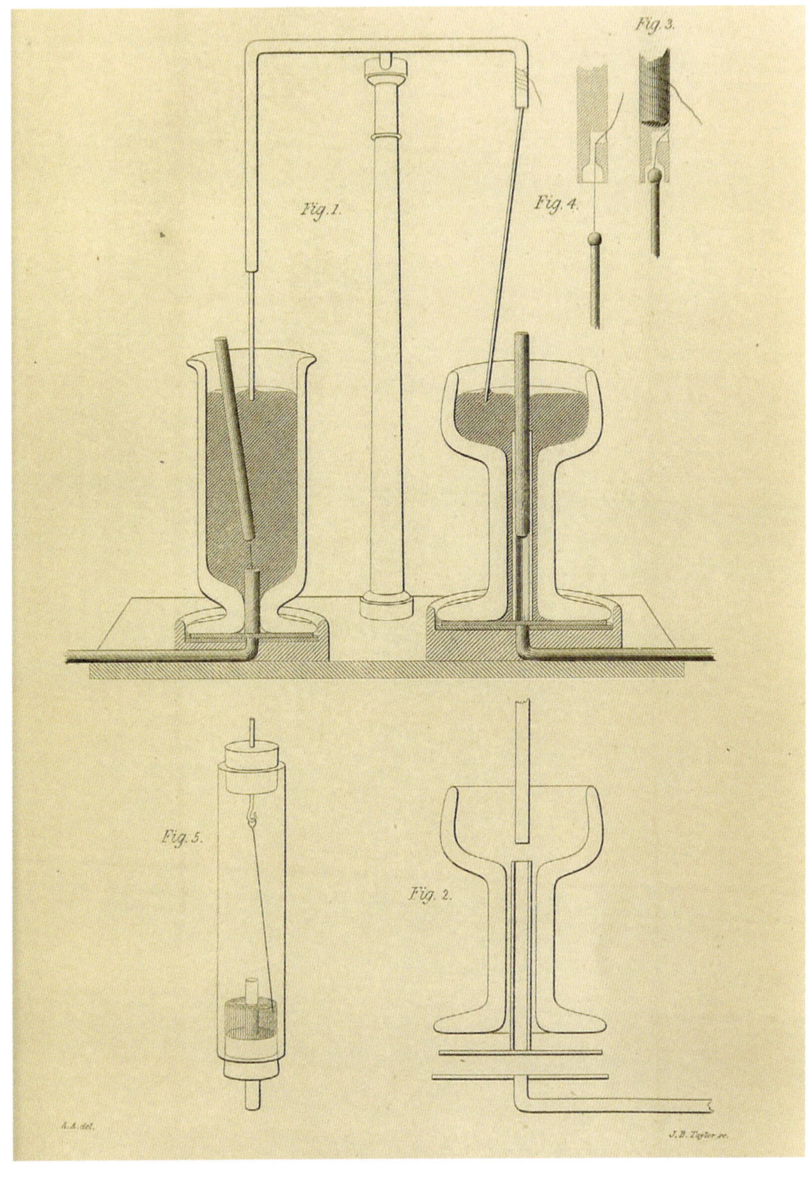

nutzbringend instrumentalisieren ließ. Innerhalb weniger Monate nach Veröffentlichung seiner Ergebnisse jedoch fand der englische Wissenschaftler William Sturgeon heraus, wie sich diese kreisförmige Bewegung mithilfe eines «Kommutators» in eine praktische Vorrichtung umwandeln ließ. Mit dieser Methode ließ sich der elektrische Strom, der die Rotation der Apparatur antrieb, bei jeder Umdrehung umkehren, indem die Verbindungsdrähte Kontakte auf dem Rotor selbst streiften. 1825 konnte Sturgeon zeigen, dass eine Eisenstange, die mit vielen Windungen isolierten Kupferdrahts umwickelt war, magnetisiert wurde, wenn Strom durch die Spule floss: der erste Elektromagnet war erschaffen. Der Magnetismus ließ sich beliebig ein- und ausschalten und wurde außerdem durch Änderung der Stromstärke oder der Anzahl der Windungen stärker oder schwächer.

Man kann sich leicht vorstellen, dass Faraday selbst in den 1820er-Jahren diese Entdeckungen gemacht hätte, wenn er seine Studien frei hätte weiterverfolgen können. Doch die Anforderungen, die an der Royal Institution an ihn gestellt wurden, erdrückten ihn: 1825 wurde er zum Labordirektor ernannt, eine Beförderung von zweifelhaftem Nutzen, da sie seine Pflichten mehrte, ohne dies jedoch durch mehr Lohn zu kompensieren. Erst Anfang der 1830er-Jahre konnte Faraday seine Experimente zum Elektromagnetismus ernsthaft wieder aufnehmen – und machte dabei seine zweite große Entdeckung auf diesem Gebiet. Wenn der Elektromagnet zeigte, dass elektrischer Strom ein Magnetfeld um eine Eisenstange erzeugen konnte, ließ sich dieser Effekt dann auch umkehren, sodass ein so erzeugter Magnet einen Strom induzieren konnte? 1831 kam Faraday die Idee, die Eisenstange zu einem Ring zu biegen und eine zweite Spule auf der entgegengesetzten Seite der Spule zu wickeln, die den Ring magnetisch machte.

MICHAEL FARADAY | 1791–1867

Michael Faraday, geboren im ländlichen Dorf Newington Butts, das heute zu Südlondon gehört, war der Sohn eines Schmieds aus Cumbria. Wegen seiner bescheidenen Herkunft genoss er nur eine einfache Ausbildung und ging mit vierzehn bei einem Buchbinder und Buchverkäufer in die Lehre. Doch er war entschlossen, seinen Horizont zu erweitern, und besuchte wissenschaftliche Vorlesungen in der Stadt. Als ihm 1812 Karten für einige von Humphry Davys Vorlesungen an der Royal Institution geschenkt wurden, machte sich Faraday gewissenhaft Notizen, schrieb sie ins Reine (mit Illustrationen) und legte sie Davy vor. Davy erkannte das Potenzial des jungen Mannes und bot ihm 1813 einen Posten als Laborassistent an der Royal Institution an – um später zu seinem großen Unbehagen herauszufinden, dass der Scharfsinn und Ruf seines Schützlings seinen eigenen zu überstrahlen drohten.

Siehe auch: Experiment 16: Die Entdeckung der Alkalimetalle durch die Elektrolyse, 1807 (Seite 72); Experiment 42: Tierische Elektrizität, 1780–1790 (Seite 172).

Es war kein kleines Unterfangen, einen solchen Apparat zu beschaffen. Die Royal Institution hatte eigene Handwerker, die die Labore versorgten, ausgestattet mit einem Brennofen und einem Glühofen zum Schmieden, und so bat Faraday den Techniker Charles Anderson, einen stabilen Eisenring für ihn herzustellen, 2 Zentimeter dick und 15 Zentimeter im Durchmesser. An zwei Stellen umwickelte er ihn mit Kupferdraht und fand heraus: Wenn er eine Spule mit einer Batterie verband und die Verbindung wieder unterbrach, konnte er in der anderen Spule Strom nachweisen (mithilfe eines zeitgenössischen Sensors, des Galvanometers) – obwohl kein elektrischer Kontakt zwischen beiden bestand. Dies war die erste Demonstration eines sogenannten Induktionsrings, des zentralen Bestandteils eines Transformators, wie er heute in der Elektrotechnik allgegenwärtig ist.

Faraday berichtete im ersten einer Reihe von Aufsätzen von seinen Ergebnissen, die er der Royal Society unter der Überschrift *Experimental researches in electricity* («Experimentelle Forschungen in der Elektrizität») vorlegte. Der erste wurde im November 1831 vor der Society gelesen, allerdings dauerte es noch einige Monate, bevor er dann auch veröffentlicht wurde – zu Faradays großer Beunruhigung, da er sich Sorgen machte, dass die französischen Wissenschaftler, die ebenfalls mit Hochdruck an dem Thema forschten, «einige meiner Ergebnisse im Gespräch aufschnappen, sie wiederholen und unter ihrem eigenen Namen veröffentlichen, bevor ich es tue».

In einer Reihe von dreißig Aufsätzen, die zwischen 1832 und 1856 in den *Philosophical Transactions* veröffentlicht wurden, berichtete Faraday weiter über seine experimentellen Forschungen. Es sind minutiöse Darstellungen der Systematik, mit der Faraday verschiedene experimentelle Permutationen untersuchte, und sie bezeugen die Gründlichkeit, mit der er seine Studien in Laborbüchern festhielt – wie es heute allen jungen Forschenden eingeschärft wird. William Henry Bragg, der 1923 Direktor des Forschungslabors der Royal Institution wurde, beschrieb, was diese Aufzeichnungen so beispielhaft machte: «Faraday hatte die Angewohnheit, jedes Experiment vollständig und in allen Einzelheiten noch am selben Tag schriftlich

Michael Faraday in his Basement Laboratory (Albemarle Street, Royal Institution) von Harriet Jane Moore, Aquarell, 1852. The Royal Institution, London.

festzuhalten, an dem es durchgeführt wurde […]. Das Tagebuch ist weitaus mehr als ein Katalog von Ergebnissen. Der Leser kann den Experimenten folgen und Schritt für Schritt zu schlussendlichen und grundlegenden Schlussfolgerungen vordringen. Er sieht, wie die Idee entsteht, ihre Umsetzung im Experiment und ihren Einsatz als Trittstein für den nächsten Vorstoß.»

Faradays experimentelle Arbeiten zum Elektromagnetismus legten die Grundlage der Elektrotechnik, die im späten 19. Jahrhundert aufblühte: die Erzeugung, Übertragung, Umwandlung und Anwendung des elektrischen Stroms, von den ersten Generatoren, die die Elektrifizierung der Gesellschaft vorantrieben, bis zu den Maschinen, die die Dampfmaschinen ersetzten, und dem Telegrafen, der das Telekommunikationszeitalter einläutete. Faraday stellte auch die Verbindung zwischen Elektromagnetismus und Licht her, die James Clerk Maxwell 1865 erklärte, als er zeigte, dass seine eigene Elektromagnetismus-Theorie selbsterhaltende Wellen elektrischer und magnetischer Felder vorhersagte: die elektromagnetische Strahlung, die wir als Licht kennen.

KAPITEL DREI

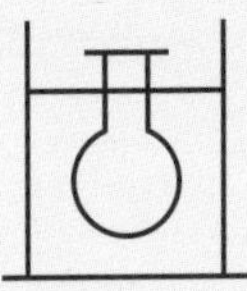

Woraus besteht die Welt?

Vom Katalogisieren der Elemente zum Studium der Molekülgestalt

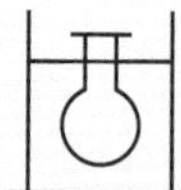

Von der Schlichtheit zur Vielfalt: So könnte man das Leitprinzip der Wissenschaft formulieren. Die Welt enthält eine Fülle von Stoffen und Phänomenen, und das Ziel besteht darin, die zugrunde liegende Quelle dieses Überflusses zu entdecken. Die Biologie sucht nach einem Organisationsprinzip in der Evolutionstheorie, die Physik in der Vereinigung von Teilchen und Kräften. Doch die längste Tradition hat dieses Bestreben wohl in der Chemie, wo Zusammensetzung und Eigenschaften materieller Objekte lange Zeit mit nur wenigen zugrunde liegenden «elementaren» Stoffen erklärt wurden.

13

Der «Beweis», dass alle Stoffe aus Wasser bestehen (um 1648)

Woraus besteht die Welt?

Einer der frühesten bekannten Philosophen des alten Griechenlands, Thales von Milet (um 624 bis um 548 v. Chr.) stellte die These auf, dass alle materiellen Dinge auf der Welt aus demselben Grundstoff bestehen: Wasser. Diese flüssige Substanz könne sich schließlich in einen Feststoff (Eis) und ein Gas (Wasserdampf) umwandeln und schien daher das Potenzial zu besitzen, alle bekannten Aggregatzustände anzunehmen. Thales' Vorstellung wurde von seinen Nachfolgern in Zweifel gezogen, und über die gesamte Antike und das Mittelalter hinweg wurde leidenschaftlich darüber debattiert, was die elementaren Bestandteile der Materie sind. Die Ansicht des Philosophen und Dichters Empedokles (um 490 bis um 434 v. Chr.), dass es vier Elemente gebe – Erde, Luft, Feuer und Wasser –, war weitverbreitet, in der westlichen Welt jedoch keineswegs allgemein anerkannt.

Im 17. Jahrhundert jedoch erlebte Thales' Konzept dank der Arbeit des flämischen Arztes Jan Baptista van Helmont eine Art Renaissance. Und diesmal schien es sogar experimentelle Belege dafür zu geben. Van Helmont hatte die Muße, sich seiner Neugier bezüglich solcher Fragen hinzugeben, da er eine reiche Adlige geheiratet hatte und nicht darauf angewiesen war, seinen Lebensunterhalt als Arzt zu verdienen. Er war ein Befürworter der neuen experimentellen Philosophie und führte im Familienwohnsitz in Vilvoorde nahe Brüssel viele chemische Studien durch, insbesondere an verschiedenen «Lüften», die bei chemischen Reaktionen entstanden und denen er die allgemeine Bezeichnung *gas* verlieh. Zu jener Zeit ging die Chemie im heutigen Sinn gerade erst aus der älteren Praxis der Alchemie hervor; in der Geschichtswissenschaft wird in diesem Zusammenhang oft die Übergangsbezeichnung «Chymie» verwendet.

Durch die Schriften des Schweizer Alchemisten Paracelsus (1493–1541) ließ sich van Helmont von dem Konzept inspirieren, dass das Leben selbst sich als chemischer Prozess erklären ließe. Wie Paracelsus glaubte er, dass das Leben von einer Art innerem chemischem Prinzip gesteuert wird, dem Archeus. Doch wenn dieser Archeus unser eigenes Fleisch und Blut aus der Nahrung hervorbringt, die wir zu uns nehmen, woher stammt dann der Stoff, aus dem die Pflanzen sind? Um das herauszufinden, führte van Helmont ein Experiment durch, das erstmals im 15. Jahrhundert vom deutschen Kardinal Nikolaus von Kues (1401–1464) beschrieben wurde. Dieser hatte vorgeschlagen, das Pflanzenwachstum zu untersuchen, indem man Samen in einen Topf mit Erde pflanzte und sie regelmäßig wässerte. Mit dem Wachstum der Pflanze, so Nikolaus, würde sich die Masse der Erde kaum

Holzschnitt einer Weide auf der Titelseite von Jan van Helmonts *Ortus medicinae*, 1648. Nationalbibliothek Rom.

JAN BAPTISTA VAN HELMONT 1580–1644

Wie viele Naturphilosophen seiner Zeit war der in Brüssel geborene Jan Baptista van Helmont gelernter Arzt. Er eröffnete eine Praxis in Antwerpen, wo er ein Buch über die Pest schrieb, bevor er sich mit seiner Familie in Vilvoorde nahe Brüssel niederließ. Sein Hauptwerk war das 1648 veröffentlichte *Ortus medicinae*, das sich mit der Verdauung beschäftigte und gelegentlich als Vorläufer des modernen Verständnisses genannt wird, dass Nahrung mithilfe von Enzymen in chemischen Reaktionen zerlegt wird.

Siehe auch: Experiment 14: Die chemische Zusammensetzung von Luft und Wasser, 1783 (Seite 66); Experiment 43: Die Chemie der Atmung, 1775–1790 (Seite 176).

verändern – die Pflanze müsse ihr Gewicht also aus dem zugefügten Wasser beziehen.

Es gibt keinen Hinweis darauf, dass Nikolaus das Experiment jemals durchführte. Doch van Helmont holte das nach. Er besorgte 90 Kilogramm Erde, trocknete sie in einem Brennofen, befeuchtete sie anschließend mit Regenwasser und füllte sie in einen Topf, in den er einen Weidensetzling pflanzte. Er deckte den Topf sorgfältig mit einem Eisendeckel mit Loch ab, damit seine Messungen nicht durch Staub verfälscht wurden. Fünf Jahre lang bewässerte er die Pflanze und überwachte ihr Wachstum, dann wog er Pflanze und Erde erneut.

Die Erde hatte kaum 60 Gramm an Gewicht verloren, der Setzling jedoch hatte 74 Kilogramm dazugewonnen, ohne die Blätter, die mit den Jahreszeiten gewachsen und gefallen waren. Diese gesamte Masse, sagte er, «entstand nur aus Wasser». In einer recht großzügigen Verallgemeinerung schloss er, dass dies für alle Materie galt: «Alle Erde, aller Ton und jeder Körper, der sich berühren lässt, ist wahrhaft und materiell das Ergebnis von Wasser allein.» Das war eindeutig ein Langzeitexperiment, aber van Helmont hatte genug Zeit. Da er einmal eine Abhandlung über die heilende Kraft religiöser Reliquien veröffentlicht hatte, die die katholische Kirche (die damals über die heutigen Benelux-Länder herrschte) für Ketzerei hielt, hatte ihn die Inquisition unter Hausarrest gestellt. Diese kirchliche Missbilligung war auch der Grund, warum van Helmonts Weidenexperiment erst nach seinem Tod veröffentlicht wurde, und zwar 1648 in seinen gesammelten Werken *Ortus medicinae* («Der Ursprung der Medizin»).

An van Helmonts Methodik gibt es nichts zu bemängeln. Er hatte sich nicht damit begnügt, das Wachstum nach Augenschein zu beurteilen, sondern seine Ergebnisse sorgfältig quantifiziert – das Markenzeichen guter experimenteller Arbeitstechnik. Natürlich waren seine Schlussfolgerungen falsch. Holz und Rinde, Blätter und Stamm, ganz zu schweigen von Erde und Ton und allem anderen, bestehen nicht nur aus Wasser – auch wenn die Masse jedes Lebewesens zum größten Teil aus dem wässrigen Fluid in lebenden Zellen besteht. Doch auf die Wahrheit hätte van Helmont kaum kommen können: dass Pflanzen ihre Substanz aus der *Luft* beziehen, indem sie unsichtbares Kohlendioxid aus der Atmosphäre durch Fotosynthese in Zucker umwandeln. Das sollte uns daran erinnern, dass, selbst wenn die Ergebnisse von Experimenten nicht zu widerlegen sind, ihre Interpretation eine heikle Angelegenheit bleiben kann.

Dieses Porträt von Mary Beale (1674) wird für eine Darstellung Jan Baptista van Helmonts gehalten. Natural History Museum, London.

14

Die chemische Zusammensetzung von Luft und Wasser (1783)

 **Woraus bestehen Luft und Wasser?**

Das 18. Jahrhundert gilt oft als das Zeitalter der «pneumatischen Chemie»: eine Ära, in der man sich in dieser Disziplin zum großen Teil auf die «Lüfte» oder Gase konzentrierte, die sich mithilfe chemischer Vorgänge erzeugen ließen. Es war bekannt, dass sie sich von der gewöhnlichen Luft unterscheiden konnten, die wir atmen – und die Frage war, wie sie sich von dieser unterschieden. Dank einer experimentellen Methode, die der englische Geistliche Stephen Hales 1727 entwickelt hatte, konnten Forschende die «Luft» aus einer Reaktion einfangen, indem sie sie durch Wasser leiteten und die Blasen in einem untergetauchten, umgedrehten Glasgefäß sammelten. Anschließend konnten die Eigenschaften des so isolierten Gases untersucht werden.

Gaswaage, von Henry Cavendish in seinen Experimenten zur Zusammensetzung der Luft verwendet, um 1780. The Royal Institution, London.

Auf diese Weise entdeckte Joseph Black in Glasgow die von ihm so benannte «fixe Luft», die beim Erhitzen von Kalk entstand und dafür sorgte, dass Kalkwasser (eine wässrige Calciumhydroxid-Lösung) sich eintrübte und eine kreidige Substanz ausfällte. Blacks Student Daniel Rutherford zeigte, das fixe Luft beim Einatmen zum Tod führte. 1772 identifizierte Rutherford zusätzlich eine zweite «schädliche Luft», die nach dem Verbrennen einer Substanz in gewöhnlicher Luft übrig blieb und in der kleine Lebewesen wie Mäuse ebenfalls erstickten. Der schwedische Chemiker Carl Wilhelm Scheele entdeckte noch eine weitere «Luft», die in Blasen entwich, wenn ein Metall wie Zink in Säure getaucht wurde, und die mit einem Knall entflammbar war.

Wie ließen sich all diese unterschiedlichen Gase erklären? Geht man, wie es die Chemiker im 18. Jahrhundert taten, von der Annahme aus, dass gewöhnliche Luft ein grundlegendes und nicht reduzierbares Element ist, müsste man folgern, dass die verschiedenen chemischen Umwandlungen sie auf irgendeine Weise verändern – sie beispielsweise mit anderen Stoffen verunreinigen. Nehmen wir zum Beispiel die Verbrennung. Seit Beginn des Jahrhunderts hatte man vermutet, dass brennbare Materialien einen Stoff enthalten, der ihnen eine Brennneigung verleiht und der bei der Verbrennung in die Luft entweicht. 1703 gab der deutsche Chemiker Georg Stahl diesem Stoff den Namen *Phlogiston*. Die Vorstellung war, dass sich bei der Verbrennung Phlogiston in der Luft anreichern würde, bis sie gesättigt war, woraufhin die Verbrennung aufhörte. Diese «vollständig phlogistierte Luft» entsprach Rutherfords «schädlicher Luft». Da sie keine Organismen am Leben hielt, wurde sie in Frankreich unter der Bezeichnung *azote* bekannt, abgeleitet vom griechischen Wort für «ohne Leben».

Sechs Monate bevor Rutherfords Bericht über die schädliche Luft veröffentlicht wurde, präsentierte der englische Chemiker und Nonkonformist Joseph Priestley vor der Royal Society in London einen Bericht über ähnliche, jedoch präzisere Experimente,

Sketch for a Portrait of Henry Cavendish von William Alexander, Graphit mit grauer Lavierung, spätes 18. Jahrhundert, The British Museum, London. Die Skizze entstand heimlich, da der scheue Cavendish kein Porträt von sich wünschte.

die von einem ihrer Mitglieder durchgeführt worden waren, einem wohlhabenden Mann namens Henry Cavendish. Er war der Royal Society als Experte für pneumatische Chemie bekannt, aber auch als jemand, mit dem man sich nur unter großen Schwierigkeiten über dieses oder jedes andere Thema austauschen konnte. Ein Zeitgenosse bemerkte einmal, dass Cavendish in der Royal Society von Zimmer zu Zimmer schlurfte, Gespräche mied und «verdrießlich dreinschaute, sobald man ihn ansah», dafür jedoch gelegentlich einen «schrillen Schrei» ausstieß. Er war der Sohn eines Lords und hatte ein Vermögen geerbt, war aber stets schäbig und altmodisch gekleidet. Cavendishs Experimente, die er in seinem großen Townhouse nahe Piccadilly in London durchführte, waren jedoch von vorbildlicher Präzision. Er schrieb seine Messungen nicht nur akkurat mit, sondern verstand auch das Konzept von Fehlern, schätzte die Genauigkeit seiner Bestimmungen und kompensierte Fehlerquellen, indem er beispielsweise die Durchschnittswerte vieler Messungen heranzog.

Wie Rutherford hatte Cavendish untersucht, was bei der Verbrennung aus gewöhnlicher Luft wird. Er leitete Luft durch eine rot glühende Röhre aus Kohle

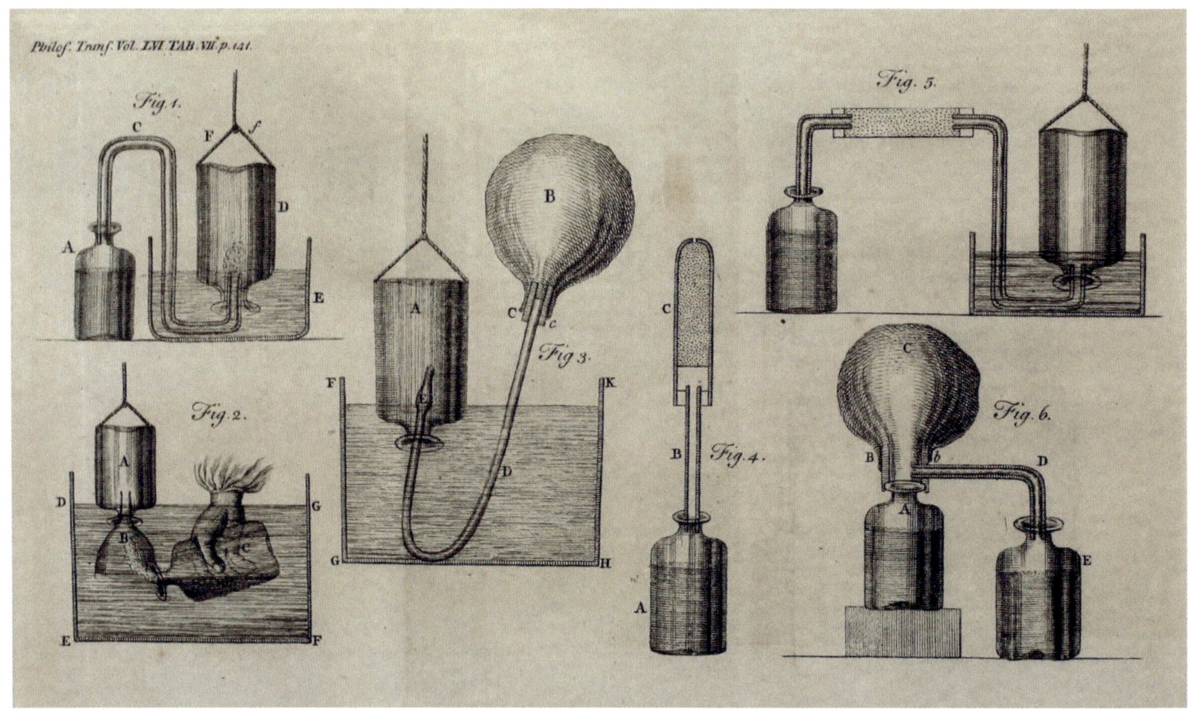

Apparatur zur Trennung «künstlicher Luftarten». Aus: Henry Cavendish: «Three Papers, Containing Experiments on Factitious Air», *Philosophical Transactions,* London: C. Davis, Drucker der Royal Society, 1766, Bd. LVI, Tafel VII. Natural History Museum Library, London.

und entfernte anschließend Blacks «fixe Luft» mit Kalkwasser. Übrig blieb eine Luft von beinahe derselben Dichte wie das Original, aber einem Gewicht von nur 4,5 anstelle der ursprünglichen 5 Kilogramm. Für Cavendish war dieses Gas der Rückstand der «Zerstörung der gewöhnlichen Luft» und durch die Verbrennung vollständig phlogistiert. Doch der französische Chemiker Antoine Lavoisier stellte später die These auf, dass gewöhnliche Luft in Wirklichkeit eine Mischung zweier Elemente war: Sauerstoff (der bei der Verbrennung entzogen wurde) und das verbleibende *azote.* 1790 schlug sein Landsmann Jean-Antoine Chaptal einen neuen Namen für letzteres Element vor: *nitrogène.* In England setzte sich diese Bezeichnung für Stickstoff in der Form *nitrogen* durch, nicht jedoch in Frankreich.

Cavendish war fasziniert von Scheeles «inflammabler Luft», die er sorgfältig wog und für 8700-mal leichter als Wasser erklärte. Der englische Chemiker John Warltire berichtete 1774, dass sich nach dem Entzünden dieses Gases mit einem elektrischen Funken in einem luftdichten Gefäß hinterher weniger «Luft» im Gefäß befand und Tau die Wände bedeckte. Die meisten Chemiker vermuteten, dass inflammable Luft reich an Phlogiston war und dass die explosive Verbrennung und «Phlogistierung» gewöhnlicher Luft diese ihre natürliche Feuchtigkeit verlieren ließ, die sie zuvor enthalten hatte. Doch erst Cavendish quantifizierte diesen Vorgang: Die Menge der verbleibenden Luft, sagte er, betrug vier Fünftel der ursprünglichen Menge. Was das entstandene Wasser anging, so lieferte er eine komplizierte und recht mehrdeutige Interpretation, nach der der Anteil der im Prozess verloren gegangenen Luft tatsächlich «dephlogistiertes Wasser» war. Erst als Lavoisier und seine Anhänger die Phlogiston-Theorie fallen gelassen hatten, kam die richtige Interpretation zutage: «Inflammable Luft» ist ein gasförmiges Element, das Lavoisier Wasserstoff bzw. *hydrogène* nannte (mit der Bedeutung «Wasserbildner»), und gewöhnliche Luft ist eine Mischung aus etwa vier Teilen Stickstoff und einem Teil Sauerstoff. Wird Wasserstoff an der Luft entzündet, verbindet er sich mit Sauerstoff zu Wasser, das eine chemische Verbindung der beiden Elemente darstellt.

Cavendishs Können in der experimentellen Wissenschaft war zum Teil auf seine Sorgfalt und Detailgenauigkeit zurückzuführen und zum Teil auf die Tatsache, dass er Messgeräte bei den besten Instrumentenmachern des Landes in Auftrag geben konnte: Waagen, Thermometer, Barometer und Hygrometer. Selbst die kleinste Anomalie entging nicht seiner Kontrolle. Er bemerkte, dass er zwar Stickstoff (wie wir ihn heute nennen) der Luft entziehen kann, die nach der Verbrennung übrig bleibt, indem er ihn mithilfe von Funken mit Sauerstoff reagieren ließ, dass jedoch immer ein winziger Rest «Luft» zurückblieb, den er nicht entfernen konnte – eine widerspenstige kleine Luftblase blieb. Als seine Experimente in den 1890er-Jahren wiederholt wurden, identifizierte man diesen Rückstand als ein neues, inertes Element: Argon.

HENRY CAVENDISH | 1731–1810

Henry Cavendish war in gewisser Hinsicht der archetypische *gentleman scientist* des ausgehenden 18. Jahrhunderts: in eine ungeheuer reiche, adlige Familie hineingeboren und daher mit den Mitteln ausgestattet, seine eigenen wissenschaftlichen Interessen nach Belieben zu verfolgen. In den 1750er-Jahren wurde er durch seinen Vater Lord Charles Cavendish in die Royal Society eingeführt, der sich ebenfalls für die «experimentelle Philosophie» interessierte. Doch in anderer Hinsicht war Cavendish äußerst ungewöhnlich. Wahrscheinlich befand er sich auf dem autistischen Spektrum, und obwohl er kaum jemals eine Versammlung der Royal Society versäumte, war er meist zu schüchtern zum Reden und schien geradezu Angst vor Small Talk und Gesprächen zu haben. Doch er war ein äußerst sorgfältiger Experimentator, und seine Studien waren ein wichtiger Beitrag zu unserem Verständnis der Physik und Chemie der «Lüfte».

Siehe auch: Experiment 15: Die Entdeckung des Sauerstoffs, 1774–1780er-Jahre (Seite 70); Experiment 43: Die Chemie der Atmung, 1775–1790 (Seite 176).

Chemielabor des 18. Jahrhunderts mit Brennöfen, in Besitz von Ambrose Godfrey Hanckwitz (ehemaliger Laborassistent Robert Boyles), ca. 1730er-Jahre. Radierung von William Henry Toms nach Hubert-François Gravelot, Wellcome Collection, London.

15

Die Entdeckung des Sauerstoffs (1774–1780er-Jahre)

Wie verbrennen Dinge?

Die Phlogiston-Theorie der Verbrennung gilt bei vielen als einer der offenkundigsten Irrwege in der Wissenschaftsgeschichte: eine falsche Vorstellung, die die Wissenschaft jahrzehntelang auf Abwege führte. Doch diese Sichtweise lässt ein fehlendes Verständnis dafür erkennen, wie sich Vorstellungen entwickeln. Angesichts des vorläufigen Wesens der Wissenschaft wird vieles, was Forschende heute für wahr halten, irgendwann durch etwas Besseres ersetzt werden. Dennoch können auch Ideen, die die Zeiten nicht überdauern, den Weg zu neuen Erkenntnissen ebnen.

Antoine Lavoisier gehörte zu den vielen Chemikern, denen die Phlogiston-Theorie in den frühen 1770er-Jahren einen gedanklichen Rahmen für rationale Experimente bot. Wie andere wollte auch Lavoisier den Vorgang der Kalzinierung verstehen, der beim Erhitzen von Metallen in Luft auftrat. Typischerweise verloren sie dabei ihren Glanz und wurden von einer stumpfen, spröden Substanz, dem sogenannten Metallkalk, überzogen. Der Prozess ließ sich umkehren, indem man den Metallkalk zusammen mit Kohle erhitzte.

Das Problem für die Phlogiston-Theorie war, dass Metallkalke typischerweise mehr wogen als das Metall selbst. Wenn das Metall beim Erhitzen Phlogiston abgab, warum wurde es dann nicht leichter? Manche glaubten, Phlogiston hätte vielleicht ein negatives Gewicht – eine wenig überzeugende Erklärung.

Um 1772 entwickelte Lavoisier andere Konzepte. Er stellte die These auf, dass Metalle einen Bestandteil der Luft «fixieren», wenn sie zu Metallkalk werden. Nachdem er 1773 von Joseph Blacks «fixer Luft» hörte, fragte er sich, ob diese sich vielleicht mit einem Metall zu Metallkalk verbindet und wieder freigesetzt wird, wenn der Metallkalk «reduziert» wird. Doch der französische Apotheker Pierre Bayen wies darauf hin, dass «Quecksilberkalk» sich allein durch Erhitzen zu Quecksilber reduzieren ließ und dass diese Reaktion ein Gas freisetzte, das keine fixe Luft war. Was aber war es dann? Im August 1774 wiederholte der englische Chemiker Joseph Priestley das Experiment und berichtete, dass das entstehende Gas eine Kerzenflamme heller leuchten und ein glimmendes Kohlestück aufglühen ließ. Im nächsten Jahr entdeckte Priestley, dass dieses Gas Mäuse in einem luftdicht verschlossenen Glas länger am Leben hielt als gewöhnliche Luft. Als er es selbst einatmete, berichtete Priestley: «Mein Atem fühlte sich für einige Zeit danach noch merkwürdig leicht und mühelos an.»

Priestley glaubte an die Phlogiston-Theorie und hielt diese neue «Luft» für «dephlogistierte Luft»: Da alles Phlogiston aus ihr entfernt war, konnte sie es besser von brennenden Stoffen aufnehmen. Er wusste

Jacques-Louis David: *Antoine-Laurent Lavoisier und seine Frau (Marie-Anne Pierette Paulze)*, Öl auf Leinwand, 1788. The Metropolitan Museum of Art, New York.

damals nicht, dass der schwedische Apotheker Carl Wilhelm Scheele 1771/72 dasselbe Gas durch andere chemische Vorgänge erzeugt hatte und es «Feuerluft» getauft hatte.

Im Oktober 1774 aß Priestley mit Lavoisier in Paris zu Abend und erwähnte seine Ergebnisse. Dies bestärkte Lavoisier in seiner Überzeugung, dass Metallkalke doch keine Verbindung von Metallen mit fixer Luft waren, sondern mit einem anderen gasförmigen Stoff. 1775 hatte er dieselben Experimente mit Quecksilberkalk durchgeführt. Zunächst dachte Lavoisier, der erhitzte Metallkalk setzte gewöhnliche Luft frei, doch nachdem Priestley ihm eine Probe geschickt hatte, entschied der französische Chemiker, dass es sich stattdessen um eine besonders «reine Luft» handelte. Allmählich kam er zu dem Schluss, dass es sich in der Tat um ein unbekanntes eigenes chemisches Element handelte und dass gewöhnliche Luft eine Mischung aus diesem und einer anderen Substanz darstellte.

In seinem Schlüsselexperiment, das er 1777 vor der französischen Akademie der Wissenschaften präsentierte, schleuste er die «atembarere Luft» in einen Metallkalk und entfernte sie wieder: Er erhitzte Quecksilber in Luft, bis es nicht weiter kalzinierte, und erhitzte dann den Metallkalk mithilfe eines Brennglases, bis es die neue Luft abgab. Diese führte er wieder mit dem unreaktiven Rückstand (den wir heute als Stickstoff identifizieren können) aus der ursprünglichen Kalzinierung zusammen und zeigte, dass er damit «recht genau» wieder gewöhnliche Luft ergab. Die Kraft seiner Argumentation beruhte auf dem Nachweis, das nichts verloren ging, was ein beträchtliches experimentelles Geschick erforderte.

Nachdem er dieses neue Gas mit anderen Elementen wie Schwefel, Kohlenstoff und Phosphor kombiniert hatte, kam Lavoisier zu dem Schluss, es sei der «Grundbestandteil der Säure»: Das Element ließ Säuren entstehen (wie Schwefelsäure). Die Annahme war falsch – nicht alle Säuren enthalten das neue Element –, doch sie brachte ihn dazu, das Element *oxygène* oder «Säurebildner» zu nennen. Mit dem Sauerstoff wurde das Phlogiston vollkommen überflüssig. Wenn Stoffe brennen, erklärte Lavoisier, setzen sie nicht etwa Phlogiston frei, sondern nehmen vielmehr Sauerstoff aus der Luft auf. Das Phlogiston völlig aufzugeben, war für viele Chemiker allerdings ein allzu großer Schritt, auch für Priestley. Doch während Lavoisiers Theorie in England für den Rest des 18. Jahrhunderts auf Skepsis stieß, fand sie in Frankreich größeren Anklang. Lavoisier und seine Kollegen unternahmen einen regelrechten Putsch, indem sie eine neue chemische Nomenklatur entwickelten, die die Sauerstofftheorie implizit mit einschloss: Metallkalke beispielsweise hießen nun Oxide. Kein einzelnes Experiment lieferte den Beweis für seine Theorie, und einige der entscheidenden Experimente, wie die Erzeugung von Sauerstoff aus Quecksilberkalk (Quecksilberoxid), hatte Lavoisier gar nicht selbst durchgeführt. Doch Lavoisier hätte keinen schlagenden Beweis für seine Argumentation anführen können, wenn er nicht so akribisch gearbeitet hätte, indem er sorgfältig Reagenzien und Reaktionsprodukte abwog, um zu bestimmen, was verloren gegangen oder hinzugekommen war.

ANTOINE LAVOISIER 1743–1794

Antoine Lavoisier kam in einer wohlhabenden Familie in Paris zur Welt. Er arbeitete als Steuerbeamter unter Ludwig XIV. und wurde 1780 zum «Fermier Général» (Generalsteuereinnehmer) ernannt. Zur gleichen Zeit führte er seine chemischen Studien durch, wozu er sich in seinem Haus ein Labor einrichtete. 1775 verschaffte sein Können ihm einen Platz in der Königlichen Schießpulverkommission. Nach der Französischen Revolution von 1789 begab sich Lavoisier zwar in den Dienst der Republik, doch wegen seiner ehemaligen Position als Steuereintreiber wurde er geheimer Absprachen mit dem alten Regime beschuldigt. 1793 wurde er wegen Staatsbetrug verhaftet und eingesperrt und im folgenden Jahr auf die Guillotine geschickt. Die berühmte Antwort des Gerichts auf sein Gnadengesuch während des Verfahrens – «Der Staat braucht keine Gelehrten» – wurde mit ziemlicher Sicherheit so nie gegeben, dennoch fängt sie gut die blindwütige Zerstörungskraft ein, in die die Revolution abrutschte. In dem Jahrzehnt, das auf seinen Tod folgte, veränderte Lavoisiers neue Vision der Chemie die Disziplin von Grund auf.

16

Die Entdeckung der Alkalimetalle durch die Elektrolyse (1807)

Kann Elektrizität eingesetzt werden, um chemische Verbindungen in ihre einzelnen Elemente zu trennen?

1661 erklärte der anglo-irische Wissenschaftler Robert Boyle, dass ein chemisches Element ein Stoff sei, der sich nicht weiter in andere Stoffe zerlegen lässt. Solche Elemente sind die Grundbestandteile der physikalischen Welt. Das Problem dabei ist, dass man manchmal nicht weiß, ob ein Stoffkandidat sich wirklich nicht weiter reduzieren lässt oder ob man einfach noch nicht die richtige Methode gefunden hat, um ihn in seine Bestandteile zu zerlegen. In einer 1789 veröffentlichten Liste von Elementen führte der französische Chemiker Antoine Lavoisier Soda, Kali, Ätzkalk, Magnesia, Tonerde, Kieselerde und andere an – niemandem war es bis dato gelungen, diese Mineralien in elementarere Bestandteile zu zerlegen.

Im frühen 19. Jahrhundert vermutete jedoch der junge Chemiker Humphry Davy, dass diese Substanzen bislang unbekannte metallische Elemente enthielten, die vermutlich sehr eng mit anderen verbunden waren und sich nicht einfach abscheiden ließen. Davy mutmaßte, dass sie sich mit einer drastischen neuen Methode gewaltsam trennen ließen: dem Durchleiten von Strom durch die Verbindungen.

Experimentatoren hatten erst kürzlich damit begonnen, die Elektrizität zu zähmen. Ab der Mitte des 18. Jahrhunderts lernten sie, sie in Form von statischer Elektrizität zu erzeugen – etwa durch das Reiben einer Glaskugel – und sie in Flaschen zu lagern, den sogenannten «Leidener Flaschen». 1800 fand der italienische Wissenschaftler Alessandro Volta in Pavia heraus, dass er einen elektrischen Strom erzeugen konnte, indem er Scheiben aus zwei unterschiedlichen Metallen wie Kupfer und Zink abwechselnd

Dieser Farbstich aus dem 19. Jahrhundert zeigt Humphry Davy bei der Anwendung der Elektrolyse, mit deren Hilfe er Kalium und Natrium entdeckte.

Von Humphry Davy verwendete Apparatur zum Isolieren des metallischen Kaliums aus «Ätzkali», 1807, The Royal Institution, London.

übereinanderstapelte und die Scheiben mit einem salzgetränkten Tuch oder Karton voneinander trennte. Dieser Aufbau, der als Volta'sche Säule bekannt wurde, war in der Tat die erste Batterie.

Im selben Jahr entdeckten die englischen Wissenschaftler William Nicholson und Anthony Carlisle, dass sie durch das Hindurchleiten von Strom aus einer Volta'schen Säule durch Wasser die Flüssigkeit in ihre Bestandteile Wasserstoff und Sauerstoff trennen konnten. Jedes Element entwich als Gas an einer von zwei Metallelektroden, die sie ins Wasser getaucht hatten, um so den Strom zu leiten. Damit hatten sie Wasser mithilfe von Elektrizität zerlegt – ein Verfahren, das unter dem Namen Elektrolyse bekannt wurde.

Davy fragte sich nun, ob sich mit derselben Technik vielleicht auch Stoffe wie Ätzkali und Ätznatron in bisher unbekannte Elemente zerlegen ließen. Neben seiner Tätigkeit als Assistent des in Bristol ansässigen Arztes Thomas Beddoes wiederholte der ehrgeizige junge Mann einige von Voltas eigenen Experimenten mit der Säule, und 1801 wurde er zum Labordirektor an der Royal Institution in London ernannt. Dort gab Volta selbst Davy eine Säule für seine Studien; es war die zu jener Zeit leistungsstärkste Batterie der Welt. Davy fand heraus, dass einige Metalle wie Eisen, Zinn und Zink sich durch Elektrolyse aus Lösungen ihrer Salze gewinnen ließen. Die Metalle sammelten sich als Schicht an der Elektrode, die (nach heutigem Wis-

Farbstich einer Chemievorlesung an der Surrey Institution von Thomas Rowlandson, 1809, Wellcome Collection, London. Davy steht ganz rechts zwischen den Säulen.

sen) mit dem negativen Pol der primitiven Batterie verbunden war. Aus gelöstem Ätzkali (Kaliumhydroxid) jedoch ließ sich kein Metall gewinnen. Stattdessen entwich an der negativen Elektrode Wasserstoff.

Vielleicht musste Davy sich des Wassers entledigen, aus dem der Wasserstoff stammte? 1807 versuchte er, reines Ätzkali zu elektrolysieren, indem er es erhitzte, bis es schmolz. Diesmal sah er, wie sich an der negativen Elektrode (die aus Platin bestand) kleine, metallisch aussehende Kügelchen bildeten. Dieser Stoff hatte verblüffende Eigenschaften. Für ein Metall höchst ungewöhnlich, berichtete Davy, «ist es sehr weich und lässt sich leicht mit den Fingern formen». Einige verbrannten spontan mit heller Flamme und entzündeten sich «mit großer Gewalt» beim Kontakt mit Wasser, wobei sie mit einer «weißen Flamme, gemischt mit Rot und Violett», brannten und über die Wasseroberfläche schossen. Davy stellte die These auf, dass es sich bei dieser Substanz um ein neues metallisches Element handelte, für das er den Namen *potassium* (Kalium) vorschlug. Es ist ein hochreaktives Metall, das sich explosionsartig mit Wasser verbindet und dabei brennbares Wasserstoffgas erzeugt, wenn die Kaliumatome Elektronen abstoßen und zu positiv geladenen Ionen werden. Deshalb lässt es sich nicht aus einer Ätzkalilösung abscheiden: Es ist einfach zu reaktionsfreudig. An der negativen Elektrode muss ein Element die Elektronen aufnehmen, die der elektrische Strom heranbringt – doch die Kaliumionen in der Lösung leisten zu großen Widerstand, und stattdessen lösen sich Wasserstoffatome aus den Wassermolekülen, nehmen die Elektronen auf und entweichen als gasförmiger Wasserstoff.

Natürlicherweise wandte Davy seine Aufmerksamkeit als Nächstes dem Natron zu, und zwar in Form von «Ätznatron» (Natriumhydroxid) bzw. seiner wässrigen Lösung Natronlauge. Auch hier erzeugte die Elektrolyse des geschmolzenen Salzes ein Metall an der negativen Elektrode – «so weiß wie Silber», schrieb Davy, und reaktionsfreudig wie Kalium, aber in etwas geringerem Umfang: Es entflammt weniger schnell, wenn man es in Wasser gibt. Er nannte das Element *sodium* (Natrium). 1808 experimentierte Davy mit der Elektrolyse von Ätzkalk, Magnesia und einer weiteren der «Erden» Lavoisiers namens Baryt und entdeckte so drei weitere neue Metalle: Kalzium, Magnesium und Barium. Ein viertes – Strontium – gewann er aus dem Mineral Strontianit, das 1790 in einer schottischen Bleimine entdeckt worden war. Davys Elektrolyseexperimente offenbarten also innerhalb weniger Jahre eine ganze Reihe neuer Metalle und daneben noch die Elemente Bor, Aluminium, Silizium und Zirkonium. Er konnte sie jedoch nicht immer in Reinform herstellen; anderen Forschenden gelang dies im späteren 19. Jahrhundert.

Mit dieser Experimentereihe brachte Davy eine Wahrheit ans Licht, die tiefer reichte als die bloße Existenz neuer Elemente: dass die Chemie in ihrem grundlegenden Wesen elektrisch war. Das heißt, bei chemischen Reaktionen kommt es unter den beteiligten Atomen zu einer Umverteilung von Elektronen, den negativ geladenen Bestandteilen der Atome, durch deren Bewegung elektrischer Strom entsteht. Indem er sich die Elektrizität zunutze machte, um diesen Elektronenaustausch zu steuern, begründete Davy die Elektrochemie. Doch das Prinzip reicht noch tiefer, denn die chemischen Verbindungen, die alle Atome in Molekülen und chemischen Bindungen vereinigen, entstehen und zerfallen, wenn Elektronen zwischen ihnen übertragen werden.

HUMPHRY DAVY | 1778–1829

Davy wurde in Penzance in Cornwall geboren und begann als Lehrling eines örtlichen Apothekers mit ersten chemischen Experimenten. Seinen Mentor Thomas Beddoes lernte er kennen, als dieser auf einer geologischen Expedition in Cornwall war. Er trat eine Stelle als sein Assistent in Bristol an und wurde später Assistenzprofessor für Chemie an der Royal Institution in London. Dort wurde er zum Experten für «Galvanismus», die Wissenschaft von der Elektrizität, und entwickelte die erste Glühlampe sowie eine Sicherheitslampe für Bergleute, die seinen Namen trug (Davysche Sicherheitslampe). Als Davy 1820 zum Präsidenten der Royal Society gewählt wurde, war er vermutlich der berühmteste Wissenschaftler Englands.

Siehe auch: Experiment 15: Die Entdeckung des Sauerstoffs, 1774–1780er-Jahre (Seite 70); Experiment 19: Die Entdeckung von Radium und Polonium, 1898–1901 (Seite 88).

Die «Händigkeit» von Molekülen (1848)

Warum gibt es bei Kristallen linkshändige und rechtshändige Formen?

«Das Glück», so ein berühmtes Zitat des französischen Chemikers Louis Pasteur, «bevorzugt den vorbereiteten Geist.» Viele wichtige Entdeckungen in der Wissenschaft waren reine Glücksfälle und kamen durch Phänomene oder Ergebnisse zustande, nach denen zunächst niemand gesucht hatte und die vielleicht sogar durch einen Fehler im Experimentverlauf zustande kamen. Doch damit aus einem solchen Ergebnis eine Entdeckung wird und man es nicht einfach als misslungenes Experiment verwirft, braucht es einen durch Erfahrung geschulten Geist, der darin etwas sieht, dem es sich nachzuspüren lohnt und das möglicherweise etwas Neues enthüllt. Die besten Forschenden haben ein Gespür dafür, wann eine Anomalie oder ein unerwartetes Ergebnis Aufmerksamkeit verdient und wann man sie getrost ignorieren kann.

LOUIS PASTEUR | 1822–1895

Louis Pasteur wird gern als einer der ersten Mikrobiologen und Schöpfer der modernen Bakteriologie bezeichnet. Zusammen mit dem deutschen Arzt Robert Koch begründete er die Keimtheorie – die Vorstellung, dass Krankheiten von unsichtbar kleinen Mikroorganismen verursacht werden können, den Bakterien. Am bekanntesten ist er in der Öffentlichkeit für die Erfindung des Verfahrens der Milchbehandlung gegen bakterielle Kontamination, das nach ihm Pasteurisierung getauft wurde, doch er führte auch Experimente durch, die mit der Vorstellung einer spontanen Entstehung lebender Materie aufräumten (siehe Seite 190), und leistete wegweisende Arbeit auf dem Gebiet der Impfung.

Siehe auch: Experiment 18: Die dreidimensionale Form von Zuckermolekülen, 1891 (Seite 84).

Paradoxerweise müssen wir Pasteurs Ausspruch mit Vorsicht genießen, wenn wir ihn auf ihn selbst anwenden. Er war zweifellos einer der größten wissenschaftlichen Geister seiner Generation in Frankreich, doch er neigte auch dazu, die Geschichte seiner Arbeit so umzuschreiben, dass sie seinen Scharfsinn ins rechte Licht rückte. Das scheint auch für sein berühmtestes Experiment zu gelten, bei dem Pasteur entdeckte, dass Moleküle eine «Händigkeit» besitzen können: dass ihre Atome nämlich auch auf eine alternative, spiegelbildliche Weise angeordnet sein können. Pasteurs Experiment selbst ist von beachtlicher Eleganz; wir können nur nicht sicher sein, dass er dabei genau diese Entdeckung vor Augen hatte.

Im Zentrum stand die Frage, wie Licht mit Materie interagiert. Im frühen 19. Jahrhundert entdeckten französische Forschende, dass Licht sich polarisieren lässt: Wie wir es heute verstehen, schwingen die Lichtwellen dabei alle in derselben Ebene. 1815 entdeckte Jean-Baptiste Biot, dass die Polarisationsebene von polarisiertem Licht, wenn es durch bestimmte Kristalle fällt, um einen festen Winkel rotiert werden kann. Darüber hinaus bleibt diese sogenannte «optische Aktivität» teilweise auch dann erhalten, wenn die Kristalle geschmolzen oder gelöst werden – das Verhalten kann also nicht auf die Anordnung der Moleküle in den Kristallen zurückzuführen sein, sondern muss in den Molekülen selbst begründet liegen.

Pasteur untersuchte dieses Phänomen für seine Doktorarbeit an der École Normale Supérieure in Paris. Was bedeutete es für die Form der Moleküle? 1848 las Pasteur zufällig einen Aufsatz von Biot, in dem er zwei Typen von Weinsteinsäure beschrieb, einer organischen (kohlenstoffbasierten) Säure, die bei der Weinherstellung entstand. Normale Weinsteinsäure war optisch aktiv, eine chemisch identische Variante mit der Bezeichnung racemische Säure jedoch nicht, wie Biot schrieb. Er behauptete, dass die Kristalle dieser Verbindungen identisch seien, doch Pasteur synthetisierte beide Kristalltypen im Labor und untersuchte sie genauer unter dem Mikroskop.

Fotografie von Antoine Balards Labor an der École Normale Supérieure, wo Louis Pasteur von 1846 bis 1848 arbeitete und im Jahr 1848 seine Entdeckung der molekularen Asymmetrie machte. Institut Pasteur, Paris.

Er erkannte, dass die facettierten Kristalle nicht symmetrisch sind, sondern eine Händigkeit besitzen, wie nach links oder rechts gedrehte Schneckenhäuser. Während die Kristalle von Salzen der Weinsteinsäure stets rechtsdrehend sind, können die der racemischen Säure entweder links- oder rechtsdrehend sein. Als er das sah, behauptete Pasteur später, «blieb mein Herz für einen Augenblick stehen». Könnte racemische Säure, statt optisch inaktiv zu sein – also polarisiertes Licht nicht zu drehen –, in Wirklichkeit eine gleiche Mischung aus links- und rechtsdrehenden Weinsteinsäuremolekülen sein, deren Wirkungen sich gegenseitig aufheben, die sich aber bei der Kristallisierung trennen und Kristalle von entgegengesetzter Händigkeit erzeugen?

Das konnte Pasteur herausfinden. Mit einer Pinzette sortierte er penibel die racemischen Salzkristalle auf zwei Haufen: links- und rechtsdrehende. Dann löste er die Haufen getrennt voneinander auf und sah, dass die Lösungen in der Tat polarisiertes Licht ent-

Links: Die Illustration von Hermann Vogel zeigt Jean-Baptiste Biot, der 1848 Louis Pasteurs Studien zur Kristallografie in seinem Labor am Collège de France durch ein Mikroskop begutachtet. Institut Pasteur, Paris.

gegengesetzt rotierten. In späteren Berichten über das Experiment rief Pasteur angeblich aus: «Es ist alles gefunden!» – eine Art gallisches «Heureka!», und lief hinaus, um es der ersten Person zu erzählen, die er traf. Vermutlich kommt hier allerdings eine gewisse romantische Mythologisierung ins Spiel, nicht zuletzt, weil Pasteurs Notizbücher zeigen, dass seine ersten Ergebnisse nicht ganz eindeutig waren.

Wie dem auch sei, die Argumentation war solide und die Entdeckung von großer Bedeutung. Die Schlussfolgerung lautete, dass Moleküle der Weinsteinsäure tatsächlich in zwei spiegelgleichen Formen vorliegen, in einer links- und einer rechtsdrehenden Variante. Wie konnte das sein? Vielleicht, überlegte Pasteur, sind die Atome, aus denen sie bestehen, auf einer korkenzieherartigen Helix angeordnet, die sich wie das Gewinde einer Schraube nach links oder nach rechts drehen kann. Eine andere Möglichkeit – er schlug sie 1860 vor – bestünde darin, dass die Atome an den Ecken eines Tetraeders sitzen: Für vier verschiedene Arten von Atomen gibt es zwei spiegelbildliche Möglichkeiten dieser Anordnung.

Das war nicht schlecht geraten. 1874 stellte der niederländische Wissenschaftler Jacobus van't Hoff die These auf, dass kohlenstoffbasierte Moleküle in der Tat diese Struktur haben könnten: Jedes Kohlenstoffatom könnte in der Mitte eines Tetraeders sitzen und chemische Verbindungen mit vier anderen Atomen oder Atomgruppen bilden, die sich im umgebenden Raum befinden. 1904 gab Lord Kelvin diesen händigen Molekülen einen Namen: chiral, vom griechischen *kheir* für «Hand». Einige biologische Schlüsselmoleküle sind chiral, etwa die Aminosäuren, aus denen die Proteine und die (rechtsdrehende) Doppelhelix der DNA bestehen.

Pasteurs Glück war, dass die beiden chiralen Formen der Weinsteinsäure sich beim Auskristallisieren spontan trennen und die händigen Kristallformen bilden, weil die Moleküle sich auf diese Weise effizienter im Kristallgitter anordnen können. Die meisten chiralen Verbindungen trennen sich jedoch nicht so einfach: Ihre Kristalle sind Mischungen beider molekularer Formen. Darüber hinaus erfolgt diese Trennung nur bei racemischer Säure, die unter kalten Bedingungen kristallisiert. Pasteur führte seine Experimente im Winter in einem ungeheizten Labor durch. Hätte er es im Pariser Sommer getan, hätte er vielleicht weniger Glück gehabt.

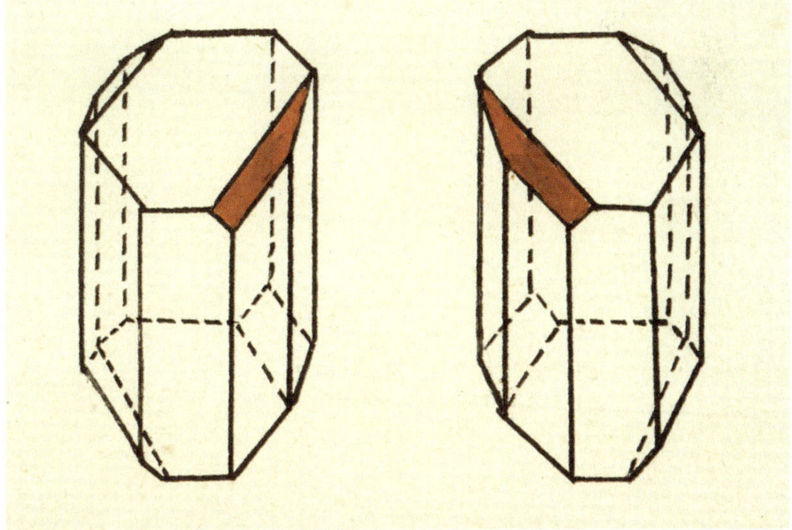

Rechts- und linksdrehender Kristall des Natriumammoniumparatartrats als Beispiel für Chiralität. Nach der Originalzeichnung von Louis Pasteur, frühes 20. Jahrhundert, Institut Pasteur, Paris.

Was ist ein schönes Experiment?

Es mag viele Menschen überraschen, dass der Begriff «Schönheit» heute eher von Forschenden in den Mund genommen wird als von Kunstschaffenden. In der zeitgenössischen Kunstszene und Kunstkritik scheint das Wort geradezu als unschicklich zu gelten, vielleicht sogar als unseriös. Forschende hingegen geraten ins Schwärmen über «schöne Theorien» – und auch über schöne Experimente. Viele behaupten, dass diese ästhetische Reaktion sich nicht von der auf Kunst unterscheidet, doch es lässt sich schwer definieren, woraus sie besteht oder wie sie hervorgerufen wird. Manche Forschende assoziieren Schönheit mit Symmetrie – ein zentrales Merkmal der modernen Physik –, doch sie hätten Schwierigkeiten, dieses Konzept mit Ästhetiktheorien in der Kunst in Einklang zu bringen. Hinterfragt wird es beispielsweise durch Immanuel Kants Behauptung, «alles Steif-Regelmäßige (was der mathematischen Regelmäßigkeit nahekommt) hat das Geschmackwidrige an sich»: Wir werden seiner Schlichtheit rasch überdrüssig. Und während einige Forschende versichern, ihr Konzept von Schönheit sei zeitlos und universell, würde kaum jemand das für die Kunst behaupten.

In der Philosophie hört man gelegentlich, «Schönheit» in der Wissenschaft stehe lediglich stellvertretend für die Wahrheit: Was wahr ist, muss danach notwendigerweise auch schön sein. Wenn das stimmt, erscheinen solche vorgeblich ästhetischen Urteile recht oberflächlich und auch riskant – sie könnten uns dazu verleiten, übermäßiges Vertrauen in ein Konzept zu legen, nur weil wir es für schön halten. Es gab jedoch auch Forschende, die diesen Standpunkt verteidigten. Der britische Physiker Paul Dirac (siehe Seite 126) beispielsweise behauptete, es sei wichtiger, dass eine Theorie schön ist, als dass sie mit den Experimenten übereinstimme, und Einstein stellte fest, dass «die einzigen physikalischen Theorien, die wir willens sind zu akzeptieren, [...] die schönen [sind]». Andere sind skeptisch, ob die Wahrnehmung von Schönheit überhaupt einen Hinweis auf die Gültigkeit geben kann: Der Zoologe Thomas Henry Huxley sagte, die «große Tragödie der Wissenschaft» sei «das Bezwingen einer schönen Hypothese durch eine hässliche Tatsache».

Ein Argument, warum Schönheit in der vermeintlich objektiven Wissenschaft ein valider Deskriptor ist, besteht darin, dass die ästhetische Reaktion in Forschenden offenbar dieselben neuralen Signalwege anspricht wie diejenigen, die durch Reaktionen auf Kunst stimuliert werden. Doch das beweist weniger, als es den Anschein hat. Schließlich werden auch durch Sex, Essen und Musik dieselben Belohnungskreisläufe im Gehirn aktiviert – doch das bedeutet ja nicht, dass es sich im Grunde um dieselbe Aktivität handelt oder dass sich eine durch die andere ersetzen lässt. Es gibt keinen Beleg dafür, dass unser Gehirn eine Art angeborenen neuralen «Schönheitskreislauf» besitzt.

Im Gegensatz zum Konzept der «schönen Theorien» (eine Bewertung, die beispielsweise häufig Einsteins allgemeiner Relativitätstheorie zuteilwird) ist es weniger offensichtlich, dass Schönheit sich überhaupt auf das Ergebnis eines Experiments auswirkt. Diese Beurteilung erfolgt meist, bevor das Ergebnis bekannt ist, und wird eher auf der Grundlage von Aufbau und innerer Logik der Methode getroffen. Wie der französische Physiker und Wissenschaftsphilosoph Pierre Duhem sagte, lassen sich Experimente als Verkörperungen von Hypothesen betrachten – und ein Experiment, dem die Umsetzung effizient und unmissverständlich gelingt, wie etwa Ernest Rutherfords Untersuchung des Alphateilchens (siehe Seite 108), hat eine gewisse Anziehungskraft. Wahrscheinlich gerieten viele gut geplante und ausgeführte Experimente in Vergessenheit, weil sie nicht oder nicht gut genug oder nicht auf eine einfach zu deutende Weise funktionierten.

Unter dieser Bedingung liegt die einem Experiment zugeschriebene Schönheit eher in seiner Ausführung als in seinem Ergebnis. Sie hat etwas mit der (fachkundigen) Würdigung einer Schachpartie gemein, die sich aus der Geschicktheit der Züge, der Eleganz der Strategie und den Entscheidungen speist, die den Gegner in Zugzwang bringen.

Frontispiz aus Francis Bacon: *De augmentis scientarium*, Leiden: Ex Officina Adriani Wijngaerden, 1652, Buch IX.

FR. BACONIS
De
VERVLAM.
Angliæ Cancellarii
DE
AVGMENTIS
SCIENTIARVM
Lib. IX.

Sich den Fakten stellen: Thomas Henry Huxley bei einer Vorlesung über den Schädel des Gorillas unter Verwendung einer Ausziehtafel, um 1861, fotografiert von Cundall Downes & Co., Wellcome Collection, London.

Auch wenn Francis Bacon im 17. Jahrhundert behauptete, dass Experimente die Natur einem gewissen Maß an Zwang unterwerfen, kann ein elegantes Experiment mehr wie eine Zusammenarbeit des Durchführenden mit der Natur wirken, um «etwas tief Verborgenes» zu enthüllen, wie Einstein es formulierte. Ein schönes Experiment lässt die verfügbaren Ressourcen preisgeben, was eine flüchtige Untersuchung nicht zeigt. In der Biologie gilt das Meselsohn-Stahl-Experiment (siehe Seite 200), das den Replikationsmechanismus der DNA offenlegte, weithin vor allem deshalb als das schönste in dieser Disziplin, weil es ein scheinbar unmöglich zu knackendes Rätsel – zwischen Möglichkeiten zu unterscheiden, deren Ergebnisse identisch aussehen – in ein lösbares verwandelte.

Schönheit als Mittel des Lernens und Forschens

In Experimenten gibt es viele potenzielle Zutaten für Ästhetik: die Schönheit des Ansatzes, die Schönheit (vor allem Wirtschaftlichkeit) des instrumentellen Aufbaus, das Geschick und die Wirtschaftlichkeit, mit denen beides in Einklang gebracht wird, und die Schönheit der Argumentation in der Deutung der Ergebnisse. Diese Eigenschaften erfordern Kreativität und Fantasie – es gibt kein Rezept dafür. Manche Forschende scheinen ein Talent für ästhetisch ansprechende Versuchsanordnungen zu haben, und für keinen gilt das mehr als für Rutherford. Solche Qualitäten sind in einem Experiment vielleicht einfacher zu erkennen als in einer Theorie, da sie meist kein unergründliches Wissen erfordern und gewissermaßen explizit mit eingebaut sind.

Der Physik-Nobelpreisträger Frank Wilczek, Autor des 2015 erschienenen Buches *A Beautiful Question: Finding Nature's Deep Design,* stellte die These auf, dass Schönheit in einem wissenschaftlichen Konzept dann zum Vorschein kommt, wenn «man mehr herausbekommt, als man hineingesteckt hat»: Das Konzept liefert etwas Neues und Unerwartetes und enthüllt mehr als gedacht. Ein faszinierender Gedanke im Hinblick auf Experimente, denn im Vergleich zu Theorien sind die Ergebnisse von Experimenten expliziter – häufig besteht die Antwort aus einem einfachen ja/nein oder dieses/jenes. Dennoch findet man auch in den Ergebnissen eines Experiments Beispiele für einen solchen Überfluss. Denken wir beispielsweise an die kristallografischen Studien, die James Watson und Francis Crick 1953 dazu brachten, das Rätsel der Struktur des DNA-Moleküls zu lösen. Die Doppelhelixstruktur gilt weithin schon für sich genommen als schön – sowohl Crick als auch Watson verwendeten diesen Begriff, obwohl die Konvention es in gedruckter Form verbot –, aber sie zeigte auch, wie das Forscherpaar in der Veröffentlichung ihrer Entdeckung schelmisch anmerkt, wie die DNA bei der Zellteilung repliziert werden könnte (siehe Seite 204). Niemand erwartete, dass die Struktur eine so offensichtliche Antwort auch auf diese Frage gab.

Vielleicht sollten wir nicht allzu verbissen versuchen, das Konzept der Schönheit in der Wissenschaft festzuklopfen. Versuche, daraus einen Parameter zu machen, den wir quantifizieren und messen können, würden sie ebenso zuverlässig abtöten, wie die Vivisektion das unglückselige Labortier tötet. Auf jeden Fall gewinnt das schöne Experiment, ebenso wie die schöne Theorie, wahrscheinlich an Überzeugungskraft: Ja, natürlich ist die Natur so! Hierin liegt eine Gefahr – wir dürfen uns nicht durch Schönheit blenden lassen. Doch schöne Experimente sind fast schon per definitionem meist auch *gute* Experimente: Sie besitzen Klarheit, sie sind unmissverständlich, und sie setzen die verfügbaren Mittel auf logische und gut geordnete Weise ein. Das ist auf jeden Fall der Standard, der im Experiment angestrebt werden sollte; die Schönheit hat hier also auch eine pädagogische Funktion. Nicht alle in diesem Buch beschriebenen Experimente sind «korrekt» im heutigen Sinn, aber das schmälert nicht ihren ästhetischen Wert. Wissenschaft muss immer im Kontext ihrer Zeit stattfinden, und gute Wissenschaft kann und wird Antworten hervorbringen, die später auf den Prüfstand gestellt und ersetzt werden.

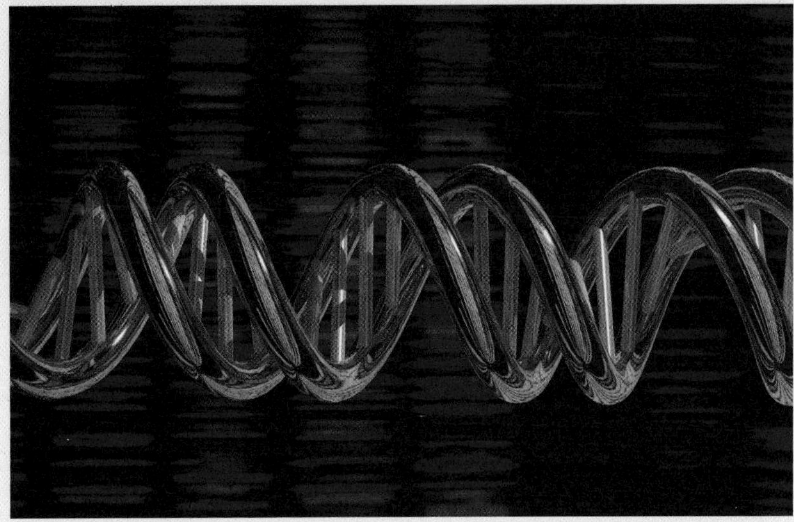

Künstlerische Darstellung der DNA-Doppelhelix vor einem Hintergrund aus Gensequenzierungsdaten. Peter Artymiuk, Wellcome Collection, London.

18

Die dreidimensionale Form von Zuckermolekülen (1891)

Was unterscheidet eine Zuckerart von einer anderen?

Die Chemie von Kohlenstoffverbindungen ist eine Unterdisziplin für sich und wird organische Chemie genannt, weil viele Kohlenstoffverbindungen in lebenden Organismen zu finden sind. Alles Leben auf der Erde wird typischerweise als «kohlenstoffbasiert» beschrieben, und es ist die Fähigkeit des Kohlenstoffs, die Grundlage einer solch breiten Vielfalt an Molekülen zu bilden, die dieses Leben ermöglicht. Doch gerade diese Vielfalt machte die organische Chemie für die Forschenden des 19. Jahrhunderts zutiefst verwirrend, als sie immer besser quantifizieren konnten, aus welchen Elementen in welchem Verhältnis Substanzen bestehen. Welchen Regeln gehorchten Kohlenstoffverbindungen? Wie unterscheidet sich ein kohlenstoffbasiertes Molekül von einem anderen? Man identifizierte Familien von Kohlenstoffverbindungen mit ähnlichen Eigenschaften: etwa die Alkane (die Kohlenstoff und Wasserstoff enthalten und in Rohöl zu finden sind) oder Karbonsäuren, Proteine, «aromatische» Verbindungen wie Benzol (oft in Steinkohlenteer enthalten) und Zucker.

Etwa ab der Mitte des 19. Jahrhunderts erkannten Forschende, dass Moleküle aus Atomen bestehen, die in unterschiedlichen Strukturen und Formen miteinander verbunden sind. Die Identität und die Eigenschaften einer gegebenen Verbindung werden dadurch bestimmt, wie seine Atome miteinander verbunden und im Raum angeordnet sind. Nicht nur dieselben Elemente können auf unterschiedliche Art und in unterschiedlichen Verhältnissen miteinander verbunden sein wie bei den Alkanen, sondern Moleküle mit genau derselben Anzahl von Atomen der einzelnen Elemente können verschiedene Strukturen aufweisen: Ihre Atome können unterschiedlich räumlich angeordnet sein. Solche Verbindungen werden Isomere genannt.

1874 erkannte der niederländische Chemiker Jacobus van't Hoff das strukturelle Schlüsselmotiv von Kohlenstoffverbindungen: Im Allgemeinen, sagte er, gehen Kohlenstoffatome am liebsten chemische Bindungen mit vier anderen Atomen ein, die so angeordnet sind, dass das Kohlenstoffatom in der Mitte eines Tetraeders und seine vier Nachbarn an den Ecken sitzen. Wenn die vier an den Kohlenstoff gebundenen Atome unterschiedlich sind, zeigte van't Hoff (und unabhängig davon auch Joseph Le Bel in Frankreich), gibt es zwei unterschiedliche Möglichkeiten, sie auf die Ecken zu verteilen, die jeweils das Spiegelbild der anderen darstellen. Solche Alternativen werden Enantiomere genannt. Das Kohlenstoffatom in der Mitte dieser Anordnungen ist chiral, was so viel bedeutet wie «händig» (siehe Seite 76). Für Moleküle mit mehreren chiralen Kohlenstoffatomen kann es mehrere unterschiedliche strukturelle Anordnungen geben, die Stereoisomere.

Mit diesem Wissen bewaffnet, machte sich der deutsche Chemiker Emil Fischer daran herauszufinden, was einen Zucker – eine «Kohlenhydrat»-Verbindung, die nur Kohlenstoff- (C), Wasserstoff- (H) und Sauerstoffatome (O) enthält – von einem anderen unterscheidet. Damals waren mehrere Zuckerarten bekannt, die häufig nach der Substanz benannt waren, aus der sie gewonnen wurden: Fruktose (in Früchten), Maltose (in Malz), Laktose (in Milch) usw. Sie alle schienen ähnliche Eigenschaften zu haben – alle schmeckten beispielsweise süß. Das war, in den Worten der Wissenschaftshistorikerin Catherine Jackson, «ein ausgeprägtes chemisches Identitätsproblem» – es war sehr schwer herauszufinden, ob zwei Stoffe identisch oder unterschiedlich waren und, falls Letzteres, auf welche Weise.

Fischer lernte sein Handwerk in den 1870er-Jahren im Labor von Adolf von Baeyer, einem der renommiertesten organischen Chemiker seiner Zeit, an der Universität von Straßburg, bevor er zur Universität München wechselte, 1881 dann nach Erlangen

Emil Fischer an einem Labortisch, 1904, National Library of Medicine, Bethesda, Maryland.

EMIL FISCHER | 1852–1919

Der Deutsche Hermann Emil Fischer gilt als einer der Gründer der modernen organischen Chemie. An der Universität von Straßburg studierte er in den frühen 1870er-Jahren bei einem anderen Giganten in diesem Bereich, Adolf von Baeyer. Er arbeitete zu synthetischen organischen Färbemitteln (damals ein großes industrielles Thema), entdeckte eins der ersten sedativen Barbiturate, Barbital, und leistete wegweisende Beiträge zum Verständnis der Chemie von Proteinen. Für seine Arbeiten zum Zucker bekam er 1902 den zweiten Nobelpreis für Chemie. (Der erste ging an den niederländischen Chemiker Jacobus van't Hoff.)

Siehe auch: Experiment 17: Die «Händigkeit» von Molekülen, 1848 (Seite 76).

und 1885 nach Würzburg. Er wurde zum Experten im Trennen und der Charakterisierung natürlicher organischer Moleküle wie Koffein, Proteine und von Tieren ausgeschiedene Substanzen und auch darin, solche Verbindungen herzustellen (zu synthetisieren), indem er einfachere chemische Zutaten miteinander reagieren ließ.

Seine Studien zum Zucker nahm Fischer 1884 auf. Diese Moleküle, wie wir heute wissen, haben ein gemeinsames Grundelement: einen Ring aus fünf oder sechs Atomen, alles Kohlenstoffatome bis auf ein Sauerstoffatom. An den Rändern des Rings sind verschiedene Hydroxygruppen (O-H) gebunden. Bei Einfachzuckern wie Glukose und Mannose gibt es nur einen Ring, Zweifachzucker wie Saccharose (gewöhnlicher Haushaltszucker) haben jedoch zwei. In der Stärke sind viele Zuckerringe in einer Kette miteinander verbunden, dem Mehrfachzucker. Verwirrenderweise können die Ringe beim Auflösen von Zucker in Wasser durch eine Neuanordnung der chemischen Bindungen aufspringen, und es entsteht ein «offenkettiges» Isomer, die Aldose. Die Aldosestruktur war schon vor Fischers Arbeit bekannt; Baeyer selbst hatte sie vorgestellt.

Viele der Kohlenstoffatome sowohl in den ringförmigen als auch in den offenkettigen Isomeren von Zucker sind chiral, was zu einer Vielfalt möglicher Stereoisomere führt. Unter anderem deswegen war es so schwierig, die Strukturen der Zuckerarten zu bestimmen. Fischers Strategie bestand in dem Versuch, die unterschiedlichen Zuckerarten aus einfachen Ausgangsmaterialen herzustellen. Wenn es nur eine Möglichkeit gibt, wie diese Ausgangsverbindungen

```
      I.                     II.
     COOH                   COOH
      •                      •
 H — C — OH            HO — C — H
      •                      •
HO — C — H              H — C — OH
      •                      •
 H — C — OH            HO — C — H
      •                      •
•H — C — OH            HO — C — H
      •                      •
     COOH                   COOH.
```

Konfiguration von Zuckern, aus: E. Fischer: «Über die Configuration des Traubenzuckers und Seiner Isomeren», Berichte der Deutschen Chemischen Gesellschaft zu Berlin, 1891, Bd. 24 (2), S. 2684. University of California.

Diese Studenten arbeiteten wahrscheinlich an den Konfigurationen von Zuckern. Hörsaal des Chemischen Instituts, Friedrich-Wilhelms-Universität zu Berlin (Humboldt-Universität), um 1904.

sich miteinander verbinden können, kann abgeleitet werden, welche Struktur sie dabei erzeugen müssen. Um auf die Identität des Reaktionsprodukts zu schließen, standen Fischer nur relativ grobe Möglichkeiten zur Verfügung: Vor allem konnte er Kristalle herstellen, ihren Schmelzpunkt bestimmen und ihn mit dem Schmelzpunkt bekannter Zuckerarten vergleichen (die sich voneinander unterscheiden). Alternativ brachte Fischer die Zuckerarten selbst dazu, mit anderen Molekülen zu reagieren oder zu zerfallen, und schloss aus der Art der Reaktionsprodukte auf die ursprüngliche Konfiguration der Atome. Bei diesen chemischen Manipulationen griff Fischer insbesondere auf eine Verbindung zurück, die er 1875 entdeckt hatte: Phenylhydrazin, das mit Zucker zu Produkten reagierte, die sich kristallisieren und vergleichen ließen.

1888 hatte Fischer die Strukturen der eng verwandten Zuckerarten Glukose, Mannose und Fruktose sowie ihre stereochemischen Strukturen herausgefunden. Zwei Jahre später wusste er, wie man die drei Verbindungen aus Glycerin herstellte. Und 1894 hatte er die Strukturen aller bekannten Zuckerarten und ihre Beziehungen untereinander abgeleitet. Es handelte sich hier also nicht um ein einzelnes Experiment, sondern um ein ausgewachsenes Experimentprogramm auf der Grundlage einer gemeinsamen Methodik, das sich etwa über ein Jahrzehnt hinzog. Es führte eins der wertvollsten Instrumente der organischen Chemie im folgenden Jahrhundert ein: das Ableiten der Struktur eines komplexen Moleküls durch seine Synthetisierung in einer Reihe kleiner Schritte, deren Ergebnis sich jeweils vorhersagen ließ. Jackson nennt Fischers Arbeit zum Zucker ein klassisches Beispiel für «Laborargumentation»: den Prozess, in dem Forschende die Chemie, die sie in Laborkolben durchführen, in ein Verständnis der Zusammensetzung und Struktur von Molekülen übersetzen. Wesentlich für Fischers Erfolg war sein experimentelles Können beim Erschaffen von Molekülen, gekoppelt mit seiner Fähigkeit zu entschlüsseln, was die experimentellen Ergebnisse für die Moleküle bedeuteten, deren Formen sich der Bestimmung mit dem Mikroskop entzogen. Der Chemiker arbeitete mit Lösungen, Kristallen, Bechergläsern, feuchten Substanzen und visualisierte in seinen Vorhersagen und Deutungen daraus Atome und Moleküle.

19

Die Entdeckung von Radium und Polonium (1898–1901)

F **Steckt in Uranerz ein neues radioaktives Element?**

Die Ende des 19. Jahrhunderts entdeckte Radioaktivität widersetzte sich dem konventionellen Verständnis. Die energiereichen Strahlen, die aus bestimmten Substanzen entwichen, schienen unerschöpflich zu sein, und doch gab es keine bekannte Energiequelle, die sie erzeugte. Und was noch ketzerischer wirkte: Das Phänomen schien zur Umwandlung eines Elements in ein anderes zu führen – ein nie dagewesener Prozess mit unangenehmen Anklängen an die längst verpönte mittelalterliche Alchemie.

Entdeckt wurde sie rein zufällig im Kielwasser einer anderen erschütternden Offenbarung: der Existenz der X-Strahlen, die der deutsche Wissenschaftler Wilhelm Röntgen 1895 entdeckt hatte. Röntgen traf auf die unsichtbare Strahlung, als er die sogenannten Kathodenstrahlen untersuchte, die von negativ geladenen Metallelektroden abgegeben wurde. Er beobachtete, dass ein phosphoreszierendes Stück Papier, das zufällig in der Nähe einer Kathodenstrahlenröhre lag, aufleuchtete und dass die Strahlen, die offenbar aus der Röhre stammten und das Leuchten verursachten, Papier und sogar Fleisch und Blut durchdringen konnten. Als er 1896 von der Entdeckung erfuhr, beschloss der französische Physiker Henri Becquerel zu untersuchen, ob phosphoreszierende Materialien, die nachleuchteten, wenn man sie in Sonnenlicht legte, ebenfalls X-Strahlen aussandten. Eines dieser Materialien war ein Salz des Metalls Uran, das man 1789 entdeckt hatte. X-Strahlen ließen sich dadurch nachweisen, dass sie eine fotografische Emulsion dunkel färbten, und Becquerel fand heraus, dass eine in schwarzes Papier gewickelte fotografische Platte tatsächlich dunkel wurde, wenn das Salz daraufge-

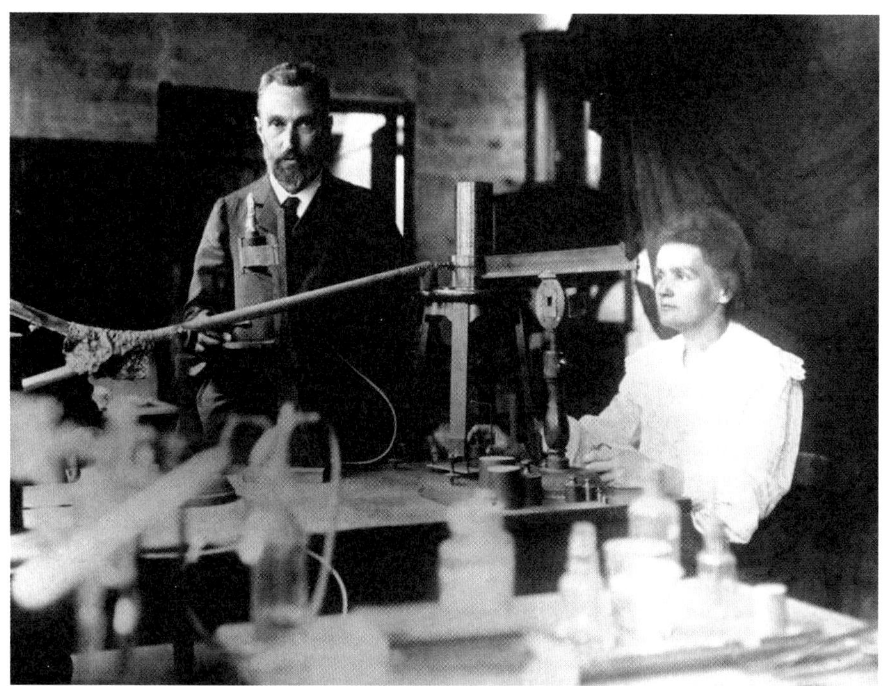

Pierre und Marie Curie in ihrem Pariser Labor, um 1898, Musée Curie, Paris.

legt und dem Sonnenlicht ausgesetzt wurde. Eines bewölkten Tages legte Becquerel eine solche Platte mit dem Salz darauf in einen Schrank, um sie wieder hervorzuholen, wenn das Wetter besser wurde und er sie dem Sonnenlicht aussetzen konnte. Nach weiteren Regentagen nahm er die Platte wieder heraus und entwickelte sie aus einer Laune heraus trotzdem. Zu seinem Erstaunen sah er, dass das Uransalz die Platte dunkler gemacht hatte, obwohl sie nicht im hellen Sonnenlicht gelegen hatte. Offenbar war der Effekt nicht von der Anregung der Phosphoreszenz abhängig: Uran gab spontan und von selbst Strahlen ab. Anders als Kathodenstrahlen, X-Strahlen oder Phosphoreszenz brauchten diese «Uranstrahlen» keine Energiequelle, um sie anzuregen. Das Phänomen wurde als wenig mehr als eine Kuriosität erachtet, doch als die Polin Marie Curie, die an der École Supérieure de Physique et Chimie Industrielle in Paris studierte, 1898 ein Thema für ihre Doktorarbeit suchte, waren die Uranstrahlen ein attraktives Thema für sie: «Die Frage war vollkommen neu», schrieb sie, «und es war noch nichts darüber geschrieben worden.»

Marie Curie, geboren als Maria Skłodowska, hatte 1895, vier Jahre nach ihrer Ankunft in Paris, den französischen Wissenschaftler Pierre Curie geheiratet. Die Curies machten sich gemeinsam an die Untersuchung der Uranstrahlung: Pierre entwickelte ein Instrument zur Messung der Strahlenintensität mithilfe ihrer Fähigkeit, andere Stoffe zu ionisieren, also eine elektrische Ladung in ihnen zu erzeugen. Marie entdeckte zu ihrer Überraschung, dass unbehandeltes Uranerz (Pechblende) eine noch potentere Strahlenquelle war als aufgereinigtes Uransalz. Wie konnte das sein, wenn das Uran in der Pechblende doch durch andere Stoffe verunreinigt war? Die Antwort, schlussfolgerten die Curies, musste lauten, dass das Erz ein weiteres Element enthielt – in einer sehr geringen Konzentration –, das noch intensivere Strahlen aussandte als Uran. «Ich verspürte den leidenschaftlichen Wunsch, diese neue Hypothese so schnell als möglich zu überprüfen», schrieb sie später. Sie mussten das mutmaßliche Element finden.

Für die Suche nach neuen Elementen hatte man in der Chemie eine Technik namens Mitfällung entwickelt: Angenommen, eine kleine Menge eines unbekannten neuen Elements befindet sich in der

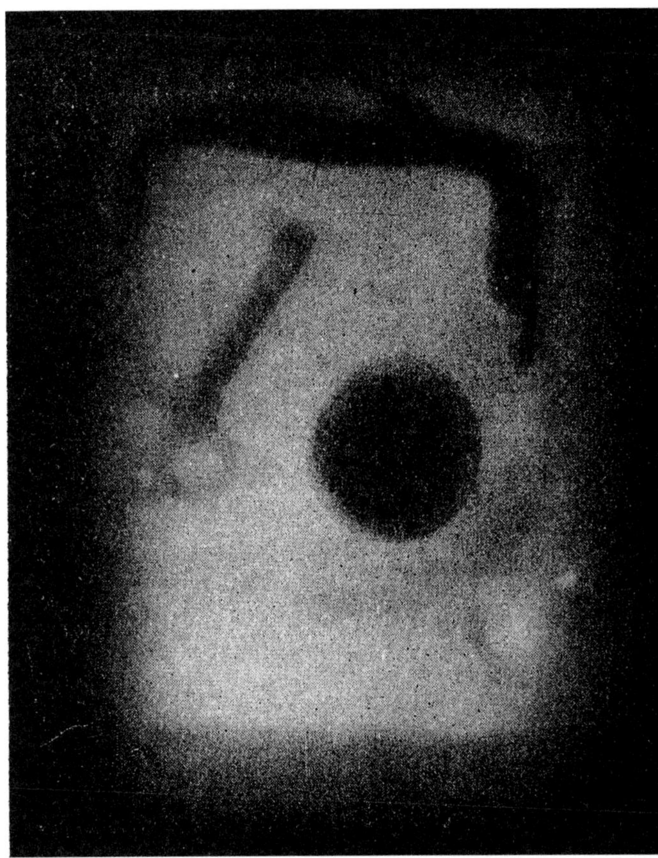

Röntgenaufnahme eines Portemonnaies mit einem Schlüssel. Aus: Marie Curie: *Recherches sur les Substances Radioactives,* Paris: Gauthier-Villars, 1904, Abb. 11, Wellcome Collection, London.

Lösung eines anderen Elements mit anderen chemischen Eigenschaften. Dann fügt man ein drittes Element hinzu, das chemisch dem ähnelt, das man zu isolieren versucht, und fällt dieses dritte Element als unlösliches Salz aus. Wenn man Glück hat, fällt das gesuchte Element aufgrund der chemischen Verwandtschaft ebenfalls aus und ist in demselben unlöslichen Salz enthalten. Um dieses Spurenelement zu konzentrieren, löst man es anschließend wieder und wiederholt den Vorgang mehrmals. Als die Curies genau das mit Pechblende taten, fanden sie heraus, dass es offenbar *zwei* zusätzliche Quellen für Uranstrahlung gab – gemäß ihrer Hypothese also

MARIE CURIE | 1867–1934

Marie Skłodowska-Curie, wie sie heute allgemein bekannt ist, wurde in Warschau in Polen geboren. Als sie 1891 ihr Studium in Paris aufnahm, hatte sie kaum Geld und musste sich gegen die damaligen Vorurteile gegen Frauen behaupten, die in die Welt der Wissenschaft vordringen wollten. Selbst als 1903 der Nobelpreis für die Entdeckung der Radioaktivität verliehen wurde, wäre sie fast übergangen worden. Dennoch erhielt Marie für ihre Entdeckung des Radiums und des Poloniums 1911 zusätzlich den Nobelpreis in Chemie – und bekam damit als erste und bisher einzige Frau zwei Nobelpreise. 1934 starb sie an Anämie, die wahrscheinlich durch ihren lebenslangen Umgang mit Strahlung ausgelöst wurde.

Siehe auch: Experiment 24: Die Natur der Alphateilchen und die Entdeckung des Atomkerns, 1908–1909 (Seite 108).

zwei neue Elemente. Eins fällte mit dem Metall Barium aus, das andere mit Bismut.

Die Mengen waren winzig, und um genug von beiden mutmaßlichen Elementen zu isolieren, um sicher zu sein, dass es sie wirklich gab, mussten die Curies tonnenweise Uranerz bearbeiten. Es war eine schmutzige, mühsame und anspruchsvolle Arbeit, durchgeführt in einem Labor, das wenig mehr war als eine Hütte auf dem Grundstück des Pariser Instituts. Es gab keine Abzüge, um die entstehenden schädlichen Gase abzuleiten; wenn das Wetter zu schlecht war, um draußen zu arbeiten, konnten sie nur die Fenster offen lassen. Marie übernahm den größten Teil der Arbeit. Doch die Mühe zahlte sich aus: Die Strahlungsintensität der gewonnenen Proben nahm allmählich zu, als die neuen Elemente immer konzentrierter vorlagen. Im Juli 1898 berichteten die Curies, dass der Bismutextrakt ein neues Element enthielt, das sie nach Maries Heimatland «Polonium» tauften. (Nationalistische Namen für neue Elemente waren damals groß in Mode.) Sie schlugen auch einen Namen für die Abgabe von Uranstrahlen vor: Radioaktivität. Es war jedoch der Bariumextrakt, der am vielversprechendsten aussah. Gegen Ende dieses Jahres waren die Proben so radioaktiv, dass sie leuchteten: Die Energie, die aus diesem anderen neuen Element entwich, war sichtbar. Aus diesem Grund gaben sie ihm im Dezember den Namen «Radium». «Wir waren sehr glücklich trotz der schwierigen Bedingungen, unter denen wir arbeiteten», schrieb Marie. «Eine unserer beliebtesten Zerstreuungen in dieser Zeit waren die abendlichen Besuche unseres Labors. Überall sahen wir dabei die schwach leuchtenden Umrisse der Gläser und Beutel, in denen unsere Präparate untergebracht waren. Dies war ein wirklich herrlicher Anblick, der uns stets neu erschien.»

Um zu beweisen, dass diese Proben wirklich ein neues Element enthielten, suchten die Curies in Zusammenarbeit mit dem französischen Wissenschaftler Eugène Demarçay nach einem eindeutigen Fingerabdruck: einem schmalen, linienartigen Band absorbierten Lichts im Spektrum der Materialien, das zu keinem der bekannten Elemente passte. Ende 1898 sahen sie schließlich für Radium eine solche Linie. Als Marie 1903 ihre Doktorarbeit einreichte, war sie

PIERRE CURIE | 1859–1906

Pierre Curie machte sich an der Sorbonne in Paris einen Namen in der Wissenschaft, wo er mit seinem Bruder Paul-Jacques 1880 das Phänomen der Piezoelektrizität entdeckte. Pierre nutzte den Effekt, um eine Quarzwaage herzustellen, die er und Marie in ihren Studien verwendeten, um die Menge der elektrischen Ladung zu messen, die über die Ionisierung durch die Radioaktivität erzeugt wurde. Der gelernte Physiker machte auch wegweisende Entdeckungen auf dem Gebiet des Magnetismus. 1906 starb er bei einem tragischen Unfall, als er auf den Straßen von Paris von einem Pferdekarren erfasst wurde.

Siehe auch: Experiment 36: Der fotoelektrische Effekt, 1899–1902 (Seite 155).

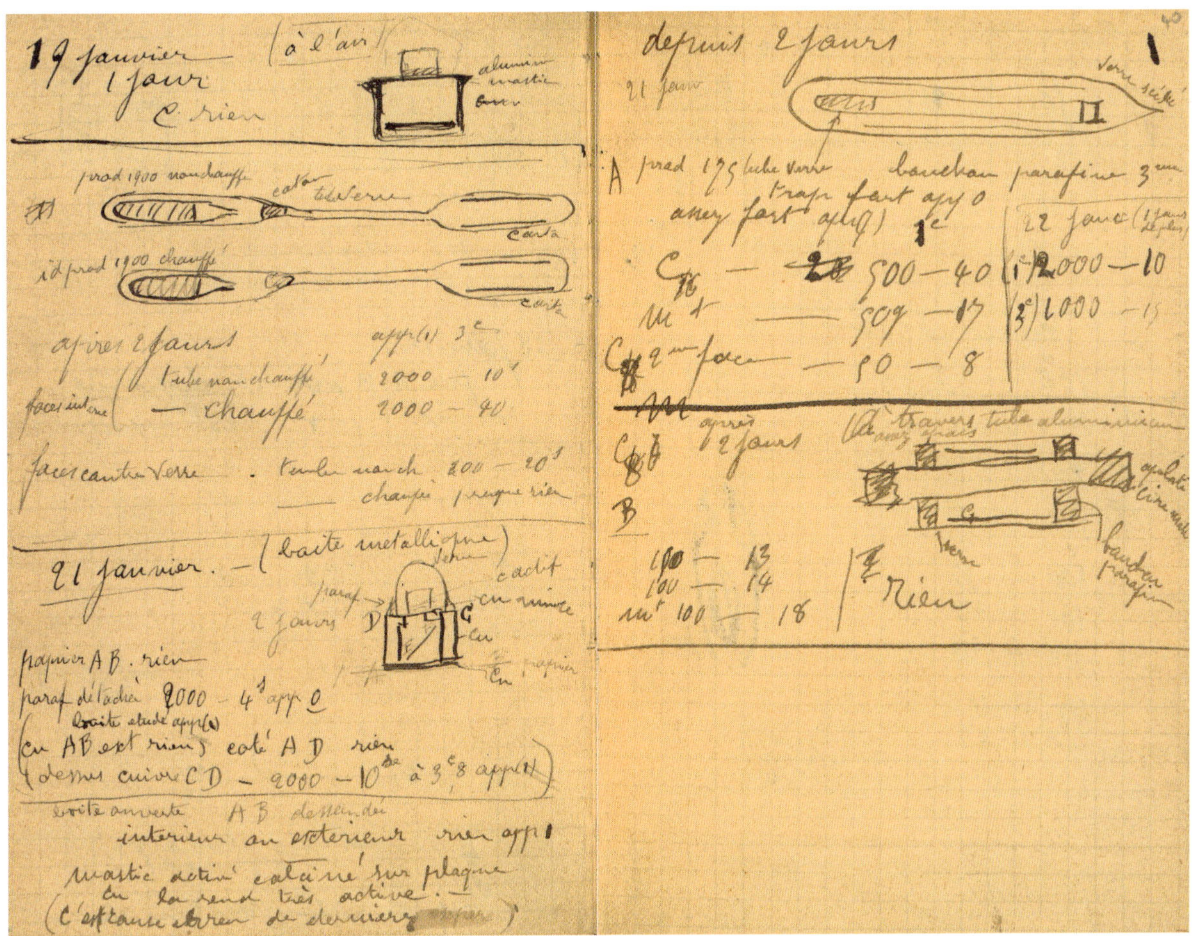

Marie Curies handschriftliches Notizbuch mit Notizen zu ihren Experimenten mit radioaktiven Substanzen und Apparaturenskizzen, Paris, 27. Mai 1899 bis 4. Dezember 1902, Wellcome Collection, London. Das Notizbuch selbst ist mit dem Radionukleid Radium-226 kontaminiert.

wohl schon die weltweit führende Expertin für Radioaktivität. Im Dezember desselben Jahres bekam sie zusammen mit Pierre und Becquerel als erste Frau für ihre Forschungen zur Radioaktivität den Nobelpreis in Physik. Die Curies nahmen an der Verleihungszeremonie jedoch nicht teil, da sie an Lethargie und kleineren Unpässlichkeiten litten. Beide kämpften mit den Auswirkungen der Strahlenkrankheit – ein unvorhergesehenes Ergebnis ihrer Forschungen.

1903 schätzte der britische Chemiker Frederick Soddy, wie viel Energie im Radiumatom enthalten sein muss, damit es diese konstante Abgabe erzeugt, die offenbar nie nachlässt. Er kam auf etwa das Millionenfache der Menge, die sich durch chemische Reaktionen wie denjenigen erzeugen ließe, die der schwedische Wissenschaftler Alfred Nobel in seinen Sprengversuchen freigesetzt hatte. «Der Mann, der den Hebel umlegt, mit dem eine geizige Natur den Ausstoß dieses Energiespeichers so sorgfältig reguliert», schlussfolgerte er beklommen, «könnte, wenn er es wollte, die Erde zerstören.»

20

Eine neue Form von Kohlenstoff (1985)

Was für Moleküle bilden Kohlenstoffatome, wenn sie aus Dampf kondensieren?

Bis 1985 dachten wir, wir wüssten alles über Kohlenstoff. Das chemische Element gibt es in zwei bekannten Formen oder Allotropen: als harten, funkelnden Diamanten und als weichen, schwarzen Graphit. Beides besteht aus reinem Kohlenstoff; die Unterschiede in Aussehen und Eigenschaften sind auf die verschiedenen Muster der chemischen Bindungen zurückzuführen, die die Atome zusammenhalten. Im Diamanten ist jedes Kohlenstoffatom in einem dreidimensionalen Netz an vier andere gebunden; in Graphit bilden die Atome Schichten aus sechseckigen Ringen, ähnlich einem Kaninchendraht, in denen jedes Atom an drei andere gebunden ist. Schwache Kräfte halten die Schichten locker zusammen, und ihre Verschieblichkeit verleiht Graphit die Weichheit, die nützlich für seine Verwendung als Schmiermittel und als Bleistiftmine ist.

Die Entdeckung einer neuen Form von Kohlenstoff begann im Weltall. Der Chemiker Harry Kroto an der University of Sussex in England versuchte, die Spektren von Molekülen in dem dünnen Gas zu deuten, das den Raum zwischen den Sternen füllt. Moleküle absorbieren elektromagnetische Strahlung wie Licht und Infrarot auf bestimmten Wellenlängen, wo die Frequenz der Molekülvibrationen mit der des Lichts übereinstimmt. Kroto war ein Experte für die Spektren im Mikrowellenbereich, wo die Absorption fernen Sternenlichts auf die energiearmen Vibrationen und Rotationen interstellarer Moleküle zurückzuführen ist.

Einige dieser Moleküle haben ein Grundgerüst aus Kohlenstoff, ein häufiges Element im interstellaren Gas. Kroto und sein Team fragten sich, ob einige der bislang unerklärten Mikrowellen-Absorptionsbänder, die in der Astronomie bekannt waren, möglicherweise auf lange, kettenartige Moleküle aus fast reinem Kohlenstoff zurückgingen, genannt Polyine. 1974 stellten Kroto und sein Team im Labor ein Polyin mit Ketten aus fünf Kohlenstoffatomen her und bestimmten sein Mikrowellenspektrum. Ein Jahr später identifizierten sie in Zusammenarbeit mit kanadischen Astronomen denselben Fingerabdruck in dem Spektrum, das ein Radioteleskop im interstellaren Raum nahe dem Zentrum unserer Galaxie entdeckt hatte. 1977 kamen sie zu dem Schluss, dass sie auch Polyine aus sieben und neun Kohlenstoffatomen erkannt hatten.

Offenbar gab es keine klare Begrenzung für die Länge dieser interstellaren Kohlenstoffketten. Doch ihre Herstellung im Labor zum Vergleich ihrer Spektren mit astronomischen Beobachtungen war mühsam. Kroto las eine Abhandlung deutscher Chemiker aus den 1960er-Jahren, die beschrieb, wie sie Kohlenstoffatome mit bis zu 33 Atomen hergestellt hatten, indem sie einfach Starkstrom durch zwei Graphitelektroden leiteten. Konnte das die Alternative sein?

1984 wurde Kroto von dem US-amerikanischen Chemiker Robert Curl, einem weiteren Mikrowellen-Spektroskopisten, in dessen Labor an der Rice University in Houston (Texas) eingeladen. Dort arbeitete Curl mit dem Chemiker und Physiker Richard

HARRY KROTO | 1939–2016

Harry Kroto kam in England unter dem Namen Harold Walter Krotoschiner als Sohn schlesischer und deutscher Eltern zur Welt. 1967 kam er an die University of Sussex, um zur Spektroskopie instabiler Moleküle zu forschen. Sein Interesse an Grafikdesign und seine Leidenschaft für Konstruktionsspielzeug als Kind halfen ihm möglicherweise dabei, das starke Visualisierungsvermögen zu entwickeln, mit dessen Hilfe er erkannte, wie das C_{60}-Molekül aufgebaut ist.

Siehe auch: Experiment 21: Bauen mit DNA, 1991/2006 (Seite 96).

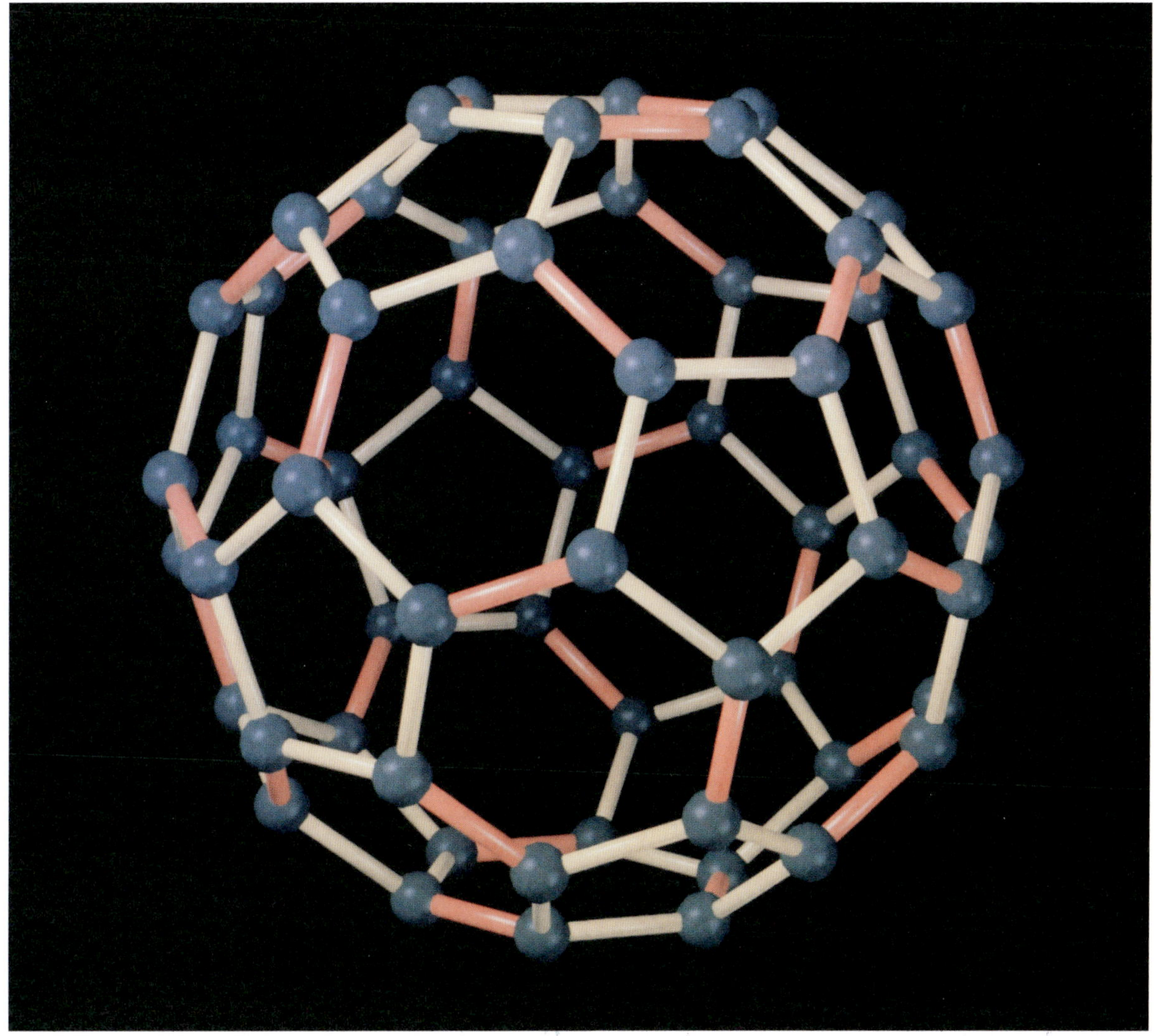

Das Buckminsterfulleren-Molekül (C_{60}). Kohlenstoffatome sind in fünf- und sechsteiligen Ringen miteinander verbunden, die zu einer kugelähnlichen, geschlossenen Hüllenstruktur verschmelzen.

Smalley an einer Maschine, die Atomcluster herstellen konnte: Materieklumpen, die nur einige Dutzend Atome enthielten. Die Forscher beschossen dazu ein solides Zielmaterial mit einem intensiven Laserstrahl. Dabei verdampften die Atome und sammelten sich beim Abkühlen in Clustern, während sie von einem Heliumstrahl weitertransportiert wurden. Die Cluster wurden anschließend aus einer Düse versprüht und mit einem zweiten Laser beschossen, der die Elektronen abspaltete und sie zu Ionen machte. In dieser Form ließ sich ihre Masse über die Technik der Massenspektrometrie herleiten und bestimmen, wie viele Atome sie enthielten.

Als Kroto diese beeindruckende Maschine sah, fragte er sich, ob sie mit einem Graphit-Target vielleicht die langkettigen Kohlenstoffmoleküle herstel-

RICHARD SMALLEY | 1943–2005

Richard Smalley gilt weithin als einer der frühen Visionäre des Potenzials der Nanotechnologie, der Ingenieurskunst auf Atom- und Molekülebene. Nach der Entdeckung von C_{60} gründete er das Center for Nanoscale Science and Technology an der Rice University, wo er Röhrenstrukturen von wenigen Nanometern Durchmesser untersuchte, sogenannte Kohlenstoffnanoröhren.

len könnte, nach denen er suchte. Tatsächlich führte ein Team in den Forschungslaboren des petrochemischen Unternehmens Exxon in New Jersey 1984 mit einem ähnlichen Instrument genau dieses Experiment durch und berichtete über eine breite Vielfalt an Kohlenstoffmolekülen aus bis zu rund hundert Atomen. Kroto überzeuge Smalley, Curl und ihr Team, die Studie im folgenden Jahr zu wiederholen. Smalley bezweifelte, dass sie etwas Neues finden würden, und erwartete, nur etwa eine Woche mit dem Projekt zu verbringen. Doch sein Team entdeckte etwas Merkwürdiges: Die Spitze im Massenspektrum, die einem Molekül aus sechzig Kohlenstoffatomen entsprach, stach oft mehr hervor als die anderen. Im Rückblick erkannten sie, dass das auch in der Arbeit von Exxon so gewesen war – doch durch eine Anpassung der Versuchsbedingungen konnte die Gruppe dieses «C_{60}» über den anderen aufragen lassen wie einen Mammutbaum aus einer Apfelplantage. Offenbar war an dem C_{60}-Cluster etwas Besonderes.

Zunächst fragten sich die Forschenden, ob es sich um eine geschichtete Anordnung von Sechsecken handeln könnte, wie ein Fragment der Schichten im Graphit. Doch Kroto hatte eine andere Idee. Er erinnerte sich an eine der Kuppelstrukturen des amerikanischen Architekten Richard Buckminster Fuller, die er in den 1960er-Jahren gesehen hatte, die aus *gekrümmten* Schichten von Sechsecken bestand. Bildeten die Kohlenstoffschichten vielleicht eine geschlossene Kuppel – eine Kugel also? Die Forschenden wussten nicht, wie sie sie in eine Krümmung bringen könnten – bis sie Krotos Erinnerung beherzigten, dass Buckminster Fullers Kuppeln vielleicht auch Fünfecke enthielten. Tatsächlich bilden genau zwölf Fünfecke, so angeordnet, dass jedes von Sechsecken umgeben ist, eine polyedrische Hülle, die ungefähr eine Kugelform ergibt, wie ein Fußball aus fünf- und sechseckigen Lederflicken. An jeder Ecke der Polygone, wo sich drei Kanten treffen, sitzt ein Kohlenstoffatom – insgesamt sechzig auf der ganzen Hülle.

Kroto, Rice und ihrem Team fehlte ein endgültiger Beweis, dass dies die Struktur ihres C_{60}-Clusters war. Doch die Vorstellung erschien so elegant, dass sie einfach stimmen musste: Die besondere Stabilität dieser geschlossenen Hülle würde erklären, warum sie das Massenspektrum so dominierte. 1985 stellten sie ihre Ergebnisse und Interpretation in der Fachzeitschrift *Nature* vor und schlugen einen Namen für das C_{60}-Molekül vor: Buckminsterfulleren. Bald wurde klar, dass eine ganze Familie geschlossener Kohlenstoffhüllen möglich war, jede mit zwölf Fünfecken, aber unterschiedlichen Mengen an Sechsecken; diese Familie bekam den Namen Fullerene. Keins von ihnen jedoch erreichte die elegante Symmetrie von C_{60}. Erst fünf Jahre später entdeckten andere Forschende eine Möglichkeit, Fullerene in großen Mengen durch die Verdampfung von Graphitelektroden herzustellen; auf diese Weise ließen sie sich aufreinigen und kristallisieren, sodass ihre Struktur durch die Röntgenstrukturanalyse bestätigt werden konnte. Bald darauf

ROBERT CURL | 1933–2022

Robert Curl, ein Experte für die Technik der Mikrowellenspektroskopie, galt als das ruhigste und bescheidenste Mitglied des Nobel-Triumvirats, das C_{60} entdeckte. Als der Präsident der Rice University ihn nach der Ankündigung des Nobelpreises fragte, was er für ihn tun könne, antwortete Curl, es wäre schön, wenn ein Fahrradständer näher an seinem Büro und Labor installiert werden könnte. Er versicherte immer wieder, dass die beiden Doktoranden James Heath und Sean O'Brien, die die C_{60}-Experimente zum Laufen brachten, einen ebenso großen Teil der Anerkennung verdienten.

Dieser Stein aus dem Einschlagkrater des Sudbury-Meteoriten in Ontario in Kanada (entstanden vor 1,85 Milliarden Jahren) enthält C_{60}-Moleküle, die wahrscheinlich in der Schuttwolke nach dem Einschlag aus kohlenstoffhaltigem Material im Meteoriten entstanden.

wurde dieselbe Methode eingesetzt, um andere große Kohlenstoffmoleküle aus eingerollten graphitähnlichen Schichten herzustellen, insbesondere Röhren mit Endkappen aus halbkugelförmigen Halb-Fullerenen von wenigen Nanometern (Millionstel Millimetern) Durchmesser. Das Zeitalter der «Kohlenstoffnanotechnologie» hatte begonnen. Smalley, Curl und Kroto bekamen für ihre Arbeit 1996 den Nobelpreis in Chemie.

Doch was war nun mit den Kohlenstoffmolekülen im All? Inzwischen wissen wir, dass Fullerene sich auch dort bilden; sie wurden sogar schon in kohlenstoffreichen Meteoriten entdeckt.

21

Bauen mit DNA (1991/2006)

Können wir DNA als programmierbares Baumaterial verwenden?

Die Entdeckung der Struktur des DNA-Moleküls durch James Watson und Francis Crick im Jahr 1953 zeigte, wie es Informationen in chemischer Form codieren konnte: als Sequenz der vier «Buchstaben» (Nukleotide), aus denen sie besteht und die wie Perlen auf einer Schnur miteinander verbunden sind. Diese Entdeckung gab zwar den Startschuss für die moderne Molekulargenetik und Gensequenzierung, doch es dauerte noch fast drei Jahrzehnte, bis Forschende erkannten, dass die Eigenschaft der DNA als Informationsträger sie auch zu einem potenziellen Baumaterial machte, das sich so programmieren ließ, dass es sich in bestimmten Formen zusammenfand.

Seit den 1970er-Jahren wurde in der Chemie darüber gebrütet, wie man Moleküle entwerfen könnte, die sich spontan zu größeren Strukturen zusammenfinden. Genau das passiert bei der Kristallbildung: Die Atome oder Moleküle schichten sich in wohlstrukturierten Anordnungen übereinander. Doch Molekularforschende hatten wenig Kontrolle über diese Anordnungen. Eine molekulare Selbstmontage findet auch in lebenden Zellen statt, wo Proteine und andere Moleküle sich zu komplexen Strukturen mit biologischen Funktionen zusammenfinden. Diese Strukturen weisen in der Regel keine kristalline Regelmäßigkeit auf, sind aber auch nicht zufällig: Sie werden von den Formen und Eigenschaften der Moleküle selbst bestimmt, die wie Puzzleteile ineinandergreifen. Könnte man diese Kunst der molekularen Selbstmontage (Selbstassemblierung) steuern, so die Überlegung, dann könnte man Strukturen auf Molekülebene entwerfen und so vielleicht neue Materialien oder winzige Maschinen erschaffen. Das Forschungsgebiet wurde unter dem Namen Supramolekulare Chemie bekannt.

In den 1970er-Jahren erlernte der amerikanische Biochemiker Nadrian («Ned») Seeman die Kunst der Röntgenstrukturanalyse, mit deren Hilfe sich die Form eines Moleküls bestimmen lässt. Am Massachusetts Institute of Technology (MIT) studierte er unter der Leitung von Alexander Rich, der mit Francis Crick zusammengearbeitet hatte, die Chemie der DNA. Als er anschließend an der University of New York in Albany arbeitete, wurde Seeman von einem Kollegen gefragt, ob er wisse, wie man DNA-Stränge so zusammenbringen könnte, dass drei Stränge eine Verzweigung bilden, die wie ein Y aussieht. Diese sogenannten Holliday-Strukturen können gelegentlich auch in der Natur auftreten.

NADRIAN SEEMAN | 1945–2021

Nadrian Seeman, geboren 1945 in Chicago, war ein selbsterklärtes «Sputnik-Kind». Als Medizinstudent an der University of Chicago kam er zu der verblüffenden Erkenntnis, dass er sich als Professor «den Großteil des Tages mit Forschungen vergnügen könnte und auch noch dafür bezahlt werden» würde. Letztendlich war die Hochschulwelt dann aber zunächst weniger vergnüglich als in seiner Vorstellung: Unzufrieden wechselte er von einer Position in die nächste, bis ihn die Inspiration für das Bauen mit DNA ereilte. Seeman war berühmt für seine klaren Worte; er war in Paul Rothemunds Worten «ein einzigartiger Charakter [...], gleichzeitig schroff und mitfühlend, ordinär und sprachgewandt, dickköpfig und visionär». Nachdem sie zunächst weitestgehend ignoriert wurde, brachte Seemans bahnbrechende Arbeit ihm schließlich viele Ehrungen und Preise ein, etwa den Kavli-Preis in Nanowissenschaft 2010.

Siehe auch: Experiment 18: Die dreidimensionale Form von Zuckermolekülen, 1891 (Seite 84); Experiment 49: Der Beweis, dass Gene aus DNA bestehen, 1951–1952 (Seite 197).

Als Seeman in einer Bar über dieses Problem nachgrübelte, fiel ihm ein Bild des niederländischen Geometriekünstlers M. C. Escher ein, in dem stilisierte Fische über ihre Flossen zu einem dreidimensionalen Gitter verbunden waren. Er erkannte, dass die Schnittpunkte des Gitters Holliday-Strukturen ähnelten. Wenn er Holliday-Strukturen aus DNA herstellen und ihre Enden irgendwie haftend machen könnte, würden sie sich vielleicht zu einer kristallinen Anordnung wie der von Escher gemalten zusammenfinden. «Ich stellte mir die Fische als Nukleinsäuren vor, deren Kontaktpunkte durch die Kohäsion von Klebeenden programmiert waren», sagte Seeman. «Das war meine große Offenbarung.»

Um diese Klebeenden oder «sticky ends» an den DNA-Doppelhelices herzustellen, musste er nur einen Strang etwas länger als den anderen machen, sodass ein kurzer Abschnitt unverbunden überhing. Die Stränge werden durch die Paarung von Nukleotidbasen zusammengehalten, wenn ihre Sequenzen übereinstimmen: Jede Base hat eine Partnerbase, mit der sie sich am liebsten verbindet. Durch die Auswahl der richtigen Sequenzen ließen sich die DNA-Abzweigungen also so programmieren, dass sie sich in einer bestimmten Ordnung zusammenfanden.

Inzwischen waren Methoden entwickelt worden, um DNA-Stränge mit bestimmten Sequenzen zu synthetisieren. Diese Stränge konnte man dann einfach in ein Reagenzglas geben, wo sie sich von allein in der richtigen Ordnung zusammenfanden. 1982 stellte Seeman in einem wissenschaftlichen Aufsatz das Konzept vor, Gitter aus DNA-Verzweigungen herzustellen, doch er bekam eigenen Aussagen nach «keine Reaktion» darauf. Er war seiner Zeit zu sehr voraus: Niemand sonst hatte bisher erkannt, dass die DNA einen Nutzen jenseits der Biologie haben könnte.

Seeman überlegte, dass er das Interesse am besten auf seine Idee lenken könnte, indem er sie im Experiment bewies. Erst 1991 – inzwischen war er zur chemi-

DNA-Nanotechnologie: Origami-Strukturen, hergestellt von Paul Rothemund 2006 aus DNA-Molekülen, die er so konzipierte, dass sie sich zu bestimmten Formen zusammenfalteten. Die obere Reihe zeigt die theoretischen Zielstrukturen, die unteren beiden die im Experiment erzeugten Formen in verschiedenen Vergrößerungsstufen. Jede Form ist typischerweise etwa 100 Nanometer breit. Aus: Paul W. K. Rothemund: «Folding DNA to create nanoscale shapes and patterns», *Nature*, 16. März 2006, Bd. 440, 16, Abb. 1.

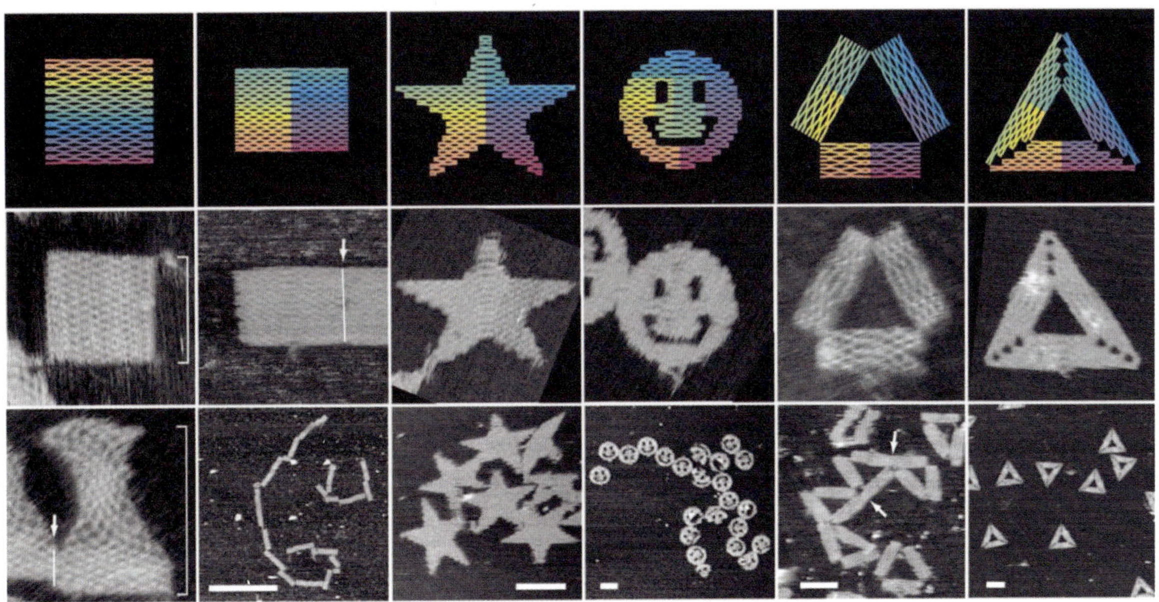

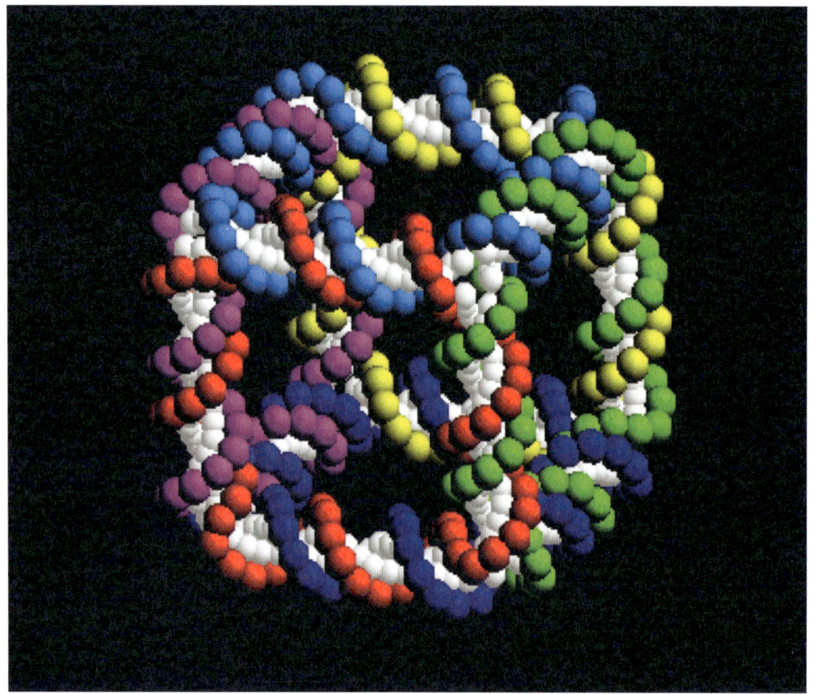

Um die Struktur des Moleküls in Ned Seemans DNA-Würfel zu erkennen, folgt man am besten dem roten Strang: Er ist zweimal mit dem grünen Strang verbunden, zweimal mit dem hellblauen, zweimal mit dem magentafarbenen und zweimal mit dem dunkelblauen. Dasselbe Verknüpfungsmuster gilt für jeden der anderen Stränge und bringt sie in eine dreidimensionale Form, die grob einem Würfel ähnelt. Die Holliday-Strukturen zwischen drei DNA-Strängen sind an den Ecken des Würfels zu erkennen. Nadrian C. Seeman, New York University, 1991.

schen Fakultät der New York University gewechselt – gelang ihm dies. Er und sein Doktorand Junghuei Chen entwarfen und erzeugten DNA-Stränge, die sich ihrer Hypothese nach zu Holliday-Strukturen verbinden würden, die dann wiederum die Ecken eines Würfels bilden sollten. Die gesamte Struktur würde nicht größer sein als ein typisches Proteinmolekül. Dafür zu sorgen, dass die Anordnung wie geplant funktionierte, war kein leichtes Unterfangen: Die Forscher mussten die Stränge Stück für Stück zu den Würfelflächen zusammensetzen und die Produkte in jedem Schritt aufreinigen, bevor sie mit dem nächsten fortfuhren. Aber es funktionierte. Als die beiden ihren Erfolg in der Fachzeitschrift *Nature* bekanntgaben, wurde ihre Arbeit als eine Art unergründliches Kuriosum aufgenommen. In der Folge stellte Seeman immer anspruchsvollere polyedrische DNA-Formen sowie netzartige zweidimensionale DNA-Geflechte her. Er und andere erkannten, dass sich der Montagevorgang als Algorithmus verwenden ließ: Die programmierte Anordnung von DNA-«Kacheln» konnte für die Ausführung einer Berechnung genutzt werden, in der die Kacheln das Problem codieren und die Art ihrer Anordnung die Lösung verrät.

2006 wurde der algorithmische Ansatz der DNA-Selbstassemblierung von Paul Rothemund, der sowohl Biologie als auch Informatik studiert hatte, am California Institute of Technology (Caltech) erweitert. Rothemund zeigte, dass er eine Zielform festlegen konnte – etwa einen Smiley oder eine Weltkarte auf Molekularebene – und dann ein Computerprogramm berechnen lassen konnte, wie die Sequenz eines DNA-Strangs aussehen muss, damit er sich durch die Paarung verschiedener Bereiche dieses Strangs in genau diese Form faltet. Es war eine Art von DNA-Origami. Andere entwarfen DNA-Stränge, die sich wiederholt paarweise zusammenfinden und wieder trennen und so eine maschinenartige Bewegung erzeugen. Seemans Erkenntnis legte das Fundament für eine ganz neue Wissenschaftsdisziplin: die DNA-Nanotechnologie, die auf Molekularebene im Nanometerbereich arbeitet. «Wir müssen nicht mehr alle Ideen haben, und wir müssen nicht mehr alle Fehler machen», sagte Seeman 2010. «Die Disziplin steht nun allen offen.»

M. C. Eschers Holzstich und Holzschnitt *Depth,* Oktober 1955, The M. C. Escher Company, Baarn, Niederlande. Dieses Bild inspirierte Ned Seeman zu der Idee, aus verzweigter doppelsträngiger DNA geometrische Formen herzustellen.

Der Materie auf der Spur

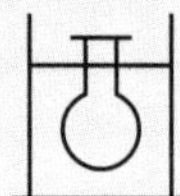

Um die Welt zu erklären, wendet die Wissenschaft einen gewagten Kniff an: Sie beruft sich auf Dinge, die nicht direkt sichtbar oder wahrnehmbar sind. Der griechische Philosoph Anaximander war im 6. Jahrhundert v. Chr. einer der Vorreiter dieser Technik, indem er eine Art Urstoff postulierte und ihn «apeiron» nannte. Rund hundert Jahre später gingen Leukipp und Demokrit noch weiter und argumentierten, dass alle materiellen Dinge sich in Teilchen – Atome – spalten lassen, die zu winzig für das menschliche Auge sind. Wie feinkörnig genau ist also der Stoff, aus dem die Wirklichkeit besteht? Im 17. Jahrhundert hofften einige, dass das Mikroskop dieses Korn enthüllen würde, indem es – wie der Arzt Henry Power es formulierte – «die Sonnenatome des Lichts [und] die federnden Partikel der Luft» offenlegte. Er rechnete jedoch nicht damit, wie klein diese angenommenen Atome wirklich waren, und erst im 20. Jahrhundert erreichten experimentelle Methoden die erforderliche außerordentliche Schärfe, um sie sichtbar zu machen – und sie schließlich sogar einzeln zu beeinflussen.

22

Erste Studien mit dem Mikroskop (1625–1665)

Wie sieht die Welt ganz aus der Nähe aus?

Vergrößerungsgläser haben eine lange Geschichte. Sie werden im 11. Jahrhundert von dem arabischen Gelehrten Abū ʿAlī al-Hasan bin al-Haitam (Alhazen, siehe Seite 137) beschrieben, und der Franziskanermönch Roger Bacon – häufig (wenn auch unsinnigerweise) als erster experimenteller Wissenschaftler bezeichnet – fragte sich 1266, ob die Fähigkeit der Linse, Gegenstände größer aussehen zu lassen, älteren Menschen mit schwachen Augen helfen könnte. Offenbar wurde diese Idee bald darauf in die Praxis umgesetzt; 1306 kommentierte ein Florentiner Geistlicher: «Es ist noch keine zwanzig Jahre her, seit die Kunst der Augenglasherstellung erfunden wurde.» Zu jener Zeit bestanden die besten Linsen aus Quarz, doch im 14. Jahrhundert entwickelten sich die Fertigkeiten von Glasmachern und Linsenschleifern so weit, dass sie sich durch billigere Glaslinsen ersetzen ließen.

Mit der Unterstützung von Vergrößerungsgläsern, schrieb Bacon, können wir «die kleinsten Teilchen Staub und Sand beziffern». Doch es dauerte noch mehr als dreihundert weitere Jahre, bis das methodische Studium der mikroskopischen Welt in Schwung kam. Wieso diese Verzögerung, wo es doch die meisten Materialien und Techniken der ersten Mikroskopisten schon im Mittelalter gab? Vielleicht ergibt sich die Antwort zum Teil aus der Tatsache, dass davor niemand glaubte, dass es dort etwas zu entdecken gab. Warum sollte Gott etwas erschaffen, das zu klein für das menschliche Auge war?

Das erste Mikroskop wird häufig dem niederländischen Brillenhersteller Hans Janssen aus Middelburg und seinem Sohn Zacharias um 1590 zugeschrieben. Laut einer Beschreibung von 1650 durch den Diplomaten William Boreel, der die Familie Janssen kannte, war ihr Mikroskop ein unhandliches Gerät: eine etwa 75 Zentimeter lange Röhre, die senkrecht in einem Messingstativ gehalten wurde und an jedem Ende eine Linse besaß – eine Version des bekannten Doppellinseninstruments, das heute in Schulen Verwendung findet, die offenbar für eine 3- bis 9-fache Vergrößerung sorgte. Ein von den Janssens hergestelltes und auf 1595 datiertes Gerät war jedoch besser transportabel: ein Handgerät mit Röhren, die sich ineinanderschieben ließen. Anderen Quellen zufolge wurde die Erfindung um dieselbe Zeit von Hans Lippershey gemacht, ebenfalls aus Middelburg, dem auch die Erfindung des Teleskops zugeschrieben wird – eine Idee, die Galilei sofort kopierte. Auf jeden Fall scheint auch Galilei in den 1620er-Jahren in den Besitz eines Mikroskops gelangt zu sein. 1624 schrieb er seinem reichen jungen Gönner Federico Cesi: «Mit unendlicher Bewunderung habe ich viele winzige Tierchen beobachtet, unter denen der Floh am allerschrecklichsten ist, die Stechmücke und die Motte hingegen sind wunderschön.» 1625 veröffentlichte Galileis Kollege Francesco Stelluti in dem exklusiven kleinen Experimentierclub in Italien einen Text über Bienen mit einem herrlichen Stich der Einzelteile dieser Insekten, die er unter dem *microscopio* untersucht hatte.

Dieses 92 Zentimeter langes Teleskop stellte Galilei von Ende 1609 bis Anfang 1610 aus Holz und Leder her. Museo Galileo, Florenz, Italien.

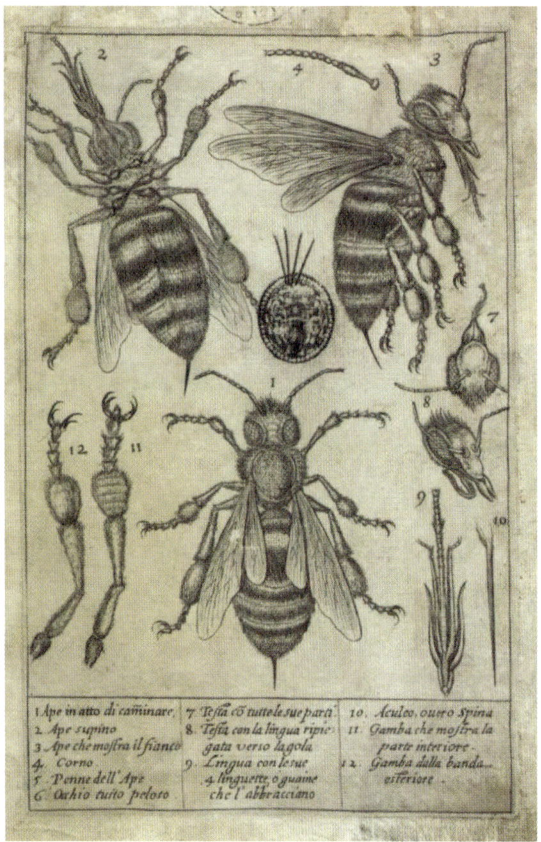

Vergrößerte Illustration von Bienen. Aus: Francesco Stelluti: *Apiarium*, Rom: 1625, Museo Galileo, Florenz, Italien.

Dennoch taten die Naturphilosophen in den nächsten Jahrzehnten kaum mehr, als mit dem Mikroskop herumzuspielen. Das Buch *Experimental Philosophy* («Experimentelle Philosophie») des englischen Arztes Henry Power machte das Instrument 1664 einer breiteren Öffentlichkeit bekannt, was die Neugierigen und Wohlhabenden (darunter auch der Tagebuchautor Samuel Pepys) dazu brachte, für eine beträchtliche Summe eines bei einem der Instrumentenmacher zu kaufen, die nur allzu gern Profit aus der neuen Mode schlugen.

Doch es war das im folgenden Jahr veröffentlichte Buch *Micrographia* von Robert Hooke, das alles veränderte. In gewissem Sinn sind Hookes Beobachtungen kaum Experimente zu nennen: Er betrachtete einfach eine Menge verschiedener Objekte durch die Geräte, die der Londoner Instrumentenmacher Christopher Cock für ihn hergestellt hatte, der mithilfe einer wassergefüllten Kugel das Licht einer Lampe auf den Untersuchungsgegenstand lenkte. Hooke präsentierte seine Studien jedoch als aufregende Reise in einen Mikrokosmos voll unvorstellbarer Wunder: «neue Welten und Terrae Incognitae zu unserer Ansicht», wie er es nannte. Neugierige Experimentatoren, erklärte Hooke, nutzten die Linsen des Mikroskops nicht nur, um Dinge genauer zu betrachten; sie bekamen so auch vollkommen neuartige Einblicke, wie die Natur funktioniert. Sie machten wissenschaftliche Entdeckungen. *Micrographia* belegte das mit verblüffender Überzeugungskraft. Auf großformatigen Seiten, einige gar noch weiter entfaltbar, präsentierte Hooke atemberaubende eigenhändige Zeichnungen seiner Beobachtungen. Auf einer Seite fantastische Landschaften aus Schimmel, auf den nächsten die Spitze einer Nadel in all ihrer zerkratzten Unvollkommenheit, der Schuppenpanzer eines riesigen Flohs und die facettenreichen Augen einer Fliege, in deren halbkugelförmigen Facetten Hooke jeweils (ein wenig unwahrscheinlich) das Spiegelbild eines Baums vor seinem Fenster ausmachen zu können behauptete. In

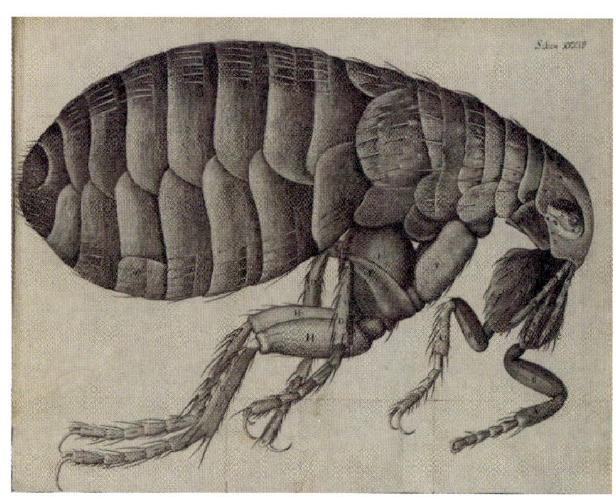

Kupferstich eines Flohs. Aus: Robert Hooke: *Micrographia*, London: gedruckt von J. Martyn und J. Allestry, 1665, Tafel XXXIV, Wellcome Collection, London.

ROBERT HOOKE | 1635–1703

Robert Hooke von der Isle of Wight war eine Schlüsselfigur in der frühen Royal Society, die 1650 in London von einer Gruppe von Männern gegründet wurde, die sich für die neue «experimentelle Philosophie» begeisterten. Hooke war wegen seines Geschicks beim Entwickeln und Durchführen von Experimenten für die «Demonstrationen» bei den Versammlungen der Society zuständig. Seine Interessen waren breit gefächert, von Astronomie über Optik und Mechanik bis zur Architektur – zusammen mit Christopher Wren entwarf er einen Plan für den Wiederaufbau Londons nach dem Großen Brand von 1666. Sein gelegentlich aufbrausendes Wesen brachte ihm Isaac Newtons Feindschaft ein, der (vielleicht auch falschen) Gerüchten zufolge dafür gesorgt haben soll, dass nach Hookes Tod kein Porträt von ihm mehr in der Royal Society hing. Zumindest ist keines bekannt.

Siehe auch: Experiment 31: Die Camera obscura, frühes 11. Jahrhundert (Seite 137); Experiment 41: Beobachtungen von Mikroben unter dem Mikroskop, 1670er-Jahre (Seite 170).

Robert Hookes zusammengesetztes Mikroskop und sein Beleuchtungssystem, 1665–1675, Science Museum, London.

dieser Komplexität der Natur erkannte Hooke ebenso theologische wie wissenschaftliche Implikationen. «In jeder dieser Perlen könnte ein ebenso wundersamer Einfallsreichtum liegen wie im Auge eines Wals oder Elefanten, und das *Fiat* des Allmächtigen könnte die Existenz des einen mit ebensolcher Leichtigkeit bewirken wie die des anderen.» Oder wie er es in Gedichtform goss: «God is greatest in the least of things/ And in the smallest print we gather hence/The World may Best reade his omnipotence.» Nichts, so schien es, war so klein und unbedeutend, dass es nicht eine Untersuchung unter dem Mikroskop wert gewesen wäre, und in seinen unsichtbar kleinen Details konnten die Forschenden hoffen, die Mechanismen der Natur zu erkennen.

FRANCESCO STELLUTI 1577–1652

Der heute kaum noch bekannte Francesco Stelluti war der Inbegriff des Renaissance-Menschen. Der ausgebildete Anwalt leistete Beiträge zur Literaturwissenschaft, Kartografie, Mathematik und Naturwissenschaft. Mit seinem adligen Gönner Federico Cesi und zwei anderen ähnlich gesinnten Kollegen gründete er 1603 die *Accademia dei Lincei,* die sich dem genauen Studium der Natur verschrieb – der Name spielt auf die legendäre Sehkraft des Luchses an. 1611 rekrutierte die kleine «Akademie» ein neues Mitglied: Galileo Galilei.

Verstehen der Brownschen Bewegung (1908)

Können wir beweisen, dass es Atome gibt, auch wenn sie zu klein für das menschliche Auge sind?

1828 berichtete der angesehene englische Botaniker Robert Brown, dass im Wasser schwebende winzige Partikel, durch ein Mikroskop betrachtet, frenetisch und unaufhörlich zu tanzen schienen. Er nannte sie (etwas irreführend, wie andere bald anmerkten) «aktive Moleküle». In gewisser Hinsicht war das nichts Neues. Wie Brown zugab, hatten mikroskopische Beobachtungen, die bis zu Antoni van Leeuwenhoek im 17. Jahrhundert zurückgingen, von bloßem Auge unsichtbare winzige Gebilde gezeigt, die im Wasser schwimmen. Doch Browns Resultate zeigten, dass diese Bewegung nichts mit Leben zu tun haben konnte – denn er sah sie nicht nur bei Pollenkörnern, sondern auch in Flecken nicht lebendiger Materie wie gemahlenem Fensterglas und bizarrerweise sogar in den staubigen Trümmern eines Stücks der altägyptischen Sphinx.

Welche physikalischen Kräfte konnten hinter dieser Bewegung stecken, die später als «Brownsche Bewegung» bekannt wurde? Wurde sie vielleicht durch elektrische Abstoßung zwischen Partikeln verursacht oder war sie eine Auswirkung der Oberflächenspannung? Eine führende These besagte, dass die Brownsche Bewegung aus der Erregung durch Wärme entstand, wie es auch die Theorien von James Clerk Maxwell und Ludwig Boltzmann in der zweiten Hälfte des Jahrhunderts implizierten. Ihrer «kinetischen Theorie» der Gase zufolge zittern alle Moleküle in Gasen (und Flüssigkeiten) ständig wegen ihrer Wärmeenergie – und Wärme war tatsächlich nur das Ergebnis von Molekülbewegungen.

Jedoch war nicht einmal die Existenz von Atomen und Molekülen allgemein anerkannt. Da es keinen direkten Nachweis für sie gab, beharrten einige Forschende darauf, dass die «Atomhypothese» als genau das betrachtet werden musste: eine zweckmäßige, aber nicht unbedingt wahre Vorstellung. Zu denjenigen, die an die Existenz von Atomen und Molekülen glaubten, gehörte auch Albert Einstein, und 1905 veröffentlichte er einen Aufsatz, in dem er argumentierte, dass dies die Brownsche Bewegung erklären könnte. Einstein nahm an, dass das Zittern von Schwebeteilchen durch den Zusammenstoß mit unzähligen Molekülen in der umgebenden Flüssigkeit verursacht wurde. Winzige zufällige Missverhältnisse in der Anzahl von Zusammenstößen auf verschiedenen Seiten eines Partikels könnten ausreichen, um es willkürlich in die eine oder andere Richtung zu stoßen, sodass es einem mäandernden, unberechenbaren Pfad durch die Flüssigkeit folgte. Einstein berechnete, was dies für das Wesen der Brownschen Bewegung bedeuten würde. Er zeigte, dass die durchschnittliche Entfernung, die ein solches Partikel über eine bestimmte Zeit von seiner ursprünglichen Position zurücklegte, von der Quadratwurzel dieser Zeitspanne abhing. Dies war nun eine Vorhersage, die sich experimentell überprüfen ließ – etwas, das den Forschenden in den fast achtzig Jahren seit Browns Beobachtungen gefehlt hatte. Wie der Wissenschaftshistoriker Stephen Brush sagte: «Drei Viertel eines Jahrhunderts voller Experimente brachten so gut wie keine nutzbringenden Ergebnisse hervor, nur weil kein Theoretiker [vor Einstein] den Experimentatoren gesagt hatte, welche Größe sie messen sollten!»

Nachdem er Einsteins Arbeit gelesen hatte, veröffentlichte der polnische Mathematiker Marian von Smoluchowski im folgenden Jahr einen Aufsatz, in dem er schrieb, dass Einsteins Ergebnisse «absolut mit denen übereinstimmen, zu denen ich vor einigen Jahren durch einen ganz anderen Gedankengang gekommen bin» – einen «direkteren, einfacheren und überzeugenderen», wie er sich nicht verkneifen konnte hinzuzufügen. Das war nicht nur reine Missgunst; Smoluchowski hatte nicht ganz unrecht mit der Andeutung, dass Einsteins Argumentation ein wenig nebulös war. Doch es war Einsteins Arbeit, die den französischen physikalischen Chemiker Jean-Baptiste Perrin dazu veranlasste, Messungen der Brownschen Bewegung vorzunehmen,

Clarkia pulchella, deren Pollen die Grundlage für die Entdeckung der Brownschen Bewegung bildete. Aus: Frederick Pursh: *Flora Americae Septentrionalis* ... London: gedruckt für White, Cochrane and Co., 1814, Bd. 1, Tafel II, Missouri Botanical Garden.

die die Existenz von Atomen und Molekülen (in Frankreich zu jener Zeit eine Minderheitenmeinung) beweisen könnten. Einsteins Aufsatz lieferte Perrin, wonach er gesucht hatte: in seinen eigenen Worten «ein entscheidendes Experiment, das durch die Annäherung an die Molekularebene eine solide experimentelle Grundlage bereitstellen könnte, um die kinetischen Theorien anzugreifen oder zu verteidigen» – und ihre Grundannahme der Realität von Molekülen.

Perrin war Spezialist für Kolloidchemie – grob gesagt die Wissenschaft der kleinen schwebenden Partikel – an der Sorbonne in Paris. Mit Unterstützung seines Studenten M. Dabrowski entwickelte er 1908 eine Methode, die Bewegung einzelner Kolloidpartikel wie etwa winzigen Tröpfchen Mastix, eines klebrigen Harzes, das sich aus der Rinde bestimmter Bäume gewinnen ließ. Dazu klemmte er eine sehr dünne Glasplatte mit einem Loch darin zwischen zwei Objektträ-

JEAN-BAPTISTE PERRIN 1870–1942

Wie viele Physiker im späten 19. Jahrhundert zog es Jean-Baptiste Perrin zunächst zur Erforschung von Kathodenstrahlen und X-Strahlen. Nach seinen Studien der Brownschen Bewegung zu Beginn des 20. Jahrhunderts studierte er Kernchemie und stellte 1919 die korrekte These auf, dass Sterne ihre Energie durch die Fusion von Wasserstoffatomen beziehen. In den 1930er-Jahren reichte er eine Petition bei der französischen Regierung ein, ein Programm für die Finanzierung und Unterstützung wissenschaftlicher Forschung aufzusetzen. Daraus wurde das Centre National de la Recherche Scientifique (CNRS), bis heute Frankreichs wichtigste staatliche Forschungsorganisation.

Siehe auch: Experiment 11: Der Ursprung der Wärme, 1847 (Seite 52); Experiment 26: Erfindung des Rastertunnelmikroskops und Bewegen einzelner Atome, 1981–1982/1989 (Seite 116).

ger und schuf damit einen zylindrischen Hohlraum, in dem sich die Tröpfchen unter einem Mikroskop einzeln beobachten ließen. Perrin gravierte Planquadrate in den Objektträger, um die Partikelbewegungen verfolgen zu können, und projizierte das Mikroskopbild mithilfe einer sogenannten Camera lucida auf ein Blatt weißes Papier, auf dem er oder Dabrowski die Positionen der Tröpfchen in regelmäßigen Abständen einzeichnen konnten. Andere Forschende versuchten sich an ähnlichen Untersuchungen mithilfe fotografischer Techniken, die manche für objektiver und damit zuverlässiger hielten. Doch die fotografische Emulsion war nicht immer empfindlich genug, um ein helles Flüssigkeitströpfchen vor einem hellen Hintergrund abzubilden – das Auge, so Perrin, war da verlässlicher. Mit einer Zentrifuge trennte er Partikel unterschiedlicher Größe voneinander, sodass er seine Experimente mit Partikeln gleicher Größe durchführen konnte, die üblicherweise etwa 0,1 Tausendstel Millimeter betrug.

Es erforderte eine immense Geduld und Sorgfalt, um die Bahnen einzelner Partikel über viele Minuten zu verfolgen und festzuhalten. Perrin war kein offensichtlicher Kandidat für eine solche Arbeit – der französische Wissenschaftler Louis de Broglie beschrieb ihn später als «recht zerstreut und von eher impulsivem Wesen, sodass man ihn kaum geeignet gehalten hätte für eine Aufgabe, die so viel Aufmerksamkeit und Beharrlichkeit erforderte». Wie dem auch gewesen sein mag, Perrin hielt durch und veröffentlichte 1909 die Ergebnisse seiner Studien in einem Buch mit dem Titel «Die Brownsche Bewegung und die wahre Existenz der Moleküle». Hier stellte er die unsteten Zickzackpfade vor, die er bei seinen Partikeln beobachtet hatte, und bestätigte, dass ihre Bewegung zu Einsteins Quadratwurzelregel für die Beziehung zwischen Fortbewegung und Zeit passte. «Meiner Überzeugung nach», schrieb er, «wird es fortan schwierig sein, Molekülhypothesen gegenüber mit rationalen Argumenten eine ablehnende Haltung zu begründen.» Einstein war erfreut und gab Perrin gegenüber zu: «Ich hätte eine solche präzise Untersuchung der Brownschen Bewegung für unmöglich durchführbar gehalten.»

Die meisten anderen Forschenden waren überzeugt: «Nach [dieser Veröffentlichung]», schrieb der renommierte schwedische Chemiker Svante Arrhenius 1911, «scheint es unmöglich zu bezweifeln, dass die Molekültheorie der antiken Philosophen Leukipp und Demokrit der Wahrheit entsprach, wenigstens in ihren Grundzügen.» Perrins Ergebnisse überzeugten sogar den deutschen physikalischen Chemiker Wilhelm Oswald, der dem Atomismus jahrelang skeptisch gegenübergestanden hatte. 1926 bekam Perrin den Nobelpreis in Physik für seinen Nachweis, dass Moleküle tatsächlich existieren.

Mikroskopische Beobachtungen von Schwebeteilchen in Wasser (links: gelbes Pigment (Gummigutta), rechts: Mastix, das Harz des immergrünen Baums *Pistacia lentiscus*). Aus: Jean Perrin: *Brownian Movement and Molecular Reality,* London: Taylor and Francis, 1910, Snell Library, Northeastern University, Boston, Massachusetts.

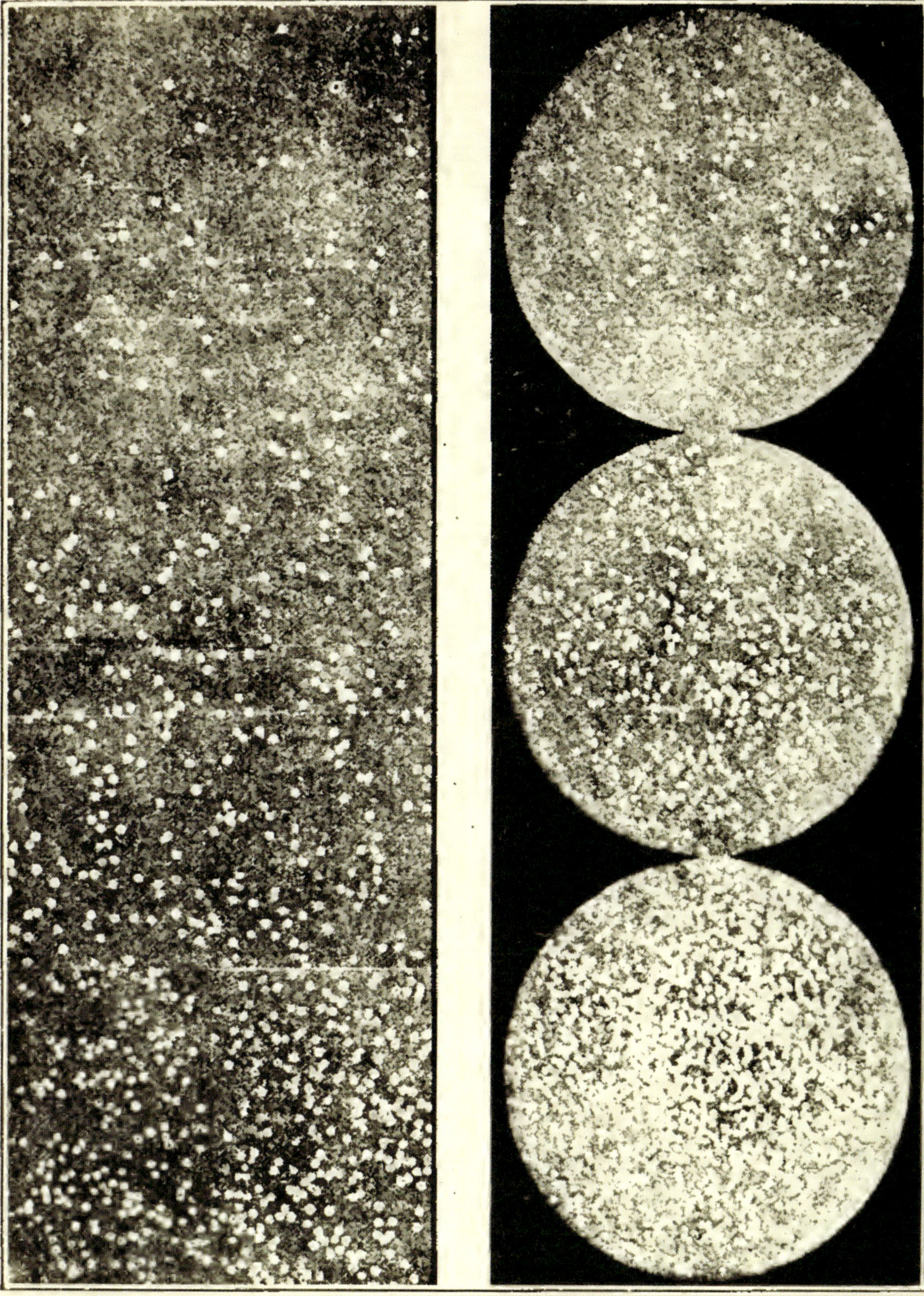

24

Die Natur der Alphateilchen und die Entdeckung des Atomkerns (1908–1909)

Was sind Alphateilchen, die beim radioaktiven Zerfall abgegeben werden? Wie sieht die innere Struktur von Atomen aus?

Kein Mensch illustriert besser, wie die Wissenschaft durch geniale, gut geplante Experimente vorankommt, als der in Neuseeland geborene Physiker Ernest Rutherford. Er war eine Naturgewalt: Bar jeder Geziertheit, was seine Kollegen seiner neuseeländischen Erziehung zuschrieben, marschierte er gern in seinem Labor herum und sang dabei (schief) «Onward Christian Soldiers» – ein echter «Stammeshäuptling», wie einer seiner Studenten bemerkte. «Er sah überhaupt nicht aus wie ein Intellektueller», schrieb der Wissenschaftler und Romanautor C. P. Snow. «Aber niemand hätte mehr Freude zeigen können, entweder über seine kreative Arbeit oder über die Ehrungen, die sie ihm brachten. Er arbeitete hart, aber mit großem Genuss.»

Es ist kaum zu glauben, mit welchen primitiven Mitteln Rutherford im frühen 20. Jahrhundert die innersten Geheimnisse des Atoms erforschte. Bekanntermaßen hatte er keine Zeit für ausgeklügelte und teure Geräte und hielt sich lieber an die Philosophie, die dem Cavendish Laboratory in Cambridge zugeschrieben wurde, wo er in den 1920er- und 1930er-Jahren arbeitete und wo man mit «Siegelwachs und Bindfaden» improvisierte. Mit derart einfachen Mitteln machte Rutherford deutlich, was die Radioaktivität der Curies eigentlich war, leitete die Struktur des Atoms ab und berichtete 1919 vom ersten künstlich herbeige-

Ernest Rutherford (rechts) und Hans Geiger mit ihrer Apparatur zum Zählen von Alphateilchen, 1912, Science Museum, London.

führten radioaktiven Zerfall; im damaligen Sprachgebrauch die «Atomspaltung». Seine Arbeit brachte ihm 1908 den Nobelpreis ein, und er wird noch heute mit dem Namen des künstlichen superschweren chemischen Elements Rutherfordium geehrt.

In den späten 1890er-Jahren kam Rutherford zu dem Schluss, dass es von den «Strahlen», die radioaktive Elemente wie Uran abgaben, mindestens zwei Arten gab. Aluminiumfolie blockierte einen Teil der Uranstrahlung, hatte aber keinen Einfluss auf den verbleibenden Teil. Er nannte die leichter absorbierbaren Strahlen «Alphastrahlung» und die durchdringenderen «Betastrahlung». Eine dritte, noch durchdringendere Form wurde später entdeckt: die Gammastrahlung. Woraus bestanden diese Strahlen? Rutherford machte sich daran, die Alphastrahlen zu untersuchen, und zeigte zwischen 1900 und 1903 in Zusammenarbeit mit dem Chemiker Frederick Soddy an der McGill University, dass sie durch elektrische Felder abgelenkt wurden. Das deutete darauf hin, dass es sich um elektrisch geladene Partikel etwa von der Masse eines Wasserstoff-Atoms handelte. Mit anderen Worten, wenn ein Atom zerfiel und dabei Alphastrahlung abgab, verlor es einen Teil seiner Masse, was es zu einem vollkommen anderen Atom machte. 1902 stellte Rutherford daher die These auf, dass der radioaktive Zerfall die Umwandlung eines Elements in ein anderes verursachte.

Rutherford und Soddy konnten Ladung und Masse der Alphateilchen nicht bestimmen, sondern nur ihr Verhältnis. Das deutete auf zwei Möglichkeiten hin: Entweder besaßen die Partikel eine Ladung, die der entgegengesetzten eines einzelnen (negativ geladenen) Elektrons entsprach, und die zweifache Masse eines Wasserstoff-Atoms oder die doppelte Ladung eines Elektrons und die vierfache Masse von Wasserstoff, also dieselbe Masse wie ein Helium-Atom. Rutherford tippte auf Letzteres, und als er McGill 1907 verließ, um an der Manchester University in England zu arbeiten, stellte er diese Hypothese auf den Prüfstand.

Hans Geiger, der bei Rutherford in Manchester studierte, entwickelte ein Instrument zur Detektierung einzelner Alphateilchen. Mit diesem Gerät konnten Rutherford und Geiger 1908 messen, wie viel Ladung eine gegebene Anzahl an Alphateilchen trug, und daraus ihre absolute Ladung ableiten – die tatsächlich doppelt so groß war wie die Ladung eines Elektrons.

«Ein Alphateilchen», verkündeten sie, «ist ein Helium-Atom» (genauer gesagt ein positiv geladenes Helium-Atom oder Ion). Dennoch machte sich Rutherford im Anschluss daran, in einem Experiment von unerreichter Eleganz den endgültigen Beweis zu erlangen. Wenn Alphateilchen tatsächlich im Wesentlichen Helium-Ionen waren, müsste ihre Anhäufung eine kleine Menge Heliumgas erzeugen – das sich über die charakteristische Wellenlänge des von ihm ausgesendeten Lichts bei Anregung durch einen hindurchgeleiteten elektrischen Strom identifizieren ließe.

Das Experiment war typisch für Rutherford: ein einfacher Aufbau, gepaart mit einem unwiderlegbaren Ergebnis. Er beauftragte einen örtlichen Glasbläser mit der Herstellung eines kleinen Glasröhrchens mit so dünnen Wänden, dass Alphateilchen aus einer radioaktiven Quelle (Radium) im Röhrchen ungehindert hindurchkamen. Dieses Röhrchen wurde in ein größeres, stabileres eingeschlossen, sodass die Alphateilchen sich, sofern die Hypothese stimmte, in der äußeren Röhre in Form von gasförmigem Helium sammeln würden. Eine elektrische Entladung am oberen Ende der Röhre sollte dann das Helium zu seinem charakteristischen Leuchten anregen. Zusammen mit seinem Studenten Thomas Royds gelang Rutherford 1908 der Nachweis. In seiner Nobelvorlesung im

Schematische Darstellung des berühmten Goldfolien-Experiments von Ernest Rutherford, mit dem er zu dem Schluss kam, dass Atome sehr dichte Kerne haben, viel kleiner als die Atome selbst und von Elektronen umgeben.

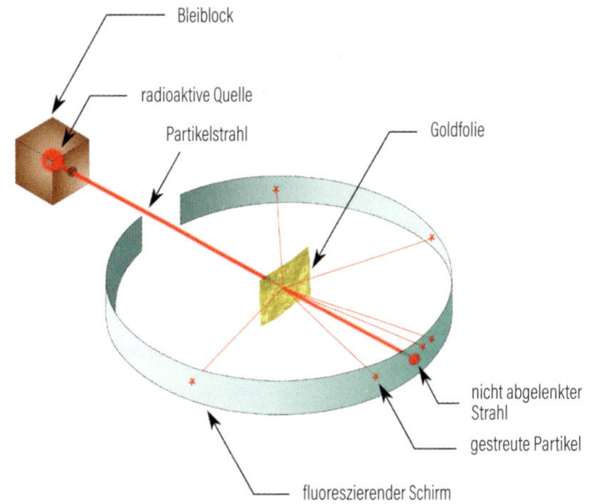

ERNEST RUTHERFORD 1871–1937

Niemand trug mehr zum Verständnis der Atomstruktur und dem Beginn des Atomzeitalters bei als Ernest Rutherford. 1895 kam er nach England, um unter J. J. Thomson im Cavendish Laboratory in Cambridge zu arbeiten. Später studierte er an der McGill University in Kanada und an der Manchester University in England, bevor er 1919 Direktor des Cavendish Laboratory wurde. Unter seiner Leitung wurden dort das Neutron entdeckt und der Teilchenbeschleuniger entwickelt. Nach einer Karriere, in der er auf einen Nobelpreis, den Vorsitz über die Royal Society und einen Ritterschlag zurückblicken konnte, wurde er neben Isaac Newton und Charles Darwin in Westminster Abbey beigesetzt.

Siehe auch: Experiment 25: Bestimmung der Ladung eines Elektrons, 1909–1913 (Seite 112); Experiment 27: Die Nebelkammer, 1894–1911 (Seite 121).

selben Jahr spekulierte er, dass «andere Elemente teilweise aus Helium aufgebaut sein könnten».

Aber wie aufgebaut? Wie waren die Elementarteilchen im Inneren von Atomen angeordnet? Rutherford erkannte, dass er mit seinen Untersuchungen nicht nur das Wesen von Alphateilchen erkunden, sondern sie auch als eine Art Sonde für die Untersuchung von Atomen nutzen konnte. Alphateilchen werden unter Freisetzung erheblicher Energie abgegeben, und Rutherford dachte, wenn er sie wie Geschosse auf andere Atome abfeuerte, könnte er aus der Art, wie sie sich verteilten, darauf schließen, wie es im Inneren der Atome aussieht. 1909 beschoss Rutherford mit Geiger und seinem Kommilitonen Ernest Marsden in Manchester dünne Folien aus Metallen wie Aluminium, Silber und Gold mit Alphateilchen und hielt fest, wie sie gestreut wurden. Sie fanden heraus, dass die meisten Partikel die Folie geradewegs durchdrangen, was darauf hindeutete, dass Atome nicht einfach dichte Kügelchen waren, sondern eine zartere Struktur besaßen, die vielleicht überwiegend aus leerem Raum bestand. Gelegentlich wurden die Partikelgeschosse leicht abgelenkt, wenn sie von den Atomen in der Folie abprallten.

Aus einer Intuition heraus schlug Rutherford seinen Studenten vor, nach Teilchen zu suchen, die in gerader Linie von der Folie zurückgeworfen wurden. Das schien unwahrscheinlich; es war zu erwarten, dass die energiereichen Partikel das ultradünne Metall einfach durchschlagen würden. Doch zu ihrer Verwunderung stellten Geiger und Marsden fest, dass einige Alphateilchen tatsächlich in gerader Linie wieder abprallten. In Rutherfords Worten war es, «als hätte man mit einer Granate auf ein Papiertaschentuch geschossen, und sie prallt ab und trifft einen. […] [Das war] das unglaublichste Ereignis, das mir in meinem Leben je passiert ist.» Rutherford überlegte, dass das nur passieren konnte, wenn fast die gesamte Masse eines Atoms sich in einem unglaublich dichten, positiv geladenen Kern in seinem Zentrum konzentriert, der von leerem Raum umgeben ist, in dem ihn die negativ geladenen Elektronen umkreisen. Dieses «Kernmodell» des Atoms ähnelte dem, das der japanische Physiker Hantaro Nagaoka 1903 vorgestellt hatte. Die Konsequenz daraus war, dass ein radioaktives Atom, wenn es beim Zerfall ein Alphateilchen abgab, einen Teil seines Kerns verlor.

Die Idee warf – wie die meisten guten Ideen in der Wissenschaft – ebenso viele Fragen auf, wie sie beantwortete. Was zum Beispiel hielt ein negativ geladenes Elektron in seiner Umlaufbahn um einen positiven Kern, statt es wegen der elektrischen Anziehung zwischen den beiden in einer spiralförmigen Bewegung nach innen zu ziehen? Eine mögliche Antwort darauf gab 1912 der dänische Physiker Niels Bohr auf der Grundlage von Einsteins These von 1905, dass Energien auf der atomaren Ebene «gequantelt» werden: Sie können nur bestimmte Werte annehmen, wie die Sprossen einer Leiter. Rutherfords Atom läutete nicht nur den Beginn des Atomzeitalters ein, sondern auch eine Schlüsselphase der Quantenrevolution in der Physik.

Ernest Rutherfords Notizen über das «Sonnensystem»-Modell des Atoms, um 1908, Cavendish Laboratory, Cambridge.

Theory of structure of atoms

Suppose atom consists of + charge ne at centre & − charge as electrons distributed throughout sphere of radius b.

Force at P on electron $= Ne^2\left\{\frac{1}{r^2} - \frac{r^3}{b^3}\cdot\frac{1}{r^2}\right\}$

$$= Ne^2\left\{\frac{1}{r^2} - \frac{r}{b^3}\right\}$$

Suppose charged particle e mass m moves through atom so that deflection is small but ⊥ distance from centre $= a$

Deflecting force ⊥ direction of motion at P

$$= Ne^2\left\{\frac{1}{r^2} - \frac{r}{b^3}\right\}\cos\theta$$

∴ accel ⊥ direction of motion $= d\alpha = \frac{Ne^2}{m}\left\{\frac{1}{r^2} - \frac{r}{b^3}\right\}\frac{a}{r}$

∴ Velocity u acquired in passing through atom ⊥ direction

$$u = \int d\alpha \cdot dt = \int d\alpha \cdot \frac{ds}{V}$$

$$= \frac{Ne^2}{mV}\int\left(\frac{1}{r^2} - \frac{r}{b^3}\right)\frac{a}{r}\cdot\frac{r\,dr}{\sqrt{r^2-a^2}}$$

$$= \frac{2Ne^2}{mV}\int a\left\{\frac{1}{r^2} - \frac{r}{b^3}\right\}\frac{dr}{\sqrt{r^2-a^2}}$$

$r = \frac{a}{\cos\theta}$

$$= \frac{2Ne^2}{mV}\int\left(\frac{\cos^2\theta}{a} - \frac{a^2}{b^3\cos\theta}\right)\frac{a\sin\theta\,d\theta}{\cos^2\theta \cdot a}\cos\theta$$

25

Bestimmung der Ladung eines Elektrons (1909–1913)

Was ist die kleinste Einheit der elektrischen Ladung?

1897 entdeckte Joseph John («J. J.») Thomson im Cavendish Laboratory an der University of Cambridge das erste subatomare Teilchen: das leichte Elektron, von dem man erst später herausfand, dass es den dichten Atomkern umkreist. Es war bereits bekannt, dass die geheimnisvollen «Kathodenstrahlen», die Metallelektroden abgaben, durch magnetische Felder gebeugt werden konnten; dies deutete darauf hin, dass sie aus Partikeln mit negativer elektrischer Ladung bestanden, die man «Elektronen» taufte. Indem er die Ablenkung von Kathodenstrahlen durch elektrische Felder bestimmte, leitete Thomson das Verhältnis der Ladung des Elektrons (bezeichnet mit *e*) zu seiner Masse ab.

Die Vorstellung, dass elektrische Ladung «körnig» ist, schien die intuitive Ahnung des amerikanischen Wissenschaftlers Benjamin Franklin im 18. Jahrhundert zu bestätigen, dass Elektrizität kein gleichmäßiges Fluid ist, sondern aus winzigen Teilchen besteht. Doch wie groß ist nun die Ladung eines Elektrons? Können wir überhaupt sicher sein, dass sie für jedes Elektron gleich groß ist? Thomson suchte nach der Antwort auf diese Frage, indem er *e* selbst bestimmte. Er nutzte dafür ein Phänomen, das in den 1890er-Jahren von dem schottischen Physiker Charles Wilson entdeckt worden war: Gehen energiereiche Strahlen durch eine mit Wasserdampf gesättigte Kammer, kann dies zur Ionisierung der Moleküle führen. Dadurch erhalten diese eine Ladung und vereinigen sich zu Wassertröpfchen. Thomson wollte nun mithilfe einer radioaktiven Quelle Ionen erzeugen und die Bildung einer winzigen Wolke in einer Kammer anregen. Die Ladung *e* würde sich dann durch Teilen der Gesamtladung der Wolke durch die Anzahl der enthaltenen Tröpfchen bestimmen lassen, unter der Voraussetzung, dass jedes Tröpfchen nur eine Einheit der Elektronenladung trug. Die Anzahl der Tröpfchen ließ sich aus ihrer Größe (abgeleitet von der Sinkgeschwindigkeit der Wolke aufgrund der Schwerkraft gemäß wohlbekannten Prinzipien der Fluidströmung) und dem Gesamtvolumen der Wolke schätzen. Doch diese Methode steckte voller Annahmen und Näherungen. Zum einen war es schwierig, die Oberseite der kleinen Nebelwolke abzumessen, und zum anderen verdampften die Tröpfchen recht schnell.

Der amerikanische Wissenschaftler Robert Millikan an der University of Chicago entschied 1907, dass er schneller als Thomson auf die Lösung kommen konnte. Er änderte Wilsons Methode ab: Statt zu beobachten, wie die Tröpfchenwolke sank, zog er sie mithilfe eines elektrischen Felds nach oben. Wenn die Tröpfchen eine negative Ladung von den Elektronen in der durch Radioaktivität oder X-Strahlen ionisierten Luft aufnahmen, müssten sie in Richtung einer positiv geladenen Platte über ihnen aufsteigen. Das taten sie auch tatsächlich – allerdings so schnell, dass sie fast sofort fortgetrieben wurden. Millikan bemerkte jedoch, dass einige einsame Tröpfchen in der Kammer verblieben. Vermutlich besaßen sie genau das richtige Verhältnis von Ladung zu Masse, damit der Aufwärtszug des elektrischen Feldes nahezu perfekt den Abwärtszug der Schwerkraft ausglich. Millikan erkannte, dass er sich anstelle schwieriger Messungen der Bewegung einer ganzen Wolke buchstäblich auf einzelne Tröpfchen konzentrieren konnte. Diese hatten typischerweise einen Durchmesser von nur wenigen Tausendstel Millimetern, ließen sich jedoch mithilfe einer Mikroskoplinse im Sichtfenster der Nebelkammer beobachten.

Millikan entwickelte eine Apparatur, in der geladene Wassertröpfchen aus einem Nebel durch ein kleines Loch in die Kammer fielen, wo ihre Position im Fadenkreuz eines Mikroskops verfolgt werden konnte. Zunächst ließ man die Tröpfchen unter normalen Schwerkraftbedingungen fallen; aus ihrer Geschwindigkeit ließ sich dann ihr Durchmesser berechnen. (Der Durchmesser ließ sich nicht einfach über das Mikroskop bestimmen, weil die Tropfen so klein waren, dass ihre Ränder aufgrund von Lichtinterferenzen unscharf

Robert Millikans Apparatur für sein Öltropfen-Experiment zur Bestimmung der elektrischen Ladung eines einzelnen Elektrons, 1909, mit freundlicher Genehmigung der Caltech Archives, California Institute of Technology, Pasadena.

blieben.) Dann wurde das elektrische Feld eingeschaltet, und die Ladung eines Tröpfchens konnte aus seiner Aufstiegsgeschwindigkeit abgeleitet werden.

Die ersten Ergebnisse aus seiner «ausbalancierten Falle» veröffentlichte Millikan 1909, doch sie waren uneindeutig, weil das Wasser rasch verdunstete. Er betraute seinen Studenten Harvey Fletcher mit der Aufgabe, einen besseren Ansatz zu entwickeln, und Fletcher beschloss, das Wasser durch ein nicht flüchtiges Öl zu ersetzen, das zum Schmieren von Uhren verwendet wurde. In der Drogerie kaufte er einen Zerstäuber, wie er für Parfüms verwendet wurde, und erzeugte damit einen feinen Ölnebel, der in die Sichtkammer fiel. Durch fleißiges Üben wurden Millikan und Fletcher bald sehr geschickt darin, Tröpfchen nach Belieben durch Anpassen der Feldstärke zu manipulieren und mit ihrer Empfindlichkeit gegenüber den leichtesten Luftströmungen und dem zufälligen Zittern – der Brownschen Bewegung (siehe Seite 104) – der umgebenden Luftmoleküle umzugehen. Sie «vollführten einen höchst faszinierenden Tanz», wie Fletcher es nannte.

Millikan veröffentlichte seine ersten Öltröpfchen-Messungen 1910 und berichtete, dass die Unterschiede zwischen ihren elektrischen Ladungen offenbar immer nahe an Vielfachen eines Mindestwerts lagen. Dieser Mindestwert, so schloss er, war die Grundladung: die Ladung eines einzelnen Elektrons. Über die folgenden drei Jahre verfeinerte er sein Experiment, und 1913 verkündete er, e habe den Wert $4{,}774 \times 10^{-10}$ elektrostatische Einheiten, damals die Standardeinheit für Ladung. Das ist ein außergewöhnlich kleiner Wert, und es war eine gewaltige Herausforderung zu zeigen, dass die Ladungen der Tröpfchen sich tatsächlich in diesen winzigen einzelnen Schritten veränderten und nicht kontinuierlich, da es bei jeder Messung viele potenzielle Fehlerquellen gab. Millikan achtete darauf, für jedes Tröpfchen mehrere Beobachtungen durchzuführen, sodass er Durchschnittswerte bilden und die Unsicherheiten reduzieren konnte. Dennoch wurden seine Ergebnisse von dem Physiker Felix Ehrenfast in Wien bezweifelt, der behauptete, dass seine eigenen Experimente kleinere Ladungsstufen zeigten – gewissermaßen «Subelektronen».

ROBERT MILLIKAN
1868–1953

Nachdem er seine Fertigkeiten als experimenteller Physiker verfeinert hatte, der kleine Mengen mit großer Genauigkeit messen konnte, machte sich Robert Millikan nach seinen Arbeiten zur Elektronenladung an die Überprüfung von Albert Einsteins Vorhersagen des fotoelektrischen Effekts, einer zentralen empirischen Grundlage der Quantentheorie. Dabei gelang ihm die Messung einer anderen Grundkonstante: der Planck-Konstante, der grundlegenden «Korngröße» der Quantenwelt. Seine spätere Arbeit erklärte das Wesen der kosmischen Strahlung aus dem All.

Siehe auch: Experiment 27: Die Nebelkammer, 1894–1911 (Seite 121); Experiment 36: Der fotoelektrische Effekt, 1899–1902 (Seite 155).

Ehrenfasts Behauptungen wurden jedoch bald widerlegt und Millikans als die Entdeckung einer der «Grundkonstanten» der Natur gefeiert – tatsächlich, wie Millikan selbst behauptete (unter Umständen mit leichter Übertreibung), «wahrscheinlich die grundlegendste und unveränderlichste Größe im Universum». 1923 bekam er für seine Arbeit den Nobelpreis in Physik.

Es scheint, als hätten Anfechtungen wie die von Ehrenfast Millikan etwas in die Defensive gedrängt, und offenbar war er nicht vollkommen ehrlich im Hinblick auf seine Experimente. Zwar schreibt er in seinem Aufsatz von 1913, die Messungen, über die er berichtete, seien «keine ausgewählte Gruppe von Tropfen, sondern repräsentieren alle Tropfen, mit denen das Experiment an 60 aufeinanderfolgenden Tagen durchgeführt wurde», doch eine spätere Untersuchung seiner Laborbücher zeigte, dass das nicht stimmte. Vielmehr hatte Millikan einige seiner Messungen verworfen. Manche warfen Millikan vor, nur die Ergebnisse herausgesucht zu haben, die zu seiner Schlussfolgerung über den Wert von *e* passten, und diejenigen außer Betracht gelassen zu haben, die das nicht taten. Doch offenbar folgte er vielmehr seiner Intuition im Hinblick darauf, welche Messwerte zuverlässig waren. Seine Notizen stecken voller Kommentare wie «wunderschön» oder «perfekt» bei einigen Durchgängen oder alternativ «da stimmt was nicht» bei anderen. Die Kommentare beziehen sich dabei nicht auf die berechneten Werte von *e*, sondern auf die Rohdaten: Sie sind ein Ausdruck der Gefühle Millikans, wenn ein Experiment gut gelaufen war oder einem störenden Einfluss wie einer Luftströmung erlag. Offenbar verwendete Ehrenfast dagegen alle seine Messungen, ohne jegliche Einschätzung ihrer Qualität.

Das mag wie eine gefährliche, ja unethische Methode erscheinen, ein Experiment durchzuführen. Doch tatsächlich spiegelt sie die Realität eines Großteils wissenschaftlichen Experimentierens wider. Wenn man am Rande dessen arbeitet, was sich detektieren oder messen lässt, oder mit einem hochkom-

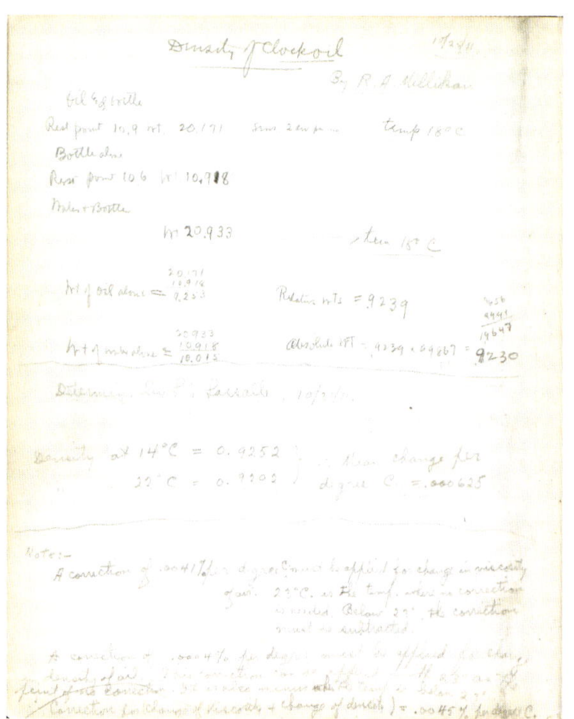
Density of Clock oil
By R. A. Millikan
Density at 14°C = 0.9252
Note:–

«Diversity of Clock Oil.» Aus: Robert Millikan's Oil Drop Experiment Notebooks, Notizbuch 1, Oktober 1911 bis März 1912, mit freundlicher Genehmigung der Caltech Archives, California Institute of Technology, Pasadena.

Robert Millikans Apparatur für das Öltropfen-Experiment (Rekonstruktion von 1969), mit freundlicher Genehmigung der Caltech Archives, California Institute of Technology, Pasadena.

plexen System, gibt es einen großen Spielraum dafür, dass der Vorgang nicht ganz so abläuft, wie er sollte. Experimentatoren entwickeln ein Gefühl für ihre Geräte und kennen ihre Eigenarten und Schwächen. Deshalb lassen sich beispielsweise manche Experimente nur schwer ohne die Anleitung derer replizieren, die sie zuerst durchgeführt haben, und deshalb müssen sich Studierende erst eine Zeit lang mit der Apparatur vertraut machen, bevor sie tut, was sie soll. Millikans Mikroskop war auf einen Theatersaal gerichtet, in dem jedes Tröpfchen einen Schauspieler mit einer eigenen Persönlichkeit darstellte, und er brauchte eine gute Urteilsfähigkeit, um ihre Leistung einzuschätzen.

Falsch war es sicherlich von Millikan, das nicht vollkommen ehrlich zu kommunizieren und zu erklären, dass er seine Daten aus einem größeren Satz Messungen ausgewählt hatte. Wer ein Experiment durchführt, sollte seine Methoden und Entscheidungen offen darlegen, so die allgemeine Erwartung. Selbst heute zeigen viele Berichte über Experimente mit «repräsentativen» Ergebnissen wie Mikroskopbildern wahrscheinlich oft die besten. Es gibt keine einfache Lösung, keine starren Kriterien für das Berichten über die eigenen Ergebnisse – denn es bleibt eine Tatsache, dass die experimentelle Wissenschaft nicht immer eine exakte Wissenschaft ist, sondern in gewissem Maß immer eine Kunst sein muss, die Urteilskraft und Intuition erfordert.

Erfindung des Rastertunnelmikroskops und Bewegen einzelner Atome (1981–1982/1989)

Können wir einzelne Atome sehen und bewegen?

Im Dezember 1959 hielt der Physiker Richard Feynman am California Institute of Technology einen Vortrag mit dem Titel «Unten ist noch jede Menge Platz». Er sagte: «Ich möchte heute über das Problem sprechen, Dinge im Kleinformat zu manipulieren und zu kontrollieren.» Dabei schloss Feynman auch das kleinste aller vorstellbaren Dinge mit ein: «Was würde passieren, wenn wir die Atome einzeln so anordnen könnten, wie wir sie haben wollen?» Dank Experimenten, die knapp zwei Jahrzehnte später durchgeführt wurden, war dieses Kunststück früher möglich, als Feynman gedacht hatte.

Mitte der 1950er-Jahre meldeten Forschende an der Pennsylvania State University die ersten Bilder einzelner Atome, aufgenommen mit einem sogenannten Feldionenmikroskop. Dieses löste mithilfe von Hochspannung Elektronen von Gasatomen, die auf der Oberfläche einer Metallnadel festhingen. Die ionisierten Atome wurden anschließend von der Spitze in Richtung eines Phosphorschirms abgestoßen und projizierten dabei ein vergrößertes Bild der Spitze auf den Schirm, in dem sich die Atome als leuchtende Punkte zeigten. Die Feldionenmikroskopie liefert jedoch nur für besondere Proben Bilder in atomarer Auflösung. In den frühen 1980er-Jahren erfanden die Physiker Heinrich Rohrer und Gerd Binnig in den IBM-Forschungslaboren in Rüschlikon bei Zürich in der Schweiz ein neues Mikroskop, das Bilder einzelner Atome mit deutlich größerer Flexibilität erzeugte.

IBM war einer von mehreren Technologiegiganten aus der Wirtschaft mit Forschungslaboren, in denen einige Beschäftigte sich ungehindert der Wissenschaft hingeben konnten und ergebnisoffene Forschungen durchführten. In den späten 1970er-Jahren arbeitete Rohrer daran, den sogenannten Tunneleffekt zu verstehen, doch da ihm das Hilfsmittel fehlte, das er dazu brauchte, machte er sich daran, es zu erfinden. Durch den Tunneleffekt überwinden («durchtunneln») winzige Objekte, die in der Quantenmechanik beschrieben werden, etwa Elektronen, dank ihrer Wellennatur eine Barriere, obwohl sie nach der klassischen Physik dafür nicht über ausreichend Energie verfügen. Rohrer ließ Elektronen zwischen einer geladenen feinen Metallspitze und einer Oberfläche «tunneln», wobei er die Spitze sehr nahe an die Oberfläche hielt, damit die Elektronen zwischen beiden hin- und herspringen konnten. Er vermutete, dass ein solches Gerät in der Spektroskopie, die den Energiezustand von Atomen und Materialien misst, für sehr kleine Proben zur Anwendung kommen könnte.

Nachdem Rohrer Binnig für das Projekt mit an Bord geholt hatte, erkannten die beiden, dass diese Anordnung auch als bildgebendes Verfahren funktionieren könnte. Hielte man die Spitze nur etwa einen Nanometer (einen Millionstel eines Millimeters) über der Probenoberfläche, müsste die Durchtunnelung

HEINRICH ROHRER | 1933–2013

Dem Schweizer Physiker Heinrich Rohrer waren empfindliche Versuchsaufbauten nicht unbekannt, als er das Rastertunnelmikroskop entwickelte. Für seine Arbeit zu Supraleitern in den 1950er-Jahren in Zürich musste er ebenfalls nachts arbeiten, damit seine Experimente nicht durch Erschütterungen aus dem Straßenverkehr gestört wurden. 1963 fing er bei IBM an. Forschungen wie seine zu exotischen Aspekten der Physik wurden damals von dem Informationstechnologiekonzern begeistert aufgenommen, der – zu Recht – glaubte, dass sie letzten Endes zu technologischen Neuerungen führen könnten. In seinem späteren Leben war Rohrer ein prominenter Befürworter der Nanotechnologie: Wissenschaft auf Nanometer-Ebene.

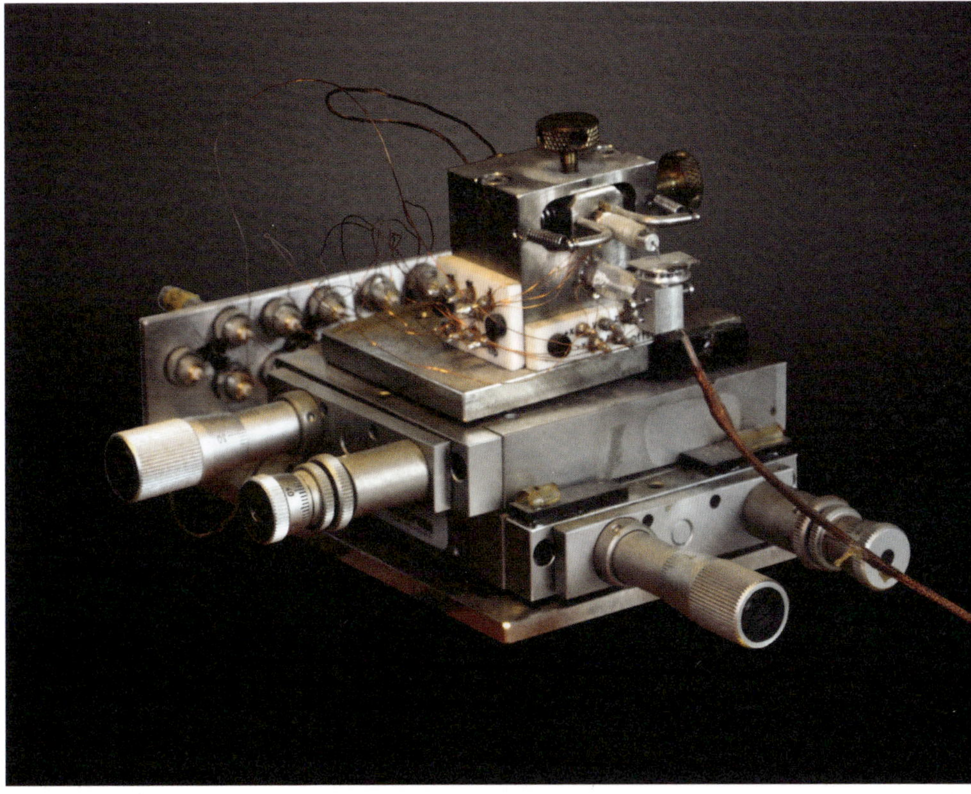

Rastertunnelmikroskop MHS 2237, 1986, Musée d'histoire des sciences de la Ville de Genève, Genf, Schweiz.

sehr empfindlich auf die Entfernung dazwischen reagieren. Wenn die Spitze die Oberfläche abtastete, müsste jede winzige Erhebung, die die Lücke verkleinerte, den durch die Durchtunnelung erzeugten elektrischen Strom in der Spitze deutlich verstärken. Über die Stromstärke könnte man dann also die Topografie der Oberfläche kartieren, indem man sie an Transekten entlang scannte. Vielleicht würde diese Karte sogar die Anordnung der Oberflächenatome selbst zeigen, wenn die einzelnen Atome als leuchtende Erhebungen dort erschienen, wo sie wie Eier in einem Eierkarton nebeneinandersaßen.

Rohrer beteuerte später, dass es wohl gerade seine und Binnigs fehlende Erfahrung mit der Mikroskopie oder der Oberflächenwissenschaft war, die «uns den Mut und die Leichtigkeit gab, mit etwas zu beginnen, das ‹im Prinzip nicht hätte funktionieren dürfen›, wie man uns so häufig sagte.» Es stimmt zwar, dass manche Experimente eine umfassende Fachkenntnis

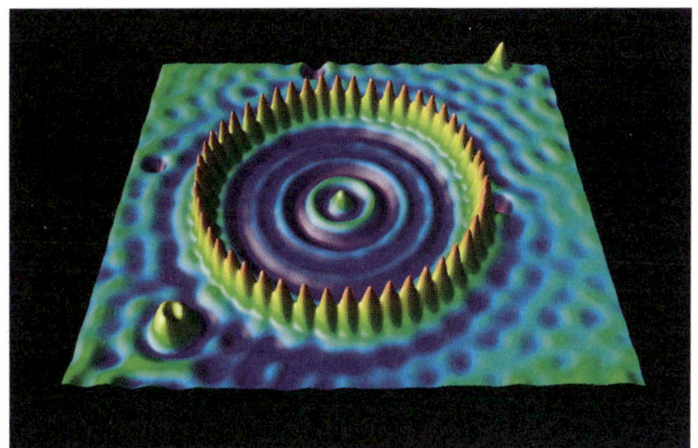

Rastertunnelmikroskop-Mikrofotografie eines Quantengeheges. Diese künstliche Struktur besteht aus 48 Eisenatomen (mit roten Spitzen), die auf einer Kupferoberfläche angeordnet werden. IBM Almaden Research Center, San José, Kalifornien.

GERD BINNIG | GEB. 1947

Der in Frankfurt geborene Gerd Binnig studierte in seiner Heimatstadt Physik, bevor er 1978 bei IBM anfing, um mit dem Schweizer Physiker Heinrich Rohrer zu arbeiten. Er blieb bis zum Ende seines Berufslebens bei dem Unternehmen und arbeitete später erst in seiner Niederlassung in San José, bevor er eine neue Physikgruppe in München gründete. Er gründete außerdem ein Unternehmen, das sich mit Computerbildanalysen beschäftigt. Das Nanotechnology Center von IBM in Rüschlikon ist inzwischen nach Binnig und Rohrer benannt worden.

in einem Bereich erfordern, andere jedoch fußen auf einer fast naiven Kühnheit der Experimentierenden, etwas zu versuchen, was «Fachleute» als unmöglich bewerten.

Konnte eine Metallspitze wirklich scharf genug geschliffen werden, um Atome unterscheiden zu können? Sicher wäre doch selbst die feinste Nadelspitze auf der atomaren Ebene hoffnungslos stumpf? Doch Rohrer und Binnig erkannten, dass ihre Spitzen sich vielleicht sogar von selbst schärften: Das starke elektrische Feld an der Spitze müsste Atome abziehen und verdampfen, bis die Spitze eine pyramidenartige Form annahm, die sich fast bis auf ein einzelnes Atom verjüngte. Um diese Spitze präzise zu positionieren, verwendeten die Forscher piezoelektrische Materialien, die sich in Reaktion auf elektrische Felder verformen, um eine Scanvorrichtung ohne bewegliche Teile herzustellen.

Das größte Problem bestand darin, die Spitze stetig nur etwa einen Nanometer über der Oberfläche zu halten. Die geringste Vibration würde sie auf die Oberfläche knallen lassen wie eine losgelassene Plattennadel. Mit Unterstützung ihrer Techniker Christoph Gerber und Edi Weibel fabrizierten Binnig und Rohrer Stoßdämpfer aus Gummi oder hängten ihre Prototypen an Gummibänder oder nutzten superleitende Stützen, die frei in einem Magnetfeld schwebten. Sie nahmen die Messungen nachts vor, wenn die Labore leer waren und die Straßen ruhig, um Störungen zu vermeiden.

Ende 1981 vermeldeten die Forscher, dass sie einen Tunnelstrom zwischen einer Platinoberfläche und einer Wolframspitze messen konnten. Im folgenden Jahr vermaßen sie Gold- und Siliziumoberflächen und stellten zu ihrem Erstaunen und ihrer Freude fest, dass die Scankarten Felder von Erhebungen zeigten, die den einzelnen Atomen entsprachen. «Ich konnte meine Augen nicht von den Bildern abwenden», sagte Binnig. «Es war wie eine neue Welt.»

Das IBM-Team taufte sein Gerät «Rastertunnelmikroskop» (RTM). 1983 wandten sie sich biologischen Molekülen zu und scannten die Umrisse eines DNA-Strangs, der auf einer Oberfläche lag. Das RTM war nicht besonders schwierig herzustellen, und sehr bald bauten Forschende in der ganzen Welt es nach. Eine der Einschränkungen bestand jedoch darin, dass die abzubildenden Objekte eine gewisse elektrische Leitfähigkeit besitzen mussten, damit Elektronen in sie hinein- oder aus ihnen heraustunneln konnten. Doch viele Proben von Interesse, vor allem die meisten Biomoleküle, waren nichtleitend. Binnig fand zusammen

DON EIGLER | GEB. 1953

Die Bilder, die Eigler und sein Team in den 1990er-Jahren mithilfe des RTM aufnahmen, wurden zu symbolträchtigen Emblemen der Nanotechnologie. Sie zeigen Atome, die mit der Nadelspitze des Instruments neu angeordnet werden, und Kräuselungen in der darunter liegenden Oberfläche aufgrund der Quantennatur der enthaltenen mobilen Elektronen, alles kunstvoll eingefärbt wie futuristische virtuelle Landschaften. Auf diese Weise kombinierte Eigler in seiner Arbeit bei IBM Almaden nahe San José in Kalifornien seine experimentelle Fantasie mit prägnantem visuellem Flair. Eigler stellte sich vor, einzelne Atome und Moleküle zu manipulieren, um chemische Reaktionen durchzuführen; seine Vision wird heute in den IBM-Laboren in Rüschlikon umgesetzt.

Siehe auch: Experiment 23: Verstehen der Brownschen Bewegung, 1908 (Seite 104); Experiment 37: Die Röntgenbeugung an Kristallen, 1912 (Seite 158).

Der Schriftzug «IBM» aus Xenonatomen auf einem Nickelsubstrat demonstriert die Fähigkeit eines Rastertunnelmikroskops, Materie auf der Ebene einzelner Atome zu manipulieren. April 1990, IBM Almaden Research Center, San José, Kalifornien.

mit Gerber und Calvin Quate von der Stanford University eine Möglichkeit, dieses Problem zu umgehen: Sie stellten ein ähnliches Gerät her, in dem die Nadelspitze durch die Kraft der Anziehung zwischen ihr und der Oberfläche mehr oder weniger nahe an diese herangezogen werden konnte. Diese Anziehung, die sogenannten Van-der-Waals-Kräfte, bestehen zwischen allen Substanzen und hängen ebenfalls von der Entfernung zwischen den beiden Objekten ab. Über einen Rückkopplungskreis, der den Abstand zwischen Probe und Spitze konstant hält, konnten die Forschenden messen, wie sich die Kräfte beim Abtasten veränderten. Diese Kräftekarte dient wie die Karte des Tunnelstroms beim RTM als Stellvertreter für die Oberflächentopografie.

Binnig und sein Team präsentierten ihr «Rasterkraftmikroskop» 1986 – im selben Jahr, in dem er und Rohrer für die Erfindung des RTM gemeinsam den Nobelpreis in Physik bekamen. Eine so kurze Zeit zwischen Entdeckung und Nobelpreis ist ungewöhnlich und zeugt von der unmittelbaren Wirkung ihrer Arbeit auf viele Bereiche der Wissenschaft.

Die Kräfte zwischen Spitze und Probe sind auch im RTM vorhanden – und das kann zum Problem werden. Als Don Eigler im IBM-Labor in Almaden nahe San José in Kalifornien das Gerät zu Beginn der 1990er-Jahre verwendete, wollten zu seiner Frustration wegen des Einflusses der Spitze manchmal «die Atome nicht stillhalten». Doch Eigler überlegte, dass «ich das unter Kontrolle bringen und [diese Kraft] nutzen konnte, um die Atome dorthin zu bewegen, wo ich sie haben wollte.» Er versuchte es mit einem einzelnen Atom des inerten Gases Xenon auf einer Platinoberfläche. Indem er vorsichtig die Spannung der Spitze veränderte, konnte Eigler das Xenonatom an eine neue, von ihm gewählte Position ziehen und es dann loslassen. Rastersondenmikroskope sind also nicht nur Sonden zur Untersuchung der Welt der Atome, sondern auch Hilfsmittel, um in sie einzugreifen.

1990 arrangierte Eigler mit seinem Kollegen Erhard Schweizer mit der RTM-Spitze Xenonatome auf einer Nickeloberfläche, bis sie das Unternehmenslogo «IBM» wie aus einem Nadeldrucker vor sich hatten. Wie Eigler es formulierte: «Wir sind bei Feynmans ‹ganz unten› angelangt.» Dieses ikonische Bild mit dem IBM-Logo aus 35 Atomen wurde zum wohl berühmtesten Bild in der Geschichte der Nanotechnologie – der Disziplin, die aus Feynmans prophetischer Vision entstand.

Der Partikel-Zoo

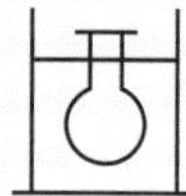

Atome sind nicht die kleinste Einheit der Natur – sie sind nämlich nicht unteilbar. Dass Atome eine *subatomare* Struktur besitzen, gehörte zu den verblüffenden Entdeckungen des frühen 20. Jahrhunderts, und die Art der einzelnen Teilchen sowie die Regeln zu verstehen, nach denen sie kombiniert werden, wurde zu einem der wichtigsten Projekte der physikalischen Wissenschaften. Verwirrenderweise schien dieses Vorhaben unser Verständnis des Themas weniger zu vereinfachen als vielmehr komplizierter zu machen – denn wie sich herausstellte, haben die Teilchen, aus denen Atome bestehen, Verwandte, die für die gewöhnliche Materie auf der Welt keine Rolle spielen. Oder wie ein Wissenschaftler einmal verdutzt ausrief, als die ersten dieser Verwandten ans Licht kamen: «Wer hat denn das bestellt?» Nachdem sie endlich die Fülle der chemischen Elemente verstanden hatten, stellte sich den Forschenden nun die Aufgabe, Ordnung in die wachsende Menagerie der subatomaren Welt zu bringen. Es scheint, als hätten wir nun endlich gewissermaßen «den kompletten Satz» von Teilchen – doch noch sind nicht alle Fragen beantwortet, und es bleibt die Vermutung, dass es noch mehr Elementarteilchen zu entdecken gibt.

27

Die Nebelkammer (1894–1911)

Wie können wir Teilchen nachweisen, die zu klein für das menschliche Auge sind?

Wenn man ein neues Fenster zur Welt aufstößt, weiß man nie, was einen erwartet. Wissenschaftliche Instrumente, die für einen bestimmten Zweck entwickelt wurden, können sich als genau das herausstellen, was für eine ganze andere Anwendung gebraucht wird. Oder sie können ein Phänomen ans Licht bringen, das niemand erwartet hatte, einen ungeahnten Aspekt der Wirklichkeit.

Beides trifft auf die Erfindung von Charles Thomas Rees Wilson (allgemein bekannt unter seinen Initialen C. T. R.) zu, der Wolken herstellen wollte. Nach seinem Studium der physikalischen Wissenschaften an der Cambridge University begann er Mitte der 1890er-Jahre im dortigen Cavendish Laboratory zu arbeiten. Auf einem Besuch in seiner Heimat Schottland bestieg er 1894 während einer der seltenen Schönwetterphasen den höchsten Berg Ben Nevis und konnte dort die optischen Phänomene Glorie und Korona beobachten, als Sonnenlicht auf die Wolken und den Nebel unter dem Gipfel fiel. Er beschloss, die Physik dieser Phänomene im Labor zu untersuchen.

Wilson entwickelte eine Apparatur für die Herstellung «künstlicher Wolken» in einer geschlossenen Kammer. Wolken entstehen, wenn Wasserdampf in der Luft zu winzigen Tröpfchen kondensiert. Wilson löste die Tröpfchenbildung in seiner Kammer (einem Schraubglas) aus, indem er feuchte Luft hineinleitete und dann den Druck verringerte, sodass sie sich ausbreitete – im Wesentlichen derselbe Vorgang, der an der Öffnung einer Flasche kalten Mineralwassers Nebel entstehen lässt, wenn sie geöffnet wird und der innere Druck entweicht.

Doch damit sich Tröpfchen bilden, muss das Wasser etwas haben, an dem es kondensieren kann. In der Atmosphäre sind das typischerweise Aerosole, winzige Partikel wie Staub oder Salzteilchen aus den Meeren; diese fungieren als sogenannte Kondensationskeime. Wilson achtete jedoch darauf, jedweden Staub aus seinem Luftstrom zu filtern. Was also ermöglichte die Tröpfchenbildung? Er kam zu dem Schluss, dass diese Kondensationskeime winzig sein mussten, und spekulierte, dass es sich um elektrisch geladene Moleküle (Ionen) in der Luft handeln müsse.

1895 entdeckte Wilhelm Röntgen die X-Strahlen, eine Art von Strahlung, die Luft ionisieren konnte. Anfang des folgenden Jahres fand Wilson etwas heraus: Wenn er seine «Nebelkammer» der Röntgenstrahlung aussetzte, führte das zu dichteren Wolken. Das stützte seine These, dass Ionen als Kondensationskeime wirkten. Ab da bis 1900 experimentierte er mit seiner Nebelkammer, während er als Angestellter des britischen Meteorological Council die Elektrizität in der Atmosphäre untersuchte. Wie viele experimentelle Forschende seiner Zeit benutzte Wilson keine handelsübliche Ausrüstung, sondern musste seine Geräte selbst herstellen. Dazu musste er Glas zu den Kolben, Rundkolben und Spiralen blasen, die er brauchte, und die Glasteile dann verbinden, indem er sie genau so schliff, dass sie luftdicht ineinanderpassten. Die

C. T. R. WILSON | 1869–1959

Charles Thomas Rees Wilson wurde in eine schottische Bauernfamilie hineingeboren und studierte am Owen's College, aus dem später die Manchester University wurde. Trotz des Einflusses seiner Nebelkammer auf die Atomphysik arbeitete er zeitlebens hauptsächlich als Meteorologe und leistete bedeutende Beiträge für unser Verständnis von Gewittern.

Siehe auch: Experiment 28: Nachweis des Positrons, 1932 (Seite 124); Experiment 29: Nachweis des Neutrinos, 1956 (Seite 128).

Aus C. T. R. Wilsons Experimenten mit der Nebelkammer entwickelte sich eine neue Technik zum Nachweis von Elementarteilchen. Seine ursprüngliche Nebelkammer von 1911, hier im Bild, wird im Cavendish Laboratory an der University of Cambridge aufbewahrt.

ersten Nebelkammern sahen nicht spektakulär aus, aber ihre Herstellung erforderte großes Geschick und viel Geduld, und zweifellos gab es dabei viele frustrierende Verluste.

Diese Instrumente waren im Grunde Detektoren ionisierender Strahlung, zu denen auch die Alpha- und Betateilchen gehörten, die radioaktive Elemente abgaben. Sie wurden bald zu einem unverzichtbaren Hilfsmittel auf dem aufkeimenden Gebiet der Atomwissenschaft – auch wenn das weit entfernt lag von Wilsons ursprünglichem Interesse, der Atmosphärenforschung.

1911 zeigte Wilson, dass er die Fährte einzelner Partikel auf ihrem Weg durch die Kammer verfolgen konnte, die eine Spur aus Ionen (und damit Tröpfchen) hinter sich ließen, wie ein Flugzeug in großer Höhe Kondensstreifen am blauen Himmel hinterlässt. Wilson beleuchtete die Spuren, um sie deutlicher zu

machen, und fotografierte sie dann: Wie zarte Spinnweben zeigten sie die Bahn der unsichtbaren Teilchen. Diese Spuren machten sogar die Eigenschaften der Partikel sichtbar: Wurde die Kammer zwischen den Polen eines Magneten platziert, bewegten sie sich in Bögen und Spiralen, positiv geladene Teilchen in die eine und negativ geladene in die andere Richtung. Wie eng der Bogen ist, hängt dabei von Ladung, Masse und Geschwindigkeit des Teilchens ab, und so wurden Nebelkammern zu einem Hilfsmittel für die Untersuchung der Grundeigenschaften subatomarer Partikel. Von ihrer Bedeutung für die Physik zeugte der Nobelpreis, den Wilson 1927 dafür bekam.

Diese Alphateilchenspuren beobachtete C. T. R. Wilson 1912 in seinen Nebelkammer-Experimenten. Die Bilder gehörten zu Wilsons ersten, in denen er seine perfektionierte Nebelkammer zum Fotografieren von Partikelspuren einsetzte. Aus Wilsons *Philosophical Transactions of the Royal Society*, A87, 277, 1912, The Royal Society, London.

28

Nachweis des Positrons (1932)

Was ist energiereiche kosmische Strahlung?

Vor C. T. R. Wilsons Nebelkammer (siehe Seite 121) war das wichtigste Instrument für die Untersuchung ionisierender Strahlung das Elektroskop, ein einfaches Gerät, das Pierre und Marie Curie erfunden hatten: Zwei hängende Blattgoldfolien wurden elektrisch geladen, sodass sie einander abstießen und ein umgedrehtes V bildeten. Wurde die Luft zwischen ihnen ionisiert, gaben sie ihre Ladung ab und bewegten sich wieder aufeinander zu. Mit einem solchen Instrument stieg der österreichische Physiker Victor Hess 1911 und 1912 mit einem Heißluftballon auf über 5000 Meter Höhe auf und maß die Hintergrundstrahlung der Atmosphäre. Er entdeckte, dass sie von ionisierender Strahlung aus dem Weltall durchflutet ist, der kosmischen Strahlung, die er zunächst «Höhenstrahlung» taufte und deren Quelle unbekannt war.

In den späten 1920er-Jahren studierte Robert Millikan am California Institute of Technology die kosmische Strahlung mithilfe einer Nebelkammer, zusammen mit seinem Doktoranden Carl Anderson, der 1930 seinen Doktortitel erwarb. Anderson verwendete eine abgewandelte Nebelkammer, in der anstelle von Wasserdampf Alkoholdampf zu Tröpfchen kondensierte, weil dieser hellere Spuren erzeugte. Um die Spuren abzulenken und daraus die Ladung der Teilchen abzuleiten, die sie verursachten, baute Anderson einen wassergekühlten Elektromagneten, der so viel Energie verschlang, dass er seine Experimente nachts durchführen musste, um dem übrigen Labor nicht den Strom wegzunehmen.

Anderson hatte sich vorgenommen, eine Behauptung des russischen Wissenschaftlers Dmitri Skobelzyn zu untersuchen, der 1929 angeblich Spuren der kosmischen Strahlung gesehen hatte, die sich so gut wie gar nicht ablenken ließen – was bedeutete, dass die Teilchen sehr energiereich sein mussten. Gab es sie wirklich? Und wenn ja, was waren sie?

1932 machte Anderson über tausend Fotoaufnahmen von Teilchenspuren und durchkämmte sie nach etwas Interessantem oder Ungewöhnlichem. Das erinnert an die Arbeit heutiger Forschender mit Teilchenbeschleunigern, die ebenfalls gewaltige Datenmengen ihrer Detektoren durchsuchen müssen, um Anzeichen für die Art von Partikeln oder Interaktionen zu finden, die sie vorhergesagt haben. Doch heute wird dieser Vorgang Computern überlassen; Anderson musste noch per Hand suchen. In seinem Stapel aus Fotoplatten entdeckte er 15 Spuren, die von dem Magneten auf eine bestimmte Weise abgelenkt wurden, die darauf hindeutete, dass die verursachenden Partikel positiv geladen waren. Jedoch ließen sie sich nur wenig ablenken, was darauf hinwies, dass sie sehr leicht waren – viel leichter als das leichteste damals bekannte positive Teilchen, das Proton im Atomkern. Masse und Ladung der neuen Teilchen schienen etwa dem des Elektrons zu entsprechen, aber mit umgekehrtem Vorzeichen. Zunächst vermutete Anderson angeblich, dass es sich einfach um

CARL ANDERSON | 1905–1991

Carl Anderson stammte aus einer schwedischen Familie, die nach New York ausgewandert war, wo er geboren wurde. Er machte seinen Abschluss am California Institute of Technology und schrieb dort seine Doktorarbeit unter Robert Millikan. Nach seiner Entdeckung des Positrons fanden er und sein Student Seth Neddermeyer 1936 ein weiteres Elementarteilchen, das Myon (eine Art schweres Elektron).

Carl Anderson mit der Nebelkammer, mit der er 1932 das Positron (Antielektron) entdeckte und damit die Existenz von Antimaterie bewies. California Institute of Technology, Pasadena.

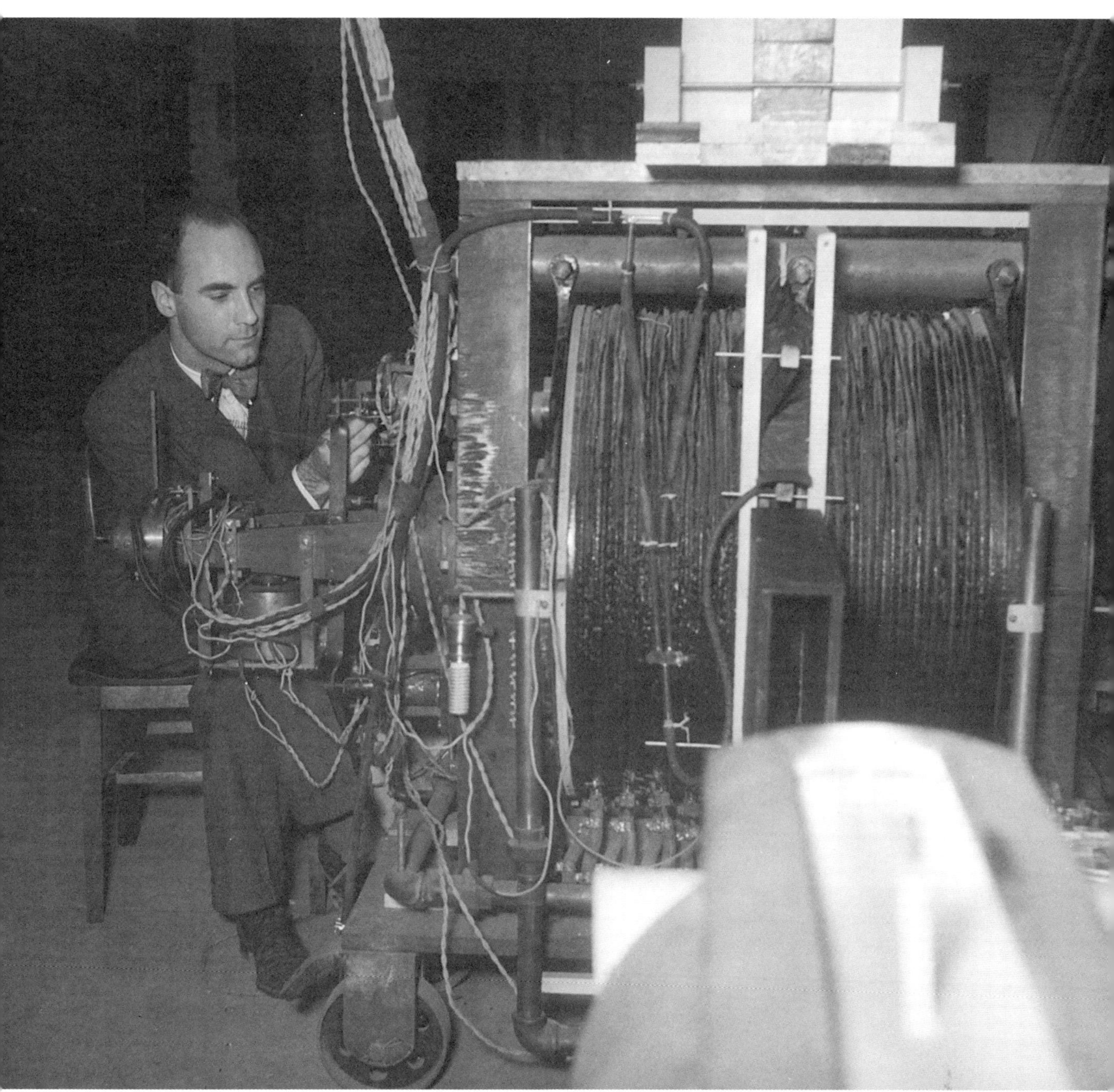

PAUL DIRAC | 1902–1984

Paul Adrien Maurice Dirac, geboren im englischen Bristol, gilt als einer der bedeutendsten theoretischen Physiker seiner Generation. Er war bekannt für seinen präzisen und sparsamen Gebrauch von Worten – seine Kollegen in Cambridge erfanden den «Dirac» als Einheit der Sprechgeschwindigkeit: ein Wort pro Stunde. Dirac formulierte Erwin Schrödingers Quantenwellenmechanik so um, dass sie mit der speziellen Relativitätstheorie übereinstimmte. Für ihre Arbeit zur Quantenmechanik bekam Dirac 1933 gemeinsam mit Schrödinger den Nobelpreis in Physik.

Siehe auch: Experiment 27: Die Nebelkammer, 1894–1911 (Seite 121); Experiment 29: Nachweis des Neutrinos, 1956 (Seite 128).

gewöhnliche Elektronen handelte und dass irgendein Spaßvogel die Polarität seines Magnetfelds umgekehrt hatte. Anderson nannte die neuen Teilchen «Positronen» – beziehungsweise übernahm er damit den Vorschlag des Herausgebers der Fachzeitschrift, in der er seine Entdeckung veröffentlichte.

Aber konnte es solche Teilchen überhaupt geben? In einem dieser merkwürdigen Zufälle, von denen es in der Geschichte der wissenschaftlichen Entdeckungen nur so wimmelt, war nur zwei Jahre zuvor von dem britischen Physiker Paul Dirac so etwas wie ein positives Elektron theoretisch vorhergesagt worden. Beim Umformulieren der Theorie der Quantenmechanik, die das Verhalten sehr kleiner Teilchen wie Atome und ihrer Bestandteile beschreibt, um sie in Übereinstimmung mit der speziellen Relativitätstheorie zu bringen, stellte Dirac fest, dass sein Konzept die Existenz von elektronenartigen Teilchen mit negativer Energie erforderte – eine scheinbar unsinnige Idee, die er jedoch als Elektronen deutete, die sich so verhalten, als hätten sie eine positive Ladung.

Nachdem der Mathematiker und Physiker Hermann Weyl 1931 zeigte, dass dieses «Elektron mit negativer Energie» dieselbe Masse haben musste wie ein gewöhnliches Elektron, nannte Dirac es «Antielektron» und zeigte, dass beim Zusammentreffen mit einem normalen Elektron sich die beiden durch die freigesetzte Energie gegenseitig auslöschen würden. Im Grunde hatte Dirac damit die Antimaterie vorhergesagt. Eine derart kühne Behauptung war zu viel für viele seiner Zeitgenossen, die seine Idee ablehnten. Doch der Antimateriepartner des Elektrons hatte den Erwartungen nach genau die Eigenschaften, die Anderson bei seinem Positron beobachtete. Als seine Nebelkammerfotos bekannt wurden, überprüften andere das Konzept. Insbesondere die Physiker Patrick Blackett und Giuseppe Occhialini, die mit den Nebelkammern im Cavendish Laboratory in Cambridge arbeiteten, bestätigten bald, dass es Positronen tatsächlich gab und dass sie zusammen mit Elektronen aus einer hochenergetischen kosmischen Gammastrahlung stammten, die die Teilchenpaare bei der Umwandlung von Energie in Materie spontan erzeugten. Anderson hatte damit nicht nur ein neues Teilchen entdeckt, sondern auch die Existenz von Diracs Antimaterie. 1936 bekam er im Alter von 31 Jahren als jüngster Mensch jemals den Nobelpreis in Physik, den er sich mit Victor Hess teilte.

Heute wissen wir, dass jedes bekannte Teilchen einen Antimaterie-Zwilling hat. Eines der größten ungelösten Geheimnisse in der Physik ist die Frage, warum unser Universum offenbar mehr Materie als Antimaterie hat, da die bekannten Urknalltheorien vorhersagen, dass sie zu gleichen Teilen entstanden sein müssten.

Carl Andersons Nebelkammerfoto mit den Spuren eines Positrons, 2. August 1932, California Institute of Technology, Pasadena.

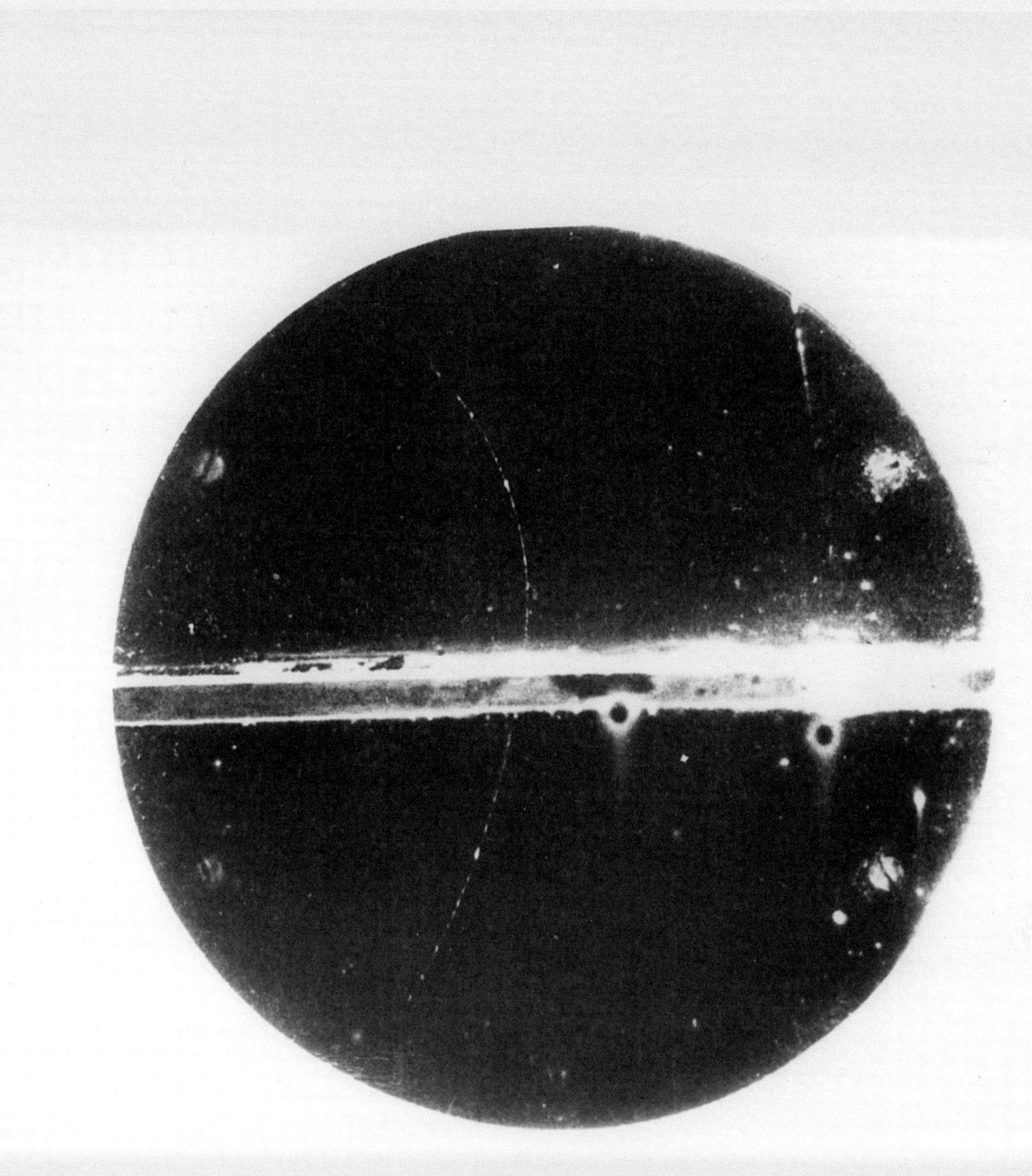

Nachweis des Neutrinos (1956)

Wenn das hypothetische Teilchen namens Neutrino mit kaum etwas interagiert, wie lässt es sich dann nachweisen?

«Ich habe etwas Schreckliches getan», gestand der österreichische Physiker Wolfgang Pauli 1930. «Ich habe ein Teilchen postuliert, das man nicht nachweisen kann.» Es war schrecklich, weil es unwissenschaftlich erschien: Man sollte nie eine Hypothese formulieren, die sich nicht überprüfen (und damit widerlegen) lässt.

Warum also beging Pauli einen solchen Fauxpas? Es war ein Akt der Verzweiflung, zu dem er sich durch das Rätsel des radioaktiven Zerfalls durch Abgabe eines Betateilchens getrieben sah. Dieses Teilchen ist nichts anderes als das bekannte Elektron – außer, dass es seltsamerweise aus dem Kern des zerfallenden Atoms stammt, wo es, wie die Wissenschaft bisher dachte, nur Protonen und Neutronen gibt. Tatsächlich kommt es zum Betazerfall, wenn ein Neutron ohne elektrische Ladung sich in ein Proton mit positiver Ladung und ein Elektron mit der gleichen, aber entgegengesetzten negativen Ladung umwandelt. Das Phänomen war verwirrend, denn das abgegebene Elektron konnte eine Reihe von scheinbar willkürlichen Energiewerten bis zu einem Maximalwert annehmen. Doch das Prinzip der Impulserhaltung verlangte, dass seine Energie jedes Mal dieselbe sein müsste.

Pauli schlug vor, dass die restliche Energie vielleicht von einem anderen Teilchen abgeführt wird, sodass die Summe der Energie immer gleich bleibt. In diesem Fall darf das Teilchen allerdings weder Ladung noch Masse besitzen – was einen Nachweis praktisch unmöglich macht. Er nannte das Teilchen «Neutrino». Bald nachdem Pauli diese Hypothese aufgestellt hatte, schätzten andere Physiker, dass ein Teilchen dieser Art eine mehrere Lichtjahre dicke Bleibarriere durchdringen können müsste. Ein solches Objekt nachzuweisen, schien eine hoffnungslose Aufgabe zu sein.

Bis zu den frühen 1950er-Jahren sahen sich viele Forschende in der Atomphysik gezwungen zu akzeptieren, dass Pauli wahrscheinlich recht hatte. Dennoch konnten sie nicht sicher sein, bis jemand tatsächlich einmal ein Neutrino sah. Der US-amerikanische Physiker Fred Reines im Los Alamos National Laboratory, das aus dem Manhattan Project hervorging, beschloss, einen Versuch zu starten. Sicher, ein reales Neutrino war vielleicht unmöglich nachzuweisen. Doch die Quantenphysik geht davon aus, dass Interaktionen zwischen Teilchen durch Wahrscheinlichkeiten bestimmt werden. Solange die Chance eines Zusammenstoßes zwischen einem Neutrino und einem anderen Teilchen nicht genau null war, könnte ein solches Ereignis eintreten, wenn auch selten. Wenn nur ausreichend Neutrinos einen Detektor durchdringen, könnte man einfach irgendwann Glück haben.

Reines stellte sich einen Detektor in Form eines Tanks mit Flüssigkeit vor, in dem ein solcher Zusammenstoß mit einem Molekül einen kurzen Lichtblitz verursachen würde, der von Fotosensoren im Tank erfasst werden könnte. Doch das Volumen eines solchen Neutrinodetektors und der enthaltenen Flüssigkeit müsste gewaltig sein. Mithilfe von Schätzungen der Häufigkeit solcher Kollisionen überschlug Reines, dass der Detektor um ein Vieltausendfaches größer

FREDERICK REINES | 1918–1998

Frederick Reines wurde in New Jersey geboren und studierte Ingenieurswesen am Stevens Institute of Technology in Hoboken (New Jersey), bevor Richard Feynman ihn für das Manhattan Project rekrutierte, mit dem die Atombombe entwickelt wurde. 1958 war er als Delegierter auf der «Atoms for Peace»-Konferenz in Genf, später beteiligte er sich an Suchen nach den Neutrinos, die durch Supernoven (explodierende Sterne) entstehen. 1995 bekam er den Nobelpreis in Physik.

Project Poltergeist: Clyde Cowan (ganz links) und Frederick Reines (ganz rechts) mit dem Poltergeist-Team, 1955, Los Alamos National Laboratory, New Mexico.

sein müsste als alle bisherigen, um überhaupt eine Chance auf die Entdeckung eines Neutrinos zu haben.

Als Reines auf einem Flughafen zufällig mit dem Chemieingenieur Clyde Cowan ins Gespräch kam, beschlossen die beiden, es trotzdem zu versuchen. 1951 starteten sie die Unternehmung, die sie scherzhaft «Project Poltergeist» tauften: eine Suche nach etwas unglaublich schwer zu Fassendem. In einem Lagerhaus in Los Alamos bauten sie einen Doppeltank zusammen, der insgesamt 400 Liter fasste und in seiner endgültigen Version eine Cadmiumchloridlösung enthielt. Um den Tank platzierten sie 90 sogenannte Photomultiplier, die schwache Blitze zu elektrischen Impulsen verstärkten, die auf einem Oszilloskop als Punkte aufgezeichnet würden. Der Theorie nach müsste ein Neutrino beim Zusammenstoß mit einem Proton zwei Blitze im Abstand von fünf Millionstel Sekunden erzeugen – eine markante Signatur. Doch Reines und Cowan mussten falsche Signale aus anderen Quellen wie kosmischer Strahlung oder atomaren Zerfallsprozessen ausschließen; dazu umgaben sie den Tank mit einer Abschirmung aus Paraffinblöcken.

Als der Detektor fertig war, brachten sie ihn 1953 auf das Gelände eines Atomreaktors in Hanford im Bundesstaat Washington, weil der Vorhersage nach die atomaren Zerfallsprozesse im Reaktor reichlich Neutrinos erzeugen sollten. Doch das Hintergrundrauschen der kosmischen Strahlung erwies sich als zu stark für schlüssige Beobachtungen. Also brachten die beiden ihren Detektor nach South Carolina zu einem anderen Reaktor in Savannah River. Hier konnten sie das Gerät in einem Keller zwölf Meter unter dem Reaktor aufstellen, wo es größtenteils von der kosmischen Strahlung abgeschirmt war. 1955 sahen sie erstmals etwas, das wie Neutrino-Signale wirkte. Vor allem gab es während des Reaktorbetriebs fünfmal so viele Signale, als wenn er abgeschaltet war. Im Juni fühlten sie sich in der Lage, Pauli in Zürich ein Telegramm zu schicken mit dem Wortlaut: «Wir freuen uns, Ihnen mitzuteilen, dass wir eindeutig Neutrinos aus [Kern-]Spaltfragmenten entdeckt haben.»

CLYDE COWAN | 1919–1974

Nach seinem Abschluss in Chemietechnik 1940 arbeitete Clyde Cowan für die US Air Force an einer Verteidigung gegen chemische Waffen. 1949 kam er nach Los Alamos und tat sich zwei Jahre später mit Reines zusammen. Er hätte sich den Nobelpreis sicherlich mit Reines geteilt, wenn er nicht vor der Verleihung gestorben wäre.

Siehe auch: Experiment 27: Die Nebelkammer, 1894–1911 (Seite 121); Experiment 28: Nachweis des Positrons, 1932 (Seite 124).

Entdeckung des Higgs-Bosons (2012)

Das Higgs-Teilchen soll anderen Teilchen Masse verleihen – aber existiert es wirklich?

Der Large Hadron Collider (LHC), der Teilchenbeschleuniger im europäischen Zentrum für Teilchenphysik, dem CERN nahe Genf in der Schweiz, gilt als die größte Maschine der Welt. In der Tat fällt es schwer, sich ein vergleichbar großes Gerät wie den 27 Kilometer langen Ringtunnel vorzustellen, in dem Protonen mithilfe von gewaltigen, leistungsstarken Magneten beschleunigt werden, bis ihre Geschwindigkeit 99,999999 Prozent der Lichtgeschwindigkeit beträgt, um sie dann zusammenstoßen zu lassen in der Hoffnung, in den Trümmern neue Elementarteilchen zu entdecken.

Der LHC könnte nicht weiter entfernt sein von der herkömmlichen Vorstellung eines Experiments als etwas, das von einem Wissenschaftler auf dem Labortisch durchgeführt wird: Es dauerte 14 Jahre, bis die Maschine gebaut und getestet war und 2008 damit beginnen konnte, Protonen kollidieren zu lassen. Er kostete um die 4,4 Milliarden Euro. Er erzeugt so viele Daten, dass wir die Ergebnisse ohne die Hilfe spezieller Supercomputer niemals auswerten könnten. Und er wird von einer internationalen Armee aus Tausenden Forschenden und technischen Fachkräften genutzt und gewartet. All das dient dem Zweck zu verstehen, wieso das Universum überhaupt existiert.

Teilchenbeschleuniger wurden als Instrumente entwickelt, mit denen man das Innere von Atomen untersuchen wollte. Ernest Rutherford nutzte bei seiner Entdeckung des Atomkerns Alphateilchen, die durch radioaktiven Zerfall freigesetzt wurden, als Projektile, die in das Atom eindringen und seine innere Struktur offenlegen konnten. Doch man konnte die Eigenschaften dieser Projektilteilchen nicht kontrollieren, etwa ihre Energie und ihre Masse. In den späten 1920er-Jahren wünschte Rutherford sich bei seiner Arbeit im Cavendish Laboratory in Cambridge energiereichere Projektile, die tiefer eindringen konnten. Ein Doktorand namens Ernest Walton schlug eine Lösung vor: geladene Teilchen mithilfe von elektromagnetischen Feldern auf ein höheres Energieniveau beschleunigen. Zwischen 1927 und 1930 setzten Walton und John Cockroft, ein weiterer Forscher in Cavendish, den ersten Teilchenbeschleuniger zusammen, der eine gewaltige Spannung anlegte, um Protonen zu beschleunigen. 1932 feuerten sie diese Partikel auf Lithiumatome und lösten damit ihren radioaktiven Zerfall aus: Es war ihnen gelungen, künstlich «das Atom zu spalten».

Um noch höhere Energieniveaus zu erreichen, kam der amerikanische Physiker Ernest Lawrence an der University of California in Berkeley auf die Idee, die Teilchenbahnen mithilfe von Magneten zu einer größer werdenden Spirale zu beugen und ihnen in jeder Runde einen neuen Impuls zu versetzen. Den ersten dieser «Zyklotrone» demonstrierte er in den frühen 1930er-Jahren, und bald verwendeten er und andere sie, um weitere Atome zu beschießen und umzuwandeln. In den späten 1940er-Jahren begann man in den USA, Beschleuniger zu entwickeln, die die Teilchen in einer Kreisbahn statt in einer wachsenden Spirale hielten. Das war komplizierter, weil es bedeutete, dass das begrenzende Magnetfeld mit zunehmender Teilchenenergie durch die Beschleunigung ständig angepasst werden musste, um die Teilchen auf derselben Kreisbahn zu halten. Solche Maschinen wurden Synchrotron genannt.

Sowohl Ring- als auch Linearbeschleuniger nahmen in den folgenden Jahrzehnten stetig an Größe, Energie und Ambition zu. Sie wurden immer teurer im Bau und brauchten eigene Technikteams, um sie in Betrieb zu halten. Das Ganze war zur «Großforschung» auf industriellem Niveau geworden. Der Bau des Teilchenbeschleunigers Tevatron im National Accelerator Laboratory (heute bekannt als Fermilab) in der Nähe von Chicago begann 1969. Er hatte ein Budget von 250 Millionen Dollar und einen rund 6 Kilometer langen Tunnel; 1972 wurde der Protonenstrahl erstmals eingeschaltet.

Ein Abschnitt des Large Hadron Collider, CERN, nahe Genf, Schweiz.

Das CERN wurde 1954 als Zentrum für experimentelle Teilchenphysik für die Mitgliedsstaaten der EU und ihrer Nachbarn eingerichtet. 1983 begann man mit dem Bau des Large Electron-Positron Collider (LEP), der diese beiden Elementarteilchen in einem 27 Kilometer langen Ringtunnel rund 30 Meter unter der schweizerisch-französischen Grenze aufeinanderprallen ließ. Die Elektronen und Positronen zirkulierten in entgegengesetzten Richtungen, bis die Strahlen zusammengeführt wurden, sodass die Partikel aufeinanderprallten und einen gewaltigen Energiestoß freisetzten. Wie bei allen Collidern hoffte man, dass ein Teil dieser Energie sich in Masse umwandelt – zu neuen Teilchen, vielleicht auch noch unbekannten. Während Elektronen, Protonen und Neutronen überall um uns herumschwirren – schließlich bestehen wir aus ihnen –, bleiben viele andere Elementarteilchen nicht lange bestehen, bevor sie zerfallen. Wenn wir sie sehen wollen, müssen wir neue herstellen. Aber weil sie typischerweise eine größere Masse als Protonen und Neutronen haben, braucht man sehr viel Energie für ihre Erzeugung. Ihre flüchtige Existenz kann von den Teilchendetektoren erfasst werden, die in solchen Collidern installiert sind, um

PETER HIGGS | GEB. 1929

Nach der Entdeckung des nach ihm benannten Teilchens bekam Peter Higgs 2013 den Nobelpreis in Physik. Nach der Veröffentlichung seiner drei wichtigsten Arbeiten 1964 leistete er nicht nur keine weiteren bedeutenden Beiträge auf seinem Fachgebiet, sondern veröffentlichte so gut wie gar nichts mehr. Den Großteil seiner Laufbahn verbrachte er an der University of Edinburgh, doch am Vorabend der Preisverleihung sagte er der Presse, dass er heute nicht mehr als produktiv genug gelten würde, um eine akademische Stelle zu besetzen.

FRANÇOIS ENGLERT | GEB. 1932

François Englert teilte sich 2013 den Nobelpreis mit Peter Higgs; sein Mentor Robert Brout wäre sicherlich ebenfalls nominiert gewesen, wenn er nicht 2011 gestorben wäre. Englert wurde in Belgien als Sohn einer jüdischen Familie geboren und musste während der Nazi-Besatzung in Kinderheimen leben und seine jüdische Identität verbergen. Das theoretische Gerüst, das Englert und Brout und unabhängig davon auch Higgs und andere entwickelten, legte die Grundlagen für die Theorie, die die elektromagnetische und die schwache Kraft zu einer ehemals einzigen «elektroschwachen» Kraft vereinigte.

die Kollisionstrümmer zu analysieren. Normalerweise ist die Chance, bei einem Zusammenstoß solche Partikel herzustellen, verschwindend gering, und daher muss eine riesige Anzahl von Zusammenstößen herbeigeführt werden, um entsprechende Anzeichen zu entdecken.

So war es auch beim Higgs-Boson. Dieses Teilchen wurde erstmals 1964 von dem britischen Physiker Peter Higgs vorhergesagt, gleichzeitig aber auch von Robert Brout und seinem ehemaligen Forschungsassistenten François Englert an der Freien Universität Brüssel sowie von drei weiteren Forschenden. Alle stellten die These auf, dass «leerer» Raum von einem Energiefeld durchdrungen wird, heute Higgs-Feld genannt, das ihn stabil hält. Manche anderen Teilchen «spüren» das Higgs-Feld und werden wie von einer Art Widerstand dadurch verlangsamt. Das zeigt sich darin, dass die Partikel Masse aufnehmen. Ohne das Higgs-Feld hätten Elementarteilchen wie das Proton und das Elektron keine Masse, und dann gäbe es keine Anziehung durch Schwerkraft und damit keine Galaxien, Sterne, Planeten oder Menschen. Da das Lichtteilchen, das Photon, das Higgs-Feld nicht spürt, ist es masselos.

In der Grundlagenphysik sind mit allen Feldern Teilchen verknüpft, die man sich als eine Art lokaler Kondensation oder Knoten im Feld vorstellen kann. Genauso, wie das Photon zu elektromagnetischen Feldern gehört, ist das Higgs-Teilchen mit dem Higgs-Feld verknüpft. Higgs und andere sagten voraus, dass es eine große Masse besäße und daher schwierig herzustellen wäre – dazu wären sehr energiereiche Zusammenstöße erforderlich. Der LHC wurde gebaut, um diese angenommenen Teilchen zu erzeugen.

Der Collider wurde in den Tunneln installiert, in dem sich vorher das LEP befunden hatte. Zwei Detektorsysteme – faktisch zwei getrennte Experimente mit unterschiedlichen Methoden – wurden um den Collider herum installiert, um nach dem Higgs-Boson zu suchen: Eines heißt ATLAS, das andere CMS. Zusätzlich sind zwei weitere wesentliche Versuchseinrichtungen am LHC-Ring angeschlossen – es ging nicht ausschließlich um das Higgs-Teilchen. Doch das war das Hauptziel, denn als der LHC 2008 den Betrieb aufnahm, war dieses Teilchen das letzte Stück in dem Puzzle, mit dem die Physik alle bekannten Teilchen und Kräfte (mit Ausnahme der Schwerkraft) beschrieben hatte, dem sogenannten Standardmodell. Mit der Entdeckung des Higgs-Bosons wäre das Standardmodell vollständig und würde den Ursprung der Masse erklären. Wobei: Das Standardmodell wäre vollständig, wenn denn das Higgs-Boson tatsächlich existierte. Das war keineswegs sicher, auch wenn die Theorie genau das vorhersagte. Darüber hinaus wusste niemand genau, welche Masse es haben würde und wie viel Energie daher zu seiner Herstellung nötig war. Und wenn der LHC nicht leistungsstark genug war? Doch neun Tage nach dem Anschalten führte ein Feh-

FABIOLA GIANOTTI | GEB. 1960

Die italienische Physikerin Fabiola Gianotti leitete das Team des ATLAS-Experiments am Large Hadron Collider, einem der beiden Versuchsaufbauten, die Beweise für die Existenz des Higgs-Bosons entdeckten. 2016 wurde sie zur ersten Generaldirektorin des CERN gewählt.

Siehe auch: Experiment 27: Die Nebelkammer, 1894–1911 (Seite 121); Experiment 28: Nachweis des Positrons, 1932 (Seite 124).

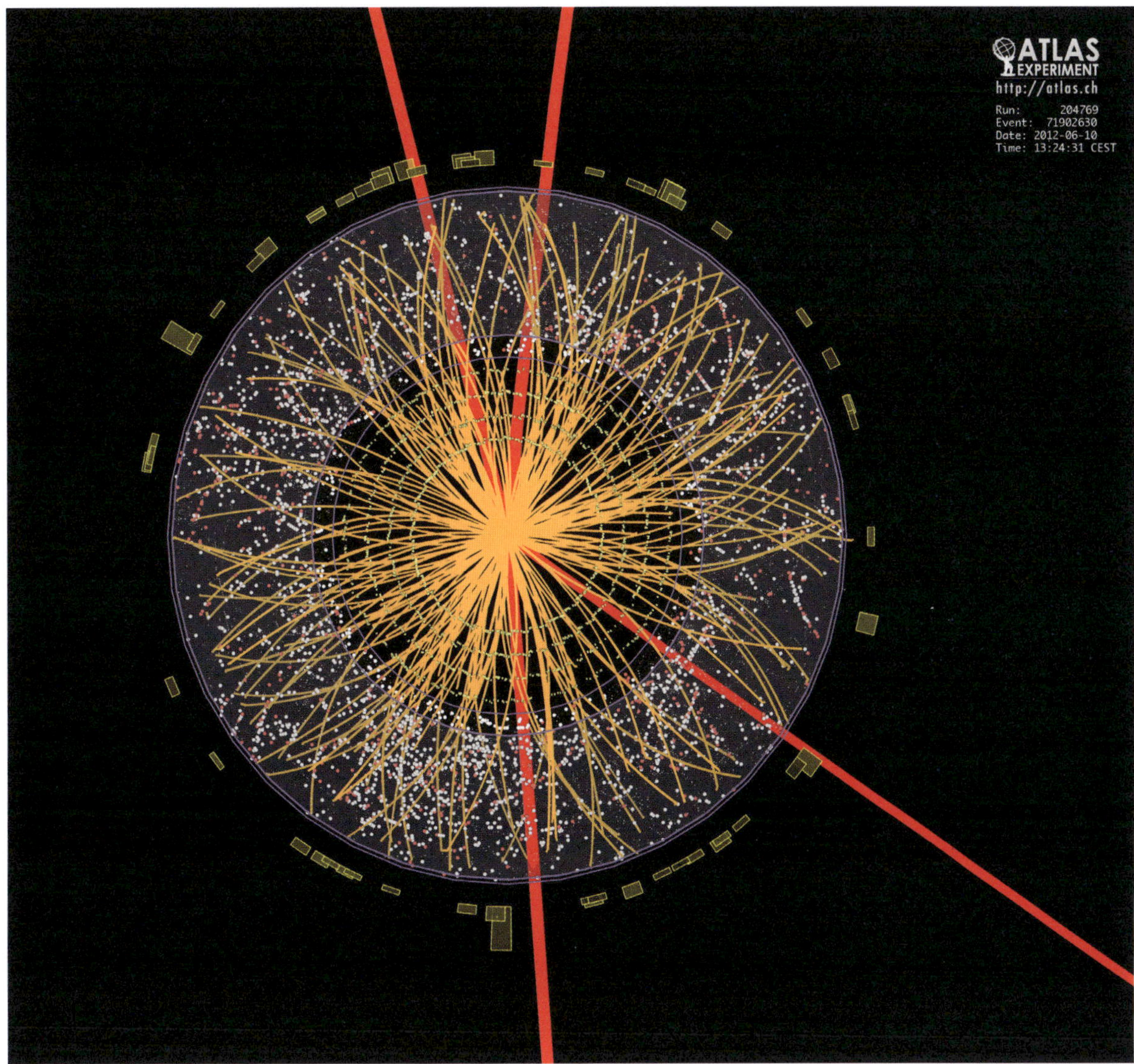

ler in einem der Riesenmagnete, die den zirkulierenden Protonenstrahl stabil hielten, zu einer Explosion, die einen Teil des Tunnels zerstörte. Es dauerte neun Monate, bis das Gerät wieder funktionierte. Trotz des Rückschlags verkündeten das CMS- und das ATLAS-Team im Juli 2012 ihre Ergebnisse. Unter Jubel und sogar Tränen, vor allem denen des 82-jährigen Higgs, der im Publikum saß, gab CERN-Generaldirektor Rolf-Dieter Heuer bekannt, dass sie das Higgs-Boson entdeckt hatten.

Dieser schematische Querschnitt durch den ATLAS-Detektor zeigt die Computer-Rekonstruktion einer Proton-Proton-Kollision, die am 4. Juli 2012 bei der Suche nach dem Higgs-Boson aufgezeichnet wurde.

KAPITEL VIER

Was ist Licht?

Licht als Wellen: klassische Optik

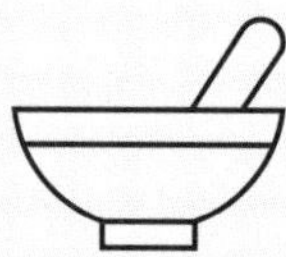

Licht ist einer der ältesten Forschungsgegenstände, aber auch einer der geheimnisvollsten. Es spielt eine wesentliche Rolle für unsere Erfahrungen mit der Welt, und doch ist es unstofflich, flüchtig, ungewiss. Licht folgt strengen Regeln und eignet sich daher ideal für experimentelle Studien, und in der Naturphilosophie des Mittelalters und den Anfängen der modernen Wissenschaft nahm es eine zentrale Position ein. Doch wir sollten nicht vergessen, dass diese Faszination theologische Wurzeln hat: Licht war ein Symbol des Göttlichen – vor allem, wenn es einen Regenbogen an den Himmel malte. Gleichzeitig lag ein praktischer Nutzen in dem Wissen um den Umgang mit Licht: für die Herstellung von Spiegeln und Augengläsern und später für den Einsatz von Heliografen zur Signalübermittlung über große Entfernungen. Als Experimente im 19. Jahrhundert zeigten, dass Licht sowohl mit Elektrizität als auch mit Magnetismus zusammenhing, schien klar, dass es dabei helfen könnte, die größten Geheimnisse der Natur zu lüften.

31

Die Camera obscura (frühes 11. Jahrhundert)

Wie funktioniert eine Lochkamera?

Viel von dem, was uns heute über das Wissen des alten Griechenlands bekannt ist, besonders in Wissenschaft und Philosophie, verdanken wir Gelehrten in der islamischen Welt des frühen Mittelalters. Die Länder unter islamischer Herrschaft reichten von Südspanien bis zum Kaspischen Meer und dem heutigen Afghanistan und Indien. Hier wurden griechische Autoren ins Arabische übersetzt und ehrfürchtig studiert, aber ihre Konzepte wurden auch angezweifelt, verbessert und erweitert. Während früher die allgemeine Auffassung vorherrschte, dass die islamische Welt das Wissen der klassischen Zivilisation nur bewahrt habe, wissen wir heute, dass ihre Gelehrten viele eigene Beiträge leisteten, vor allem in der experimentellen Wissenschaft. Das Erbe islamischer Gelehrter wird heute noch in verschiedenen Wörtern der Wissenschaft sichtbar: Algebra, Algorithmus, Alkali, Alkohol. Im westlichen Mittelalter und der Renaissance wurden einige dieser Gelehrten ebenso verehrt wie Aristoteles oder Platon.

Zu Beginn des Abbasiden-Reiches im 8. Jahrhundert verwandelte der Kalif al-Mansūr Bagdad in eine Zitadelle des Lernens und gründete das «Haus der Weisheit», ein islamisches Gegenstück zur berühmten Bibliothek von Alexandria. Hier konnten Gelehrte Ptolemäus' Astronomie, Euklids Mathematik, Aristoteles' Physik und Philosophie und Galens Medizin studieren. Diese Ära neigte sich bereits dem Ende zu, als Abū 'Alī al-Hasan ibn al-Haitam um 965 in Basra geboren wurde. Ibn al-Haitam arbeitete in Kairo, der Hauptstadt des Fatimiden-Kalifats in Nordafrika, und ist heute hauptsächlich für sein monumentales *Kitāb al-Manāzir* (Schatz der Optik) bekannt. Es ist ein bemerkenswert modern anmutendes Werk, das Experimente mit allen Apparaturen, Messungen, Ergebnissen und Schlussfolgerungen beschreibt – heutigen Forschenden würde Ibn al-Haitams Arbeitsweise durchaus vertraut vorkommen. Mithilfe der Geometrie und Mathematik Euklids entwickelte er eine detaillierte Theorie des Sehens, in der es um die Reflexion, Übertragung und Brechung von Lichtstrahlen ging. In Europa war er unter seinem latinisierten Namen Alhazen bekannt, und im 13. Jahrhundert stammte der Großteil dessen, was man hier über Licht und Optik wusste, aus seinem Buch.

Ibn al-Haitam ergründete die Prinzipien hinter einem optischen Gerät namens Camera obscura, das seit der Antike bekannt war. Im Wesentlichen handelt es sich dabei um eine Lochkamera: Licht fällt durch ein winziges Loch in einer Seite in einen Kasten oder eine Kammer auf eine Bildfläche auf der gegenüberliegenden Seite, wo ein Abbild der Szene auf dem Kopf

Schematische Darstellung der Augen und der dazugehörigen Nerven. Aus einer Ausgabe von Ibn al-Haitams *Kitāb al-Manāzir* aus dem 11. Jahrhundert, MS Fatih 3212, Bd. 1, Manuskriptsammlung der Süleymaniye-Moschee, Istanbul, Türkei.

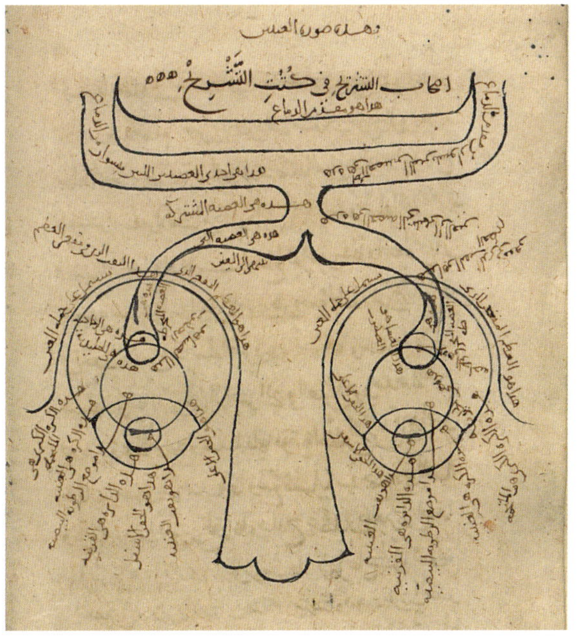

stehend sichtbar wird. Ibn al-Haitam erklärte diese Umkehrung mit dem Weg der Lichtstrahlen beim Durchqueren des Lochs und stellte damit eindeutig fest, dass Licht einen leeren Raum in geraden Linien durchquert. Ibn al-Haitam führte auch aus, dass Licht nach dem Einfall durch das Loch – nachdem beispielsweise ein Vorhang beiseitegezogen wurde – eine bestimmte Zeit braucht, um die hintere Wand zu erreichen. Damit deutete er an, dass das Licht eine endliche Geschwindigkeit hat (allerdings viel zu groß, als dass er sie messen konnte). Ibn al-Haitam ließ sich in seinen Vorstellungen stets vom Experiment leiten. Er stellte eine Camera obscura her und nutzte sie – wie die Menschen es heute noch tun – zum Betrachten einer partiellen Sonnenfinsternis, indem er ein Bild der teilweise vom Mond verdeckten Sonnensichel erzeugte. Wahrscheinlich war seine Apparatur keine einfache Schachtel, sondern eher ein ganzes Zimmer oder eine Kammer (er verwendete den Begriff *al-Bayt al-Muzlim,* was so viel heißt wie «dunkler Raum»), wo die Bilder an die hintere Wand projiziert wurden.

Der *Schatz der Optik* steckt voller detaillierter Beschreibungen experimenteller Verfahren: «Der Experimentator soll eine Kammer verwenden, in die das Sonnenlicht durch eine weite Öffnung von nicht weniger als einer Elle fällt, und das Licht soll den Boden der Kammer erreichen […].» Aus solchen sorgfältigen Beobachtungen, so Ibn al-Haitam, kann man zu allge-

IBN AL-HAITAM
UM 965 BIS UM 1040

Abū ʿAlī al-Hasan ibn al-Haitams Ausbildung deutet darauf hin, dass er aus einer wohlhabenden Familie stammte, und es könnte sein Ruf als mathematisches Genie gewesen sein, der den Fatimiden-Kalifen dazu brachte, ihm um 1010 einen Posten am Hof in Kairo anzubieten. Der Legende nach schlug Ibn al-Haitam dem Kalifen sofort vor, einen großen Nildamm zu bauen, der die Überschwemmungen in Schach halten würde – nur um dann festzustellen, dass das Projekt deutlich zu ambitioniert war. Um dem Zorn des Kalifen zu entgehen, täuschte Ibn al-Haitam angeblich Wahnsinn vor und wurde bis zum Tod des Kalifen 1021 unter Hausarrest gestellt, was dem Gelehrten die Freiheit schenkte, seine Studien weiterzuverfolgen. Solche Erzählungen machen die Wissenschaftsgeschichte unterhaltsam, sind aber aus genau diesem Grund mit Vorsicht zu genießen.

Siehe auch: Experiment 32: Regenbogen-Modelle, frühes 14. Jahrhundert (Seite 140); Experiment 33: Der Ursprung der Farben, 1666 (Seite 144).

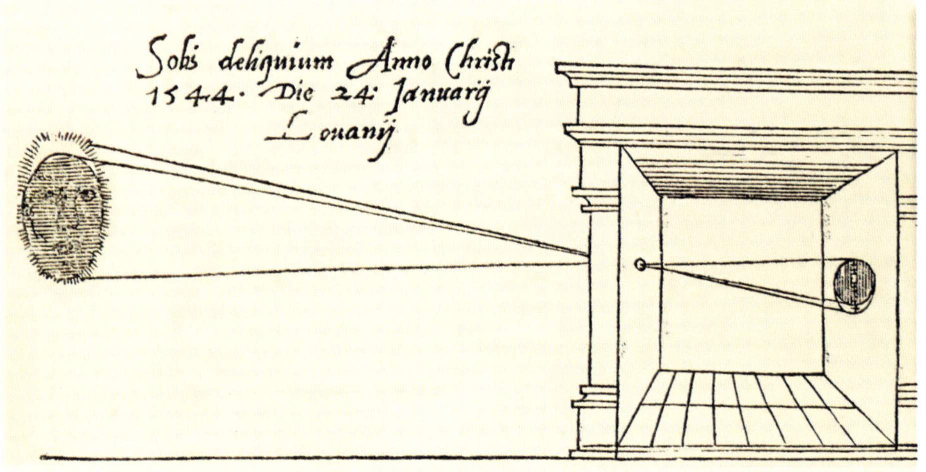

Diese Illustration einer Sonnenfinsternis, die am 24. Januar 1544 von Gemma Frisius beobachtet wurde, gilt als früheste Darstellung einer Camera obscura. Aus: Frisius: *De Radio Astronomica et Geometrica Liber,* Antwerpen: G. Bontius und Louvain: P. Phalesius, 1545. John Brown Carter Library, Rhode Island.

meinen Hypothesen übergehen: «Wir sollten in unseren Untersuchungen und Argumentationen allmählich und geordnet aufsteigen, und dabei Voranannahmen kritisch betrachten und in Bezug auf Schlussfolgerungen Vorsicht walten lassen.» Eine makellose Beschreibung, wie experimentelle Wissenschaft zu einem Verständnis natürlicher Phänomene führen kann.

Ibn al-Haitams Konzepte durchdrangen über die nächsten Jahrhunderte hinweg die Theorien des Sehens. Das Auge wurde nun als eine Art optisches Gerät verstanden, ähnlich einer Camera obscura, in der die Netzhaut als Bildfläche dient und die Linse das Licht bündelt. Obwohl er viel über den Mechanismus des Sehens schrieb, stellte er selbst kurioserweise diese Verbindung nicht her – einschließlich der logischen Folge, dass das Bild verkehrt herum auf die Netzhaut geworfen wird und vom Gehirn umgedreht werden muss. Dennoch setzte sein Werk neue Maßstäbe für die Untersuchung der Natur auf der Grundlage von Erfahrung und systematischer Beobachtung.

Oben: Illustration des dozierenden Aristoteles. Aus: Gabriel ibn Bochtischu: *Kitāb na't al-hayawān* (Buch über die Merkmale der Tiere), um 1220. The British Library, London.

Unten: Leonardo da Vincis Zeichnung zeigt die Ähnlichkeiten zwischen dem Auge und einer Camera obscura. Tinte auf Pergament, aus: Leonardo da Vinci: *Codex Atlanticus,* Italien, 1478–1519, Biblioteca Ambrosiana, Mailand.

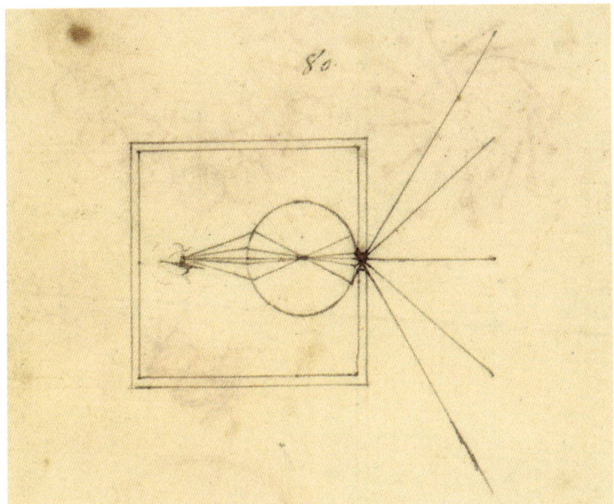

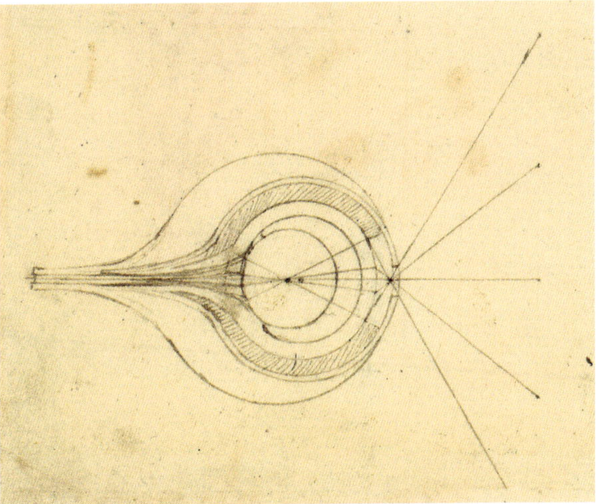

32

Regenbogen-Modelle (frühes 14. Jahrhundert)

Wie entsteht ein Regenbogen?

Von allen natürlichen Manifestationen optischer Phänomene galt der Regenbogen lange als die prächtigste. Sein Symbolgehalt ist universell: Er ist Gottes Zeichen eines «Bundes […] zwischen mir und […] der Erde», wie er Noah nach der Sintflut verkündet; er ist die Brücke zwischen dem irdischen Reich und Walhalla in der nordischen Mythologie, und für die Griechen wurde er von Iris verkörpert, der Götterbotin des Olymps. Doch für einen engagierten Naturforscher wie Aristoteles war er auch ein Phänomen, das sich durch Vernunft und Logik erklären lassen musste: durch Physik. In seinem Buch *Meterorologica* führt er an, dass der Regenbogen durch Sonnenlicht verursacht wird, das von Wolken wie von einem Spiegel reflektiert wird. Das lässt natürlich einige Fragen offen. Warum ein Bogen? Woher die Farben?

Damals lautete die verbreitete Auffassung, dass Licht durch die Interaktion mit Materie verändert wird. Weißes Sonnenlicht, das durch ein Prisma fällt, werde daher mit dem bekannten Spektrum von Rot über Gelb und Grün bis Blau und Violett «gefärbt». (Was genau die Farben des Regenbogens sind, löste einige Diskussionen aus; in der mittelalterlichen Kunst wird er oft als ein rot-gelb-grünes Band dargestellt, ein Anklang an die heilige Dreifaltigkeit.) Einige argumentierten, dass die kreisrunde Form des Regenbogens vielleicht ein Spiegelbild der Form der Sonne selbst sei.

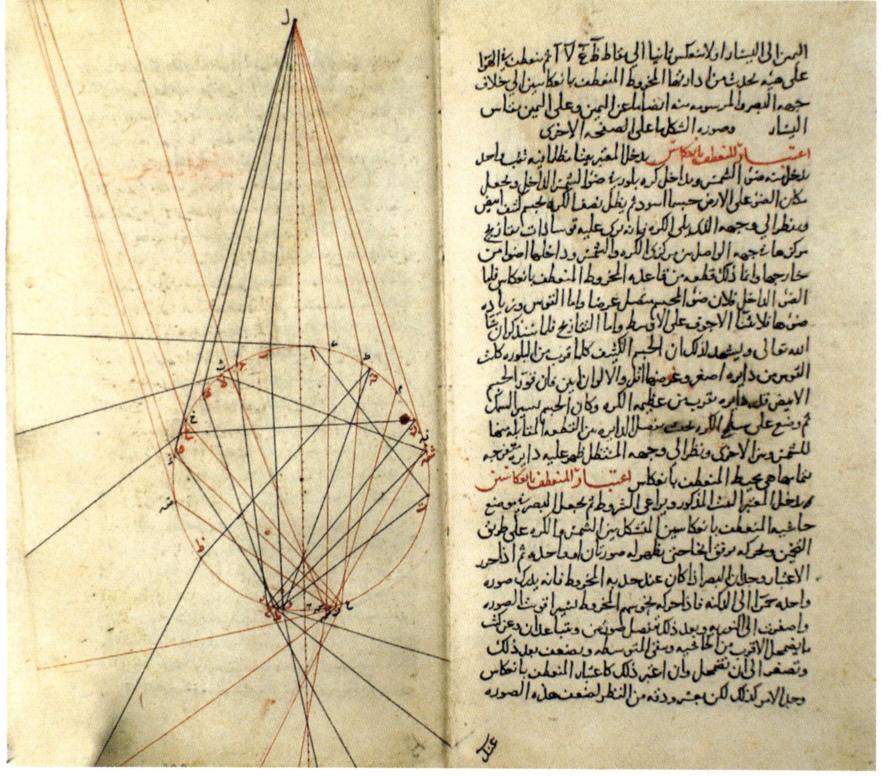

Diagramm aus Kamāl al-Dīn al-Fārisīs eigenhändigem Manuskript *Tanqih al-Manazir* («Überarbeitung der Optik Ibn al-Haitams»), 1309. Adilnor Collection, Malmö, Schweden.

Regenbögen fielen unweigerlich in Ibn al-Haitams Zuständigkeit (siehe Seite 137); seine Teiltheorie zur Reflexion wurde im frühen 14. Jahrhundert von dem persischen Mathematiker Kamāl al-Dīn al-Fārisī verbessert. Im Westen wurde der Regenbogen im 13. Jahrhundert von verschiedenen berühmten Gelehrten untersucht, darunter Albertus Magnus in Deutschland sowie Roger Bacon und Robert Grosseteste in England. Keiner von ihnen löste das Problem, doch den größten Erkenntnissprung des Mittelalters machte im frühen 14. Jahrhundert ein Dominikanermönch namens Dietrich von Freiberg. 1304 wurde er von seinem Ordensmeister gebeten niederzuschreiben, was er über dieses Naturphänomen wusste, was darauf hindeutet, dass er es bereits einige Zeit studiert hatte. Das Ergebnis war sein *De iride et radialibus impressionibus* («Über den Regenbogen und die durch Strahlen erzeugten Eindrücke»), verfasst irgendwann zwischen 1304 und 1310. Es gehört zu den schönsten Belegen für den intellektuellen Elan des Mittelalters und ist damit ein Gegenentwurf zu dem verbreiteten Zerrbild, dass mittelalterliche Gelehrte nichts weiter taten, als unreflektiert Aristoteles' Konzepte wiederzukäuen, die sie dem christlichen Dogma anpassten. Dietrich erweist Aristoteles' Ansichten zum Regenbogen die gebührende Ehre, zitiert dann aber die eigenen Worte des Griechen, um seinen Widerspruch zu rechtfertigen – denn hatte Aristoteles nicht gesagt, man solle «niemals von dem abweichen, was die Sinne erkennen lassen»? Das ist eine Einladung zu Empirismus und Experiment: selbst hinzusehen, statt einfach etablierte Autoritäten zu übernehmen. Wahres Wissen, schreibt Dietrich, entspringt der «Vereinigung verschiedener untrüglicher Experimente mit der Wirksamkeit der Argumentation».

Es überrascht nicht, dass ein Teil dieser Argumentation uns heute verblüfft. Dietrich postulierte, es gäbe vier Farben im Regenbogen: Rot, Gelb, Grün und Blau. Doch statt sie als Phänomene zu begreifen, die es zu erklären gilt, macht er daraus beinahe Axiome und behandelt sie nach Art der antiken Philosophie: als Kategorien, die in ein System gebracht werden müssen. Aristoteles zufolge sind Farben in Gegenpaaren organisiert, die letzten Endes durch die Dualität von Licht und Dunkel entstehen. Für Dietrich sind Rot und Gelb «helle» oder klare Farben, die davon abhängen, wie «beschränkt» das Medium ist, in dem sie entstehen. Grün und Blau sind «dunkle» oder trübe

Dietrichs Erklärung des Regenbogens bezog erstmals sowohl Brechung als auch Reflexion ein, wenn Lichtstrahlen durch einen Regentropfen fallen. Aus: Dietrich von Freiberg: *De iride et radialibus impressionibus*, III, 2, 5. In: Manuscript Basel F.IV.30, Universität Basel, Schweiz.

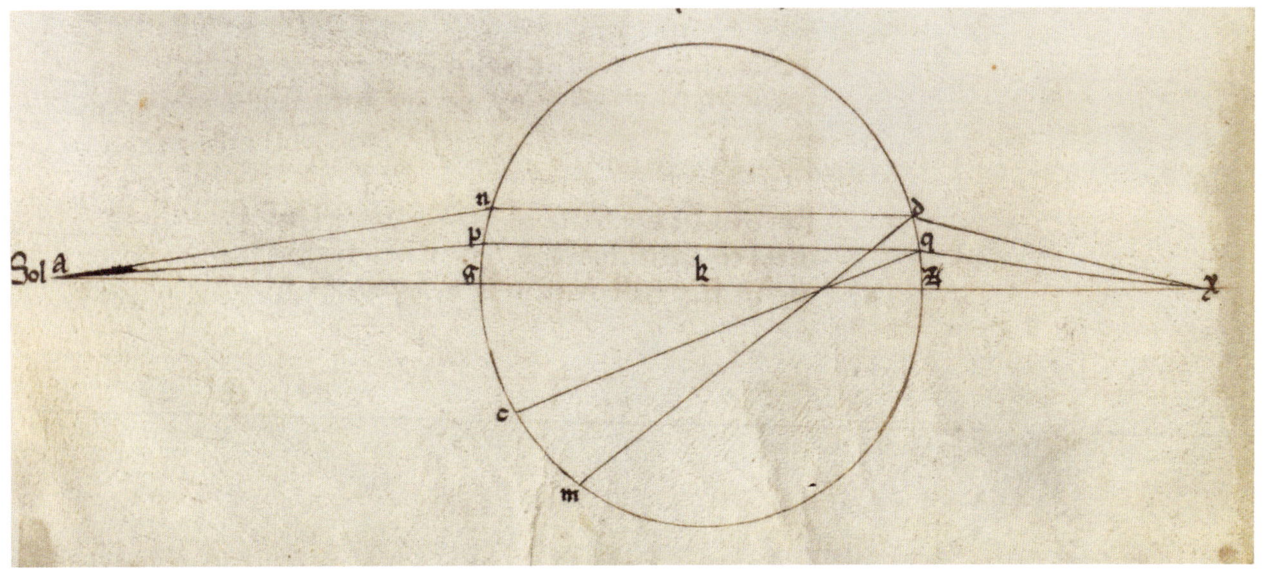

DIETRICH VON FREIBERG
UM 1250 BIS UM 1310

In Dietrich von Freiberg finden wir das ideale Gegenbeispiel für die Behauptung, dass die Kirche Neugier auf die Natur ablehnte und unterdrückte. Um die Zeit herum, als Dietrich in Paris studierte, tobte dort ein berüchtigter Machtkampf zwischen den Naturgesetzen, wie Aristoteles sie formuliert hatte, und der Allmacht Gottes. Doch der Disput hielt den frommen Dominikaner Dietrich offenbar nicht von seinen Studien des Lichts ab oder von der kühnen Behauptung, neues Wissen erlangt zu haben. Das Rätsel liegt eher darin, wie er neben seinen vielen administrativen Pflichten für die Kirche die Zeit dafür fand.

Siehe auch: Experiment 31: Die Camera obscura, frühes 11. Jahrhundert (Seite 137); Experiment 33: Der Ursprung der Farben, 1666 (Seite 144).

Farben, die von der Undurchlässigkeit des Mediums erzeugt werden. Diese Überlegungen haben eher den Anschein eines Ad-hoc-Systems. Doch Dietrich glaubte, damit die Reihenfolge erklären zu können, in der diese Farben im Regenbogen erscheinen: durch das, was mit den Sonnenstrahlen passiert, wenn sie auf einen Regentropfen fallen. Insbesondere machte er den entscheidenden Schritt, nicht nur von der Reflexion durch die Tropfen auszugehen wie Aristoteles und auch nicht ausschließlich die Brechung in Betracht zu ziehen wie Albertus Magnus und Robert Grosseteste, sondern beides zusammenzubringen. In einer Illustration in *De iride,* die nicht nur bemerkenswert modern, sondern auch im Grunde korrekt ist, zeigt Dietrich, wie die Strahlen in die der Sonne zugewandte Seite eines Tropfens eindringen, dabei gebrochen werden, dann von der inneren hinteren Oberfläche zurückgeworfen werden, erneut den Tropfen durchqueren und beim Austreten wieder gebrochen werden. Auf diese Weise laufen die Strahlen von der Sonne in die Regentropfen und wieder hinaus, bevor sie das menschliche Auge erreichen. Je nachdem, wie weit sie sich von der «Beschränkung» der Tropfenoberfläche entfernen, nehmen sie dabei unterschiedliche Farben an. Nicht die Wolke als Ganzes fungiert hier also als Spiegel, sondern jeder Regentropfen ist ein eigenes kleines Prisma und ein Reflektor.

Dietrich hatte insofern recht, als unterschiedliche Pfade, jeweils mit zwei Brechungen und einer Reflexion, unterschiedlichen Farben entsprechen. Darüber hinaus erklärt er die Kreisform des Bogens aus der Rotationssymmetrie des Gesamtsystems aus Sonne, Tropfen und Beobachter: Nichts verändert sich, wenn man es rotiert. Und er kann das gelegentliche Erscheinen eines zweiten Bogens mit umgekehrter Farbreihenfolge durch doppelte Reflexionen von der Innenwand der Tropfen erklären.

Doch er irrt sich bei der Erzeugung der Farben. Und er begibt sich geometrisch auf dünnes Eis, indem er annimmt, dass Sonne und Beobachter sich in ähnlicher Entfernung von den Regentropfen befinden, sodass die Sonnenstrahlen auseinanderlaufen, statt im Wesentlichen parallel zueinander aufzutreffen. Er hat auch auf merkwürdige Weise unrecht, was die geometrischen Eigenschaften des Regenbogens angeht, wenn er behauptet, dass der größte Höhenwinkel am höchsten Punkt über dem Horizont 22 Grad beträgt, obwohl längst bekannt war, dass er fast doppelt so groß ist. Der offenkundige Widerspruch wirft die Frage auf, wie stark zu Dietrichs Zeiten das Bedürfnis nach einer Übereinstimmung von Theorie und Beobachtung war. Der springende Punkt war jedoch, dass er all das nicht nur durch Ableitungen schlussfolgerte: Er untersuchte es im Experiment. Er *modellierte* Regenbögen (wie wir heute sagen würden) mithilfe von kugelförmigen, mit Wasser gefüllten Flaschen – möglicherweise solchen, die in der Medizin zur Sammlung und Untersuchung von Urin verwendet wurden. Das ist ein bemerkenswerter Schachzug. Es war nicht klar, dass Wassertröpfchen in Wolken kugelförmig sind, und natürlich sind sie viel kleiner als Flaschen – es liegt also nicht auf der Hand, dass diese im Experiment ein geeigneter Ersatz wären. Aber das war Dietrichs Vermutung, und es spiegelt die experimentelle Praxis von heute wider: ein komplexes natürliches

System durch eine einfache, idealisierte Nachbildung zu ersetzen, die sich bequem im Labor studieren lässt.

Dietrichs Erklärung für den Regenbogen blieb über drei Jahrhunderte die beste, die zur Verfügung stand. Als René Descartes in seinem Werk *Les Météores* von 1637 über den Regenbogen schrieb, unterschied sich seine Arbeit kaum von Dietrichs Beschreibung, bis hin zum Experimentieren mit Glaskugeln. Doch er erwähnt Dietrich kein einziges Mal – ein derartiges Versäumnis, einem Vordenker die gebührende Anerkennung zu zollen, würde heute nicht ungestraft bleiben.

Meteorology: A Double Rainbow. Farblithografie von René-Henri Digeon nach Etienne Ronjat, 1868. Wellcome Collection, London.

33

Der Ursprung der Farben (1666)

Warum wandelt ein Prisma Licht in ein vielfarbiges Spektrum um?

Das Rätsel des Regenbogens wurde im 17. Jahrhundert durch die Arbeit des Wissenschaftlers gelöst, den manche als den größten aller Zeiten ansehen. 1666 führte Isaac Newton – damals ein 23-jähriger Cambridge-Absolvent – ein Experiment durch, das unser Verständnis des Lichts transformierte. Während damals allgemein angenommen wurde, die Regenbogenfarben – Spektrum genannt –, die entstehen, wenn weißes Licht (wie Sonnenlicht) durch ein Glasprisma fällt, würden durch eine Eigenschaft des Prismas verursacht, die das Licht verändert, zeigte Newton, dass die Farben bereits im Licht selbst enthalten sind.

Der Legende nach führte Newton das Experiment auf seinem Familiensitz in Woolsthorpe in Lincolnshire durch, wohin er zurückgekehrt war, um der Pest zu entgehen, die 1665 in England wütete. Er brauchte dafür schließlich keine ausgeklügelten Apparaturen – nur einige Prismen, die man beinahe auf jedem Markt kaufen konnte (wobei er natürlich hochwertige Exemplare brauchte). Das mag zwar zutreffend sein, doch Newton hatte solche Experimente schon länger in seinem Zimmer in Cambridge geplant; es war nicht allein die Pest, die den Sprung in seinem Verständnis der Optik anregte.

Newton berichtete von seinen Ergebnissen erst sechs Jahre später, als er einen Bericht an die Royal Society in London schickte, das intellektuelle Zentrum der «experimentellen Philosophie» Mitte des Jahrhunderts. Er war bekannt für seine Zurückhaltung bei der Veröffentlichung seiner Studienergebnisse und ließ sich nur unter vielen Schmeicheleien davon überzeugen, seine gefeierten Bewegungsgesetze und die Theorien über die Bewegungen der Planeten 1687 in seinem Meisterwerk *Principia Mathematica* niederzuschreiben. Das Buch, in dem er seine Experimente und Theorien zum Licht festhielt, wurde 1704 endlich veröffentlicht. Das lag weniger daran, dass Newton seiner Arbeit so bescheiden gegenüberstand; im Gegenteil, er hütete sie eifersüchtig und reagierte sehr empfindlich auf Kritik.

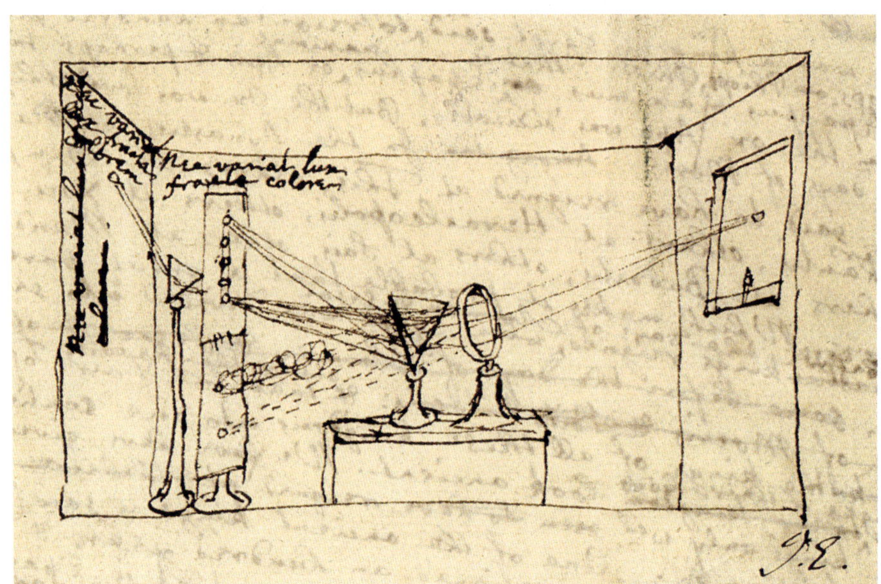

Isaac Newtons Tintenskizze seines *experimentum crucis*, in dem er Sonnenlicht mithilfe einer Camera obscura und zweier Prismen brach. Um 1666, MS 361/2, New College Library, University of Oxford.

Newton beginnt seinen Bericht von 1672 mit der Beschreibung seiner Überraschung, dass das farbige Spektrum, das sein Prisma hervorbrachte, rechteckig statt rund war, «wie die allgemein akzeptierten Gesetze der Lichtbrechung» hätten vermuten lassen. Ein scheinbar eher belangloses Rätsel, vor allem, da es zu so tiefgreifenden Schlussfolgerungen führt. Tatsächlich ist seine «Überraschung» wenig glaubhaft, denn dieser Prisma-Effekt war hinlänglich bekannt – nicht zuletzt Newton selbst, der seit seiner Kindheit von solchen Instrumenten fasziniert war. Newton frönte hier zweifellos einer Praktik, die heute in wissenschaftlichen Abhandlungen üblich ist: eine retrospektive Geschichte zu konstruieren, um einer Beschreibung von Experimenten, die eventuell viel zufälliger und ursprünglich vielleicht mit einer ganz anderen Zielsetzung entstanden waren, einen nachvollziehbaren narrativen Bogen zu geben. Auf jeden Fall begann Newton mit einer umfangreichen Experimentreihe, um herauszufinden, was das Prisma mit dem Licht anstellte. Man sieht ihn beinahe vor sich, wie er mit Prismen, Bildflächen und Linsen spielt, bis er eine Konfiguration gefunden hatte, die es ihm ermöglichte, einige klare Hypothesen zu formulieren und zu untersuchen. Es ist eine übliche Situation für die experimentelle Wissenschaft: Man möchte ein Phänomen untersuchen, ist sich aber nicht ganz sicher, wie die richtigen Fragen lauten, ganz zu schweigen davon, wie man seine Instrumente und Messgeräte einsetzen könnte, um sie zu beantworten. Man muss ein *Gefühl* für das System entwickeln, das man untersuchen möchte.

Newton schloss die Fensterläden seines Zimmers, sodass nur noch ein einzelner dünner Lichtstrahl durch ein Loch in das Prisma fiel. In dem entscheidenden Experiment untersuchte Newton das Wesen des Lichts, *nachdem* es aus dem Prisma ausgetreten war. Wenn das Licht durch eine Umwandlung Farben annahm, die das Prisma verursachte, dann könnte man erwarten, dass die Durchquerung eines zweiten Prismas das Licht erneut verändern würde. Newton verwendete ein Brett mit einem Loch, um das ganze Spektrum bis auf eine einzige Farbe – zum Beispiel Rot – abzuschirmen, und ließ das farbige Licht dann durch das zweite Prisma fallen. Er sah, dass dieses

ISAAC NEWTON | 1642–1727

John Maynard Keynes' berühmte Bemerkung, dass Isaac Newton nicht der erste wahre Wissenschaftler war, sondern der «letzte Magier», macht deutlich, wie schwer sich die Geschichtswissenschaft tut, den Mann zu begreifen, den manche für den glorreichsten Wissenschaftler aller Zeiten halten. Newton wurde am Weihnachtstag 1642 in Lincolnshire geboren und war in jeder Hinsicht ein Wunderkind. 1661 nahm er sein Studium am Trinity College in Cambridge auf; acht Jahre später hatte er im Alter von 27 Jahren den renommierten Lucasischen Lehrstuhl für Mathematik inne. Newtons Arbeit lieferte den Anstoß für die heute noch weitgehend bestehende Vorstellung, dass sich die ganze physikalische Welt auf der Grundlage zugrunde liegender mathematischer Gesetze erklären lässt, die die Bewegungen und Interaktionen von Teilchen steuern. Im 18. Jahrhundert brachte dieses Bild einige Gelehrte dazu, eine Art weltlicher «Newton-Religion» zu fordern. Dennoch war Newton zeitlebens tief religiös, wenn auch auf unorthodoxe Weise. Er lehnte die heilige Dreifaltigkeit ab und verbrachte die späteren Jahre seines Lebens mit dem Versuch, eine Chronologie des Alten Testaments zu erstellen und die apokalyptischen Prophezeiungen zu verstehen. Darüber hinaus glaubte er fest an die alchemistische Umwandlung von Metallen, und das zu einer Zeit, in der viele diese alte Vorstellung bereits aufgaben. Als er mit seiner Abhandlung *Principia Mathematica* (1687) über die Mechanik und später seiner *Opticks* (1704) die Wissenschaft revolutioniert hatte – hier passt der Begriff ausnahmsweise wirklich einmal –, gab Newton seine wissenschaftlichen Forschungen weitgehend auf, nachdem er 1689 für Cambridge ins Parlament eingezogen und 1699 Leiter der Münzprägeanstalt geworden war.

Siehe auch: Experiment 32: Regenbogen-Modelle, frühes 14. Jahrhundert (Seite 140); Experiment 34: Die Wellenform des Lichts, 1802 (Seite 150).

Licht gebrochen – also in einem Winkel – aus dem zweiten Prisma austrat, sonst aber unverändert blieb.

Mit anderen Worten, offenbar lenkt ein Prisma das Licht nur ab (bricht es) und lässt es sonst unverändert. Aber das tut es in unterschiedlichen Graden (das heißt, in unterschiedlichen Winkeln) für verschiedene Farben. Das war an sich noch nichts Neues: Der angloirische Wissenschaftler Robert Boyle hatte das schon 1664 in seinem Buch *Experiments and Considerations Touching Colours* («Experimente und Betrachtungen zu Farben») dargelegt, das Newton gelesen hatte. Aber nur Newton sah, was das bedeutete: dass nämlich die Lichtbrechung alles ist. Die Farben selbst sind bereits im weißen Licht enthalten, und das Prisma trennt sie nur voneinander. Wie er es formulierte: «*Licht* besteht aus unterschiedlich brechbaren Strahlen». Die Farben des Spektrums sind daher «keine *Modifizierungen* des *Lichts* […] (wie allgemein angenommen wird), sondern *ursprüngliche* und *innewohnende Eigenschaften*».

Durch weißes Licht mithilfe eines Prismas erzeugtes Spektrum. Aus: Martin Frobenius Ledermüller: *Drittes Funfzig seiner Mikroskopischen Gemüths- und Augen-Ergötzungen,* 1762, Bd. II, Tafel II, Wellcome Collection, London.

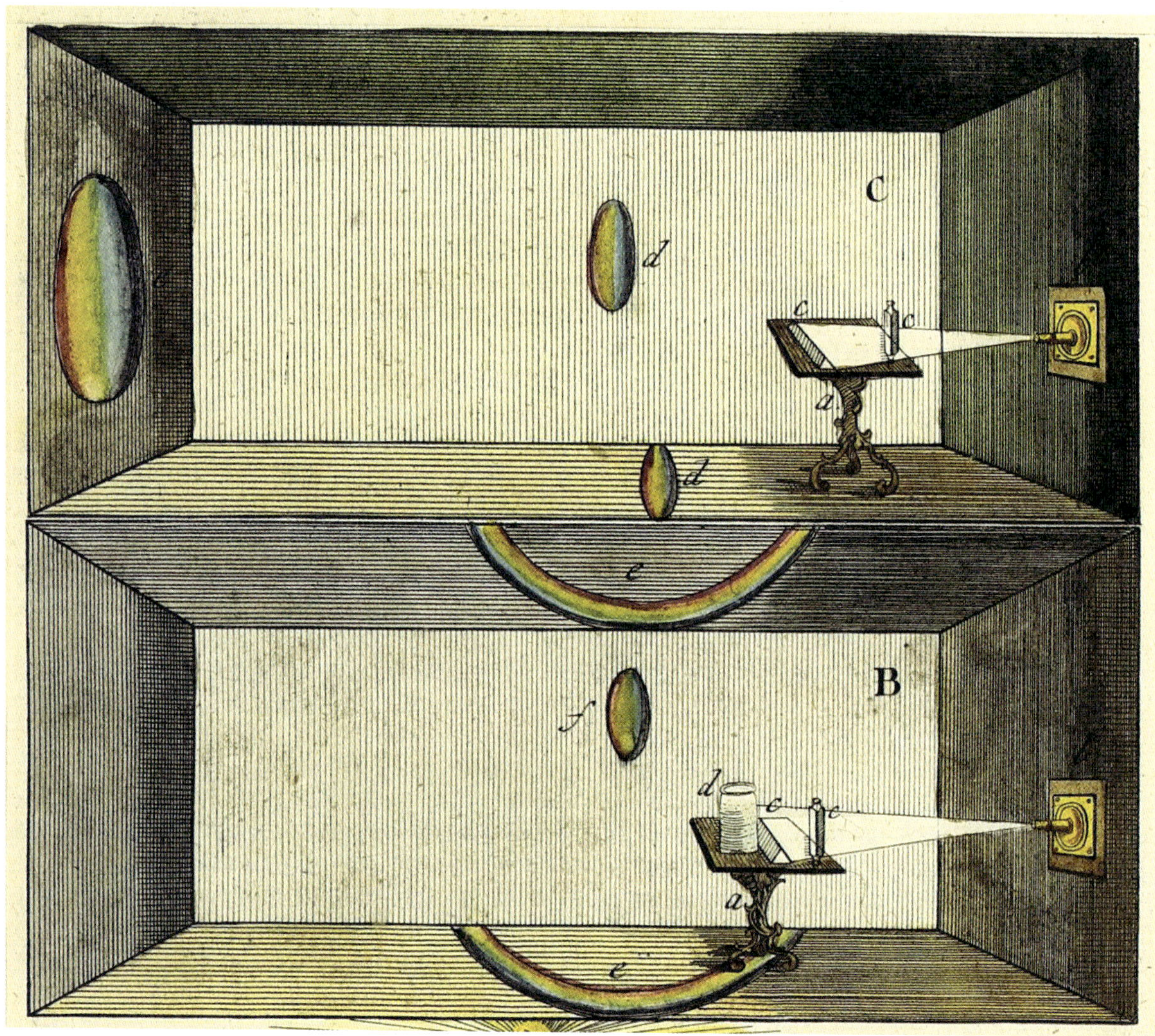

Weißes Licht wird durch ein Prisma gestreut und in die Farben des Regenbogens geteilt (Fotografie).

Das war eine gewagte Interpretation: Sonnenlicht war sozusagen nicht elementar, sondern zusammengesetzt. Um diese Idee zu überprüfen, bündelte Newton ein vielfarbiges Spektrum mithilfe einer Linse zu einem einzigen, zusammengeführten Strahl – der, wie er beobachtete, weiß war. Er ließ diesen wiederhergestellten Lichtstrahl auch durch ein weiteres Prisma fallen, um zu zeigen, dass er sich erneut in ein Spektrum brechen ließ.

Newton legte dar, wie seine Beobachtungen den Regenbogen erklären konnten, der durch die Brechung und Reflexion des Lichtes durch Regentropfen entstand, die wie winzige Prismen wirkten. Die Farben alltäglicher Gegenstände, fügte er hinzu, entstehen dadurch, dass sie «eine Sorte Licht in größerer Fülle» reflektieren «als eine andere». Und die Ergebnisse erklärten auch die Linsenfehler (Newton selbst schliff sie inzwischen recht geschickt aus Glas), bei denen die Brechung unterschiedlicher Farben einen Defokussierungseffekt verursachte, die chromatische Aberration.

Henry Oldenburg, der Sekretär der Royal Society, übermittelte Newton, dass sein Bericht mit «ungewöhnlichem Applaus» aufgenommen wurde, als man ihn im Februar 1672 bei einer Versammlung verlas. Doch nicht alle würdigten ihn. Nachdem die Abhandlung in den *Philosophical Transactions* der Society veröffentlicht worden war, legte ihr interner Experimente-Kurator Robert Hooke, der sich selbst als Experte für Optik betrachtete, mehrere Kritikpunkte vor (die wir heute als irrig erkennen). Newton antwortete mit hochmütiger Herablassung und löste damit eine jahrelange Fehde zwischen ihnen aus. Ein Problem bestand darin, dass Newtons Experimente trotz ihrer offenkundigen Schlichtheit nicht leicht zu replizieren sind: Mehrere Forschende in England und im Ausland versuchten es vergeblich. Doch sie überdauerten die Zeiten und bezeugen damit die Macht des Experiments, buchstäblich das Unbekannte zu erhellen, das in den Augen des Wissenschaftsphilosophen Robert Crease Newtons sogenanntem *experimentum crucis* «eine Art moralischer Schönheit» verleiht.

Porträt von Sir Isaac Newton von Sir Godfrey Kneller, Öl auf Leinwand, 1689. Privatsammlung.

Die Kunst der wissenschaftlichen Instrumentierung

1664 besuchte der englische Tagebuchautor Samuel Pepys das Londoner Geschäft von Richard Reeve, der als der beste Hersteller wissenschaftlicher Instrumente im ganzen Land galt. Dort zahlte er die «beträchtliche Summe» von fünf Pfund und zehn Schilling für ein Mikroskop – damals gerade unentbehrlich für jeden Gentleman, der wie Pepys an Naturphilosophie interessiert war (siehe Seite 34). Pepys nannte es eine «höchst kuriose Spielerei», konnte aber zunächst nicht viel erkennen – selbst bei den heutigen Instrumenten braucht man eine Weile, das Auge daran zu gewöhnen, ein Lichtmikroskop richtig zu nutzen.

Es mag seltsam erscheinen, dass ein Dilettant wie Pepys (der 1686 sogar Präsident der Royal Society wurde, obwohl er selbst keine Forschungen betrieb) in einen Laden stürmte und das neueste wissenschaftliche Instrument kaufte. Heute würde man kaum erwarten, dass ein wohlhabender Intellektueller sich sehnlich ein Kernspinresonanzspektrometer wünscht. Doch im 17. Jahrhundert, bevor die Wissenschaft zum Beruf wurde, konnten Handwerksleute wie Reeve auf einen Kundenstamm aus der wohlhabenden Schicht zählen. Das spiegelte sich auch in ihren Waren wider: Illustrationen von Mikroskopen der damaligen Zeit zeigen Geräte mit eingravierten Verzierungen, die keinerlei praktischem Zweck dienten. Diese Instrumente wurden hergestellt, um im Regal gut auszusehen; es waren Objekte der Begierde und Statussymbole. Wie die Wissenschaftshistorikerin Catherine Wilson es formuliert, könnte man vermuten, «die wissenschaftliche Community im 17. und 18. Jahrhundert wäre eher daran interessiert gewesen, optische Instrumente zu konstruieren und zu besitzen, als an ihrer Verwendung zur Erkundung der Welt».

Ernest Rutherfords Forschungslabor an der University of Cambridge, 1915.

Diese Verknüpfung wissenschaftlicher Instrumente mit dem gesellschaftlichen Status in der Entstehungsphase der modernen Wissenschaft könnte zum Teil erklären, warum die Apparaturen jener Zeit so exquisit hergestellt und besonders schön anzusehen sind und nicht aus dem zweckmäßigen Stahl und Kunststoff moderner Geräte, sondern aus Luxusmaterialien wie Messing und Mahagoni bestehen. Der Technologiehistoriker Derek de Solla Price erklärt, dass Instrumente in früheren Zeiten typischerweise eine dekorative und symbolische Phase durchliefen, bevor sie eine zweckmäßigere Form annahmen. Manche Menschen sammeln diese antiken wissenschaftlichen Instrumente heute wie Kunstwerke, was einige auch sicherlich sind. Doch die Sorgfalt, die auf die ästhetischen Eigenschaften dieser Instrumente verwandt wurde, war nicht nur eine Frage der Verkaufszahlen – es ging darum, Autorität zu schaffen. Die Luftpumpe, die Robert Hooke und Instrumentenmacher Ralph Greatorex in den 1650er-Jahren für Robert Boyles Experimente zu Vakuen herstellten (siehe Seite 48), lag jenseits der Möglichkeiten der meisten anderen Forschenden in Europa, und ihr Bild in Boyles Abhandlung ist ebenso prächtig, wie das Gerät selbst sicherlich war: schwellende Röhren und sprießende Absperrhähne, hingebungsvoll perspektivisch in dramatischer Helldunkelmalerei gezeichnet. Die Botschaft lautet, dass die Ergebnisse, die man mit einem so prachtvollen Gerät erhält, weitaus glaubwürdiger sind als alles, was man einer aus Bordmitteln zusammengestoppelten Apparatur abtrotzen kann. Boyles Luftpumpe prangt auf dem aufwendigen Frontispiz von Thomas Sprats History of the Royal Society von 1667 als Symbol sowohl der Genialität als auch der Autorität der experimentellen Philosophie. Wie die Ehrfurcht einflößenden Teilchenbeschleuniger von heute konnten solche einzigartigen und komplizierten Geräte die Geheimnisse der Natur aufdecken, die weit außerhalb nüchternerer Technologien lag. Dasselbe lässt sich über die wissenschaftlichen Glasgefäße jener Zeit sagen, die es an Eleganz mit jedem Kunstgegenstand für rein dekorative Zwecke aufnehmen konnten. Die Glasbläserei – eine zentrale Fertigkeit in vielen verschiedenen Bereichen der Wissenschaft – wurde von Experimentatoren besonders hoch geschätzt; einige übten die Kunst gar selbst aus. Und jeder technische Glasbläser, der sein Geld wert ist, besitzt mindestens eine künstlerische Ader.

Von der Ästhetik zur funktionalen Sachlichkeit?

Der Kontrast zu einigen der experimentellen Apparaturen der modernen Ära könnte größer nicht sein. Angesichts der Fotos aus dem Cavendish Laboratory in Cambridge Ende des 19. Jahrhunderts, als Ernest Rutherford dort tätig war, fällt es schwer zu glauben, dass dort große atomwissenschaftliche Entdeckungen gemacht wurden. Die Ausstattung ähnelt einem Haufen Gerümpel auf einem alten Küchentisch in einer Garage. Rutherford selbst war dafür berüchtigt, teure Geräte zu meiden und stattdessen lieber selbst gemachte Apparaturen zu verwenden, die aussahen wie aus alten Blechstücken zusammengezimmert. Möglicherweise spiegelte das Improvisierte daran das Muster seiner Theorien wider. Auch der erste Transistor, der 1947 in den AT&T Bell Laboratories aus einem Stück Germanium zurechtgeschustert wurde, hat etwas Improvisiertes und Klobiges an sich, und das erste Rastertunnelmikroskop von 1981 (siehe Seite 116) machte einen viel zu behelfsmäßigen Eindruck für die erforderliche Feinheit, Atome «sehen» zu können. Jetzt, da die Wissenschaft professionalisiert war, gab es beim alltäglichen Experimentieren kein Publikum mehr zu beeindrucken (für die Presse allerdings wurde die Ausrüstung eventuell herausgeputzt).

Trotz aller Fördermittel verfügen in jedem Fall nur wenige Forschende über Gelder von Boyle'schem Ausmaß, die sie für ihre Ausrüstung verschwenden könnten. Dank neuer Möglichkeiten wie 3-D-Druck und Automatisierung durch Roboter lassen sich heute preiswerte wissenschaftliche Instrumente herstellen. Doch das bedeutet nicht, dass die Ästhetik bei modernen Geräten irrelevant ist. In gewisser Hinsicht hat sich die Ästhetik einfach gewandelt und spiegelt nun das Image wider, das die moderne Wissenschaft vermitteln will: unpersönlich und nüchtern (keine leuchtenden Farben!), aber auch schnittig und effizient. Wer einige Zeit mit experimentierenden Forschenden verbringt, erkennt bald, dass sie Instrumente immer noch als Quellen von Prestige und Erfüllung betrachten: Die Ankunft des neuen hochmodernen Mikroskops oder Spektrometers löst Euphorie aus, während das alte … – nun ja, wir hängen an ihm, aber es sieht daneben dermaßen unmodern aus. Das Erste, was Forschende Gästen anbieten, ist ein Rundgang durchs Labor: Instrumente sind nach wie vor eine Quelle des Stolzes und des Wissens.

34

Die Wellenform des Lichts (1802)

Besteht Licht aus Teilchen oder aus Wellen?

Einer der Gründe für den erbitterten Disput zwischen Isaac Newton und Robert Hooke im 17. Jahrhundert war das Wesen des Lichts. Newton war überzeugt, dass es aus Teilchen – «Korpuskeln» – besteht, deren Unterschiede in Masse oder Geschwindigkeit die Ursache für die verschiedenen Farben sind. Hooke behauptete, Licht sei «nichts als ein Impuls oder eine Bewegung, die sich durch ein homogenes, einheitliches und durchsichtiges Medium fortpflanzt» – mit anderen Worten, eine Welle.

Die meisten Naturphilosophen schlugen sich auf Newtons Seite. In wissenschaftlichen Fragen war das im Allgemeinen auch eine kluge Wahl, aber nicht in diesem Fall. Pikanterweise lieferte Newton selbst unwissentlich die Beweise für die Wellenform des Lichts.

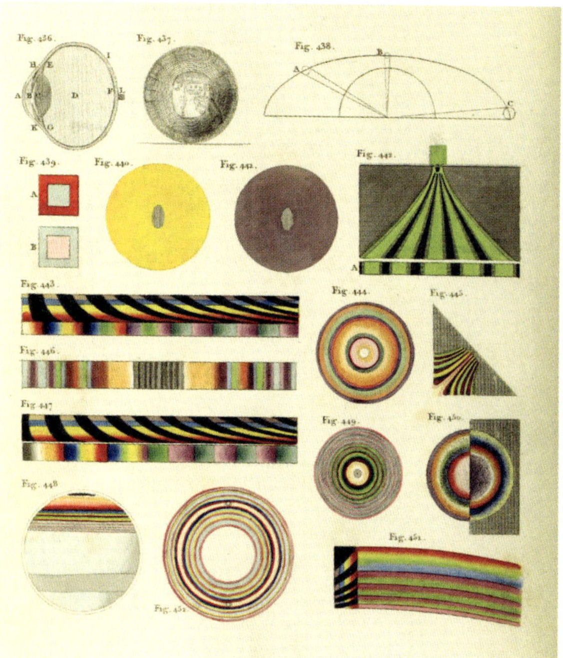

Er beschrieb folgendes Phänomen: Wenn man eine Linse mit der gekrümmten Seite nach unten auf eine flache Glasplatte legt, werden helle und dunkle Ringe (später Newton'sche Ringe genannt) um den Kontaktpunkt sichtbar. Sie werden durch Lichtwellen verursacht, die von den Glasoberflächen in dem schmalen Spalt zwischen Linse und Platte reflektiert werden und sich gegenseitig beeinflussen. Wo die Wellenspitzen zusammenfallen, verstärken sie sich gegenseitig und erhöhen die Helligkeit, was man konstruktive Interferenz nennt. Wenn eine Spitze auf ein Tal trifft, entsteht eine destruktive Interferenz, die dunkle Bereiche erzeugt. Nur eine wellenförmige Beschaffenheit kann das erklären; verstärkt wird diese Ironie noch durch die Tatsache, dass Newton das Phänomen der Interferenz auch mithilfe von Experimenten an Wasserwellen erklärte.

Doch erst mit Beginn des 19. Jahrhunderts wurden zwingende Beweise für die Wellenform des Lichts erbracht. 1800 erklärte der englische Universalgelehrte Thomas Young, wie Interferenz bei Schallwellen entstehen kann, und im folgenden Jahr stellte er die These auf, dass ähnliche Effekte beim Licht eine Erklärung für die Newton'schen Ringe liefern könnte. Er zog den Vergleich mit Wasserwellen, indem er die Lesenden bat, sich zwei Gruppen von Wellen vorzustellen, die aus einem See in einen engen Kanal laufen. «Wenn sie so in den Kanal eintreten, dass die Kämme der einen Gruppe mit denen der anderen Gruppe zusammenfallen», schrieb er, «werden sie zusammen eine Reihe größerer, vereinter Kämme bilden.» Doch wenn sie genau gegenläufig getaktet sind, «bleibt die Wasseroberfläche zwangsläufig glatt.» Wenn Licht aus Wellen besteht, müsste dasselbe passieren, wenn Lichtstrahlen sich kreuzen.

Eine Reihe optischer Effekte, einschließlich des Interferenzmusters. Aus: Thomas Young: *A Course of Lectures on Natural Philosophy and the Mechanical Arts*, London: Gedruckt für J. Johnson, 1807, Bd. 1, Tafel XXX, University of California Libraries.

1803 stellte Young der Royal Society einen Aufsatz vor, in dem er Experimente beschrieb, die eine solche Interferenz erkennen ließen. Er hatte einen Raum lichtdicht verschlossen wie zuvor Newton und dann einen Sonnenstrahl durch einen Nadelstich in einem Stück Papier hineinfallen lassen. Als er einen sehr dünnen Kartonstreifen in den Strahl hielt, sah er farbige Streifen auf beiden Seiten des Schattens, die er als Interferenzmuster des Lichtes deutete, das an beiden Seiten vorbeifiel. Die Farben entstehen, weil die verschiedenen Wellenlängen des Lichts sich an unterschiedlichen Stellen gegenseitig beeinflussen. Trotzdem war Young vorsichtig mit seinen Schlussfolgerungen; er erwähnte keine Wellen, sondern schrieb nur, dass die Beschaffenheit des Lichts eine «starke Ähnlichkeit» zu der des Schalls aufweisen muss. Doch sein Ziel war klar: Er fügte hinzu, «diejenigen, die der Newton'schen Theorie [also der Korpuskulartheorie] des Lichtes anhängen, […] täten gut daran, sich an einer Erklärung dieser Experimente zu versuchen, die aus ihren eigenen Doktrinen abgeleitet ist.»

Und Young hatte noch schlagkräftigere experimentelle Beweise dafür, dass Licht aus Wellen besteht, die er 1802 und 1803 in einer Vorlesungsreihe an der Royal Institution präsentierte. Zuerst zeigte er, wie zwei Gruppen von Wellen, die sich in einem Wassertank ausbreiten, durch Interferenzen eine Reihe von Bändern auf genau die Weise erzeugte, die er zuvor angeführt hatte. Dann führte er dasselbe Experiment mit Licht durch; er erzeugte zwei Lichtquellen, indem er einen Lichtstrahl auf «einen Schirm mit zwei sehr kleinen Löchern oder Spalten» fallen ließ. Diese dienten als Lichtquellen, aus denen auf der anderen Seite Licht in alle Richtungen fiel. Als dieses Licht auf einen weiteren Schirm fiel, wurde es «von dunklen Streifen in nahezu gleiche Abschnitte geteilt» – von Interferenzstreifen.

Wenn Wasserwellen durch das Wasser selbst weitergetragen werden und Schallwellen durch die Luft, welches Medium muss dann fluktuieren, um Lichtwellen zu erzeugen? Young nahm an, dass es ein dünnes, unsichtbares Fluidum geben musste, den Äther, in dem sich die Wellen fortpflanzten. Young veröffentlichte seine Ergebnisse erst 1807, und offenbar konnte er in seinen Vorlesungen das Publikum nicht ganz überzeugen – er war wohl ein eher langweiliger Redner, ohne das Flair eines Humphry Davy, des Stardozenten der Royal Institution. Davy selbst äußerte sich einem Brieffreund gegenüber 1802 skeptisch: «Haben Sie die Theorie meines Kollegen Dr. Young über die Wellenbewegungen eines ätherischen Mediums als Ursache für das Licht gesehen? Die Hypothese wird wohl nicht sehr populär werden nach allem, was Newton darüber sagte.» Einige andere Kritiken an Youngs Wellentheorie des Lichts waren deutlicher und extremer. Als er sie der Royal Society vorstellte, höhnte ein chauvinistischer Kritiker: «Hat die Royal Society ihre Veröffentlichungen auf Bekanntmachungen neuer, modischer Theorien für die Damen der Royal Institution herabgestuft?»

Young war kein guter Anwalt seiner eigenen Ideen, und sie setzten sich erst allmählich durch, als andere sein Doppelspaltexperiment wiederholten. Es ist nicht so leicht durchzuführen, wie es sich anhört, weil es sehr präzise und scharfkantige Löcher oder Spalte erfordert, doch mit etwas Sorgfalt lassen sich die Interferenzstreifen heute mit einem Laserpointer als Lichtquelle im Klassenzimmer erzeugen. Auf jeden Fall ging jedoch die «Teilchentheorie» des Lichts durch das Doppelspaltexperiment nicht zugrunde, sondern erstand später in einer neuen Form wieder auf.

THOMAS YOUNG | 1773–1829

Thomas Young stammte aus einer Quäkerfamilie und war ein Wunderkind, das mit zwei Jahren lesen konnte und mit sechs Latein lernte. Während seines Medizinstudiums entwickelte er ein Interesse an der Funktionsweise des Auges und stellte später die erste Theorie unseres Dreifarbensehens auf. 1801 gab er die Medizin auf, um Professor und Dozent an der neu gegründeten Royal Institution in London zu werden. Young wird gelegentlich als der letzte Universalgelehrte bezeichnet: Er untersuchte die Ausbreitung von Flüssigkeiten, die mechanischen Eigenschaften von Materialien und die Prinzipien der musikalischen Harmonie, sprach außerdem mehrere Sprachen und war ein eifriger Ägyptologe, der an der Entzifferung des Rosetta-Steins und damit der Entschlüsselung alter Hieroglyphen mitwirkte.

35

Messung der Lichtgeschwindigkeit (1849)

Wie schnell breitet sich Licht im Raum aus?

Weil Licht sich so schnell ausbreitet, nahm man vor dem 17. Jahrhundert allgemein an, dass es sich mit unendlicher Geschwindigkeit bewegt, also ein verzögerungsfrei erlebtes Phänomen ist. Galilei zog diese Annahme als einer der Ersten in Zweifel, indem er versuchte, die Lichtgeschwindigkeit zu messen. Dazu stellte er sich mit einer Lampe auf einen Hügel und platzierte einen Assistenten mit einer zweiten Lampe auf einen entfernteren Hügel. Dann nahm er die Abdeckung von seiner Lampe und hieß den Assistenten die Abdeckung von seiner nehmen, sobald er Galileis Lampe sah. Die Methode war viel zu grob für eine realistische Messung, aber sie begründete die Vorstellung, dass das Licht zwar «außergewöhnlich schnell» ist, aus einer entfernten Quelle aber nicht verzögerungsfrei ankommt.

Eine wesentlich bessere Schätzung nahm 1676 der dänische Astronom Ole Rømer vor. Seine Grundlage waren die zeitlichen Verschiebungen von Finsternissen der vier Hauptmonde des Jupiters in Abhängigkeit von den relativen Positionen von Erde und Jupiter auf ihren Bahnen: Die Finsternisse schienen später einzutreten, wenn die beiden Planeten weiter voneinander entfernt waren. Bei astronomischen Entfernungen kommt es zu einer größeren Verzögerung in der Laufzeit, und so konnte Rømer eine recht gute Schätzung von 240 000 Kilometern pro Sekunde ableiten – etwa 80 Prozent des heute akzeptierten Werts von 300 000 km/s. 1728 kam der englische Physiker James Bradley mit einer anderen astronomischen Methode auf eine noch bessere Schätzung von 301 000 km/s.

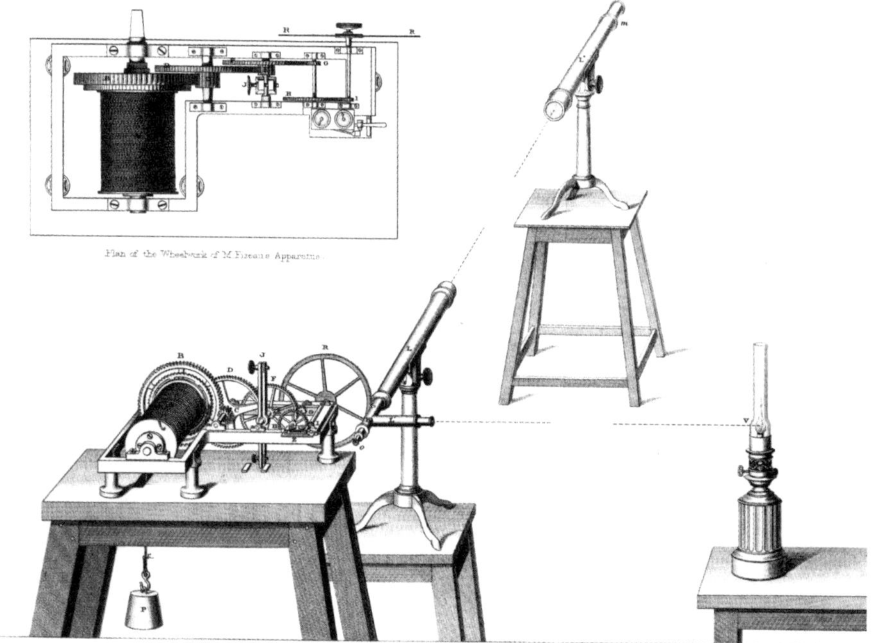

Armand-Hippolyte-Louis Fizeaus Apparatur zur Messung der Lichtgeschwindigkeit, mit der er einen Lichtstrahl durch ein schnell drehendes Zahnrad auf einen Spiegel und zurück warf. Aus: *Astronomie Populaire,* 1858, Bd. IV, Abb. 339, Royal Astronomical Society, London.

1849 entwickelte der französische Wissenschaftler Armand-Hippolyte-Louis Fizeau einen genialen neuen Ansatz. Er arbeitete am Pariser Observatorium mit Léon Foucault zusammen, einem Freund aus dem Medizinstudium. Der Leiter des Observatoriums schlug den beiden vor, einen Versuch zu unternehmen, die Lichtgeschwindigkeit in einem erdbasierten Experiment zu messen. Nachdem sie eine kurze Zeit zusammen daran gearbeitet hatten, beschlossen sie, jeweils eine eigene Methode zu entwickeln.

Fizeaus Plan war es, einen Lichtstrahl durch eine Lücke in einem schnell drehenden Zahnrad zu schicken und von einem Spiegel reflektieren zu lassen. Wenn sich in dem kurzen Augenblick, den das Licht brauchte, um sich vom Zahnrad zum Spiegel und zurück zu bewegen, das Zahnrad so weitergedreht hatte, dass nun ein Zahn an der Stelle war, wo sich vorher die Lücke befunden hatte, würde der Strahl blockiert werden. Anhand der Rotationsgeschwindigkeit des Rads und der Entfernung zum Spiegel ließ sich so die Geschwindigkeit des Lichtstrahls berechnen.

Im Sommer dieses Jahres richtete Fizeau die Versuchsanordnung auf seinem Familiensitz in Suresnes nahe Paris ein (heute eine Pariser Vorstadt): Er bündelte Licht aus einer Lampe mit einer Linse zu einem Strahl und lenkte diesen durch das Zahnrad auf einen 8,6 Kilometer entfernten Spiegel auf dem Hügel in Montmartre und wieder zurück, um zu beobachten, wie er wieder durch das Zahnrad fiel. Aus diesem Experiment berechnete Fizeau die Lichtgeschwindigkeit auf 313 300 km/s – eine Abweichung von nur fünf Prozent vom tatsächlichen Wert, nicht schlecht für ein so einfaches mechanisches Experiment. Foucault nahm später Verbesserungen am Versuchsaufbau vor und ersetzte das Zahnrad durch einen rotierenden Spiegel. Auf diese Weise verbesserte er die Schätzung 1862 auf 299 792 km/s.

Aus menschlicher Sicht ist die Lichtgeschwindigkeit gewaltig, doch nach kosmischen Maßstäben bewegt sich das Licht eher träge. Es braucht acht Minuten von der Sonne zur Erde und mehr als vier Jahre vom nächsten Stern. Das Licht, das wir heute von einigen fernen Galaxien empfangen, machte sich schon weit vor der Entstehung unseres Sonnensystems auf die Reise. Deshalb sind Lichtjahre (die Entfernung, die das Licht in einem Erdenjahr zurücklegt) eine bequeme Messeinheit für kosmische Entfernungen – und der Grund, warum wir bei einem Blick in die Tiefen des Universums auch in die Vergangenheit sehen.

Fizeau zeigte später noch, dass die Lichtgeschwindigkeit sich in einem fließenden Fluid nicht aufgrund der Bewegung der Flüssigkeit verändert – im Gegensatz zu einem Ball, der aus einem fahrenden Zug geworfen wird und bei dem sich die Geschwindigkeit des Zuges zur Wurfgeschwindigkeit addiert. Dieses verwirrende Ergebnis ließ sich nicht erklären, bis Albert Einstein 1905 seine spezielle Relativitätstheorie entwickelte. Einsteins Theorie erklärte, warum die Bewegung der Erde durch das All im Verhältnis zum Äther, dem angenommenen Medium für Lichtwellen, keinen Unterschied für die Geschwindigkeit des Lichtes machte. Fizeau selbst hatte 1851 versucht, einen solchen Unterschied zu finden – ein Versuch, auf den Einstein häufig verwies.

ARMAND-HIPPOLYTE-LOUIS FIZEAU | 1819–1896

Da Fizeau aus einer wohlhabenden Familie stammte, hatte er die Muße, seinen wissenschaftlichen Interessen nachzugehen. Nachdem er ein Medizinstudium aufgenommen und abgebrochen hatte, arbeitete er mit Léon Foucault daran, die Fotografie für die Aufzeichnung astronomischer Beobachtungen weiterzuentwickeln. Daraufhin lud François Arago, der Leiter des Pariser Observatoriums, die beiden ein, die allerersten Aufnahmen der Sonne zu machen, und später dann, die Lichtgeschwindigkeit zu messen. Fizeaus Erfolge brachten ihm Ehre und Ruhm, und 1878 übernahm er den Vorsitz der Physikabteilung der französischen Wissenschaftsakademie.

Siehe auch: Experiment 2: Direkter Nachweis der Erdrotation, 1851 (Seite 16); Experiment 3: Versuch eines Äther-Nachweises, 1887 (Seite 18).

Licht als Teilchen, Teilchen als Wellen: Quantentheorie

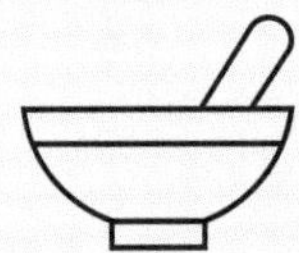

Es liegt in der Natur der Wissenschaft, dass befriedigende Erklärungen mehr Fragen aufwerfen, als sie beantworten. So war es mit der Atomtheorie, der Evolution durch natürliche Selektion und der Genetik – und auch mit der Wellentheorie des Lichts. Sie funktionierte wunderbar, bis sich zu Beginn des 20. Jahrhunderts die saubere Unterscheidung zwischen Wellen und Teilchen auflöste. Plötzlich war nicht mehr klar, was ein «Teilchen» überhaupt war – mit Sicherheit jedenfalls kein winziger Materieklumpen, denn in der subatomaren Welt sehen Teilchen wie lokale Intensivierungen nebulöser, verteilter Gebilde aus, die Felder genannt werden. Ebenso kann Licht – inzwischen als wellenförmige Störung elektromagnetischer Felder betrachtet – einen teilchenähnlichen Charakter annehmen. Nur Experimente können solche unbequemen Wahrheiten zutage fördern und uns dazu zwingen, unsere Vorstellung von der Welt ständig zu überdenken.

36

Der fotoelektrische Effekt (1899–1902)

Warum geben Metalle bei der Bestrahlung mit Licht Elektronen ab?

Es lässt sich oft nicht sagen, wohin ein experimenteller Pfad führen wird. Das war sicherlich auch der Fall, als sich der deutsche Physiker Heinrich Hertz in den 1880er-Jahren daranmachte, James Clerk Maxwells 1865 aufgestellte Theorie zu testen, dass Licht eine elektromagnetische Welle ist. Hertz wollte sehen, ob er eine solche Welle aus einem elektrischen Phänomen wie der Abgabe eines Funkens erzeugen konnte. Unbeabsichtigt fand er dabei heraus, dass die Stärke – im Experiment die Länge – eines Funkens durch das Licht eines anderen Funkens beeinflusst werden konnte, genauer gesagt durch das Licht im ultravioletten Teil des Spektrums unmittelbar jenseits der kleinsten Wellenlänge, die das Auge wahrnehmen kann.

Warum beeinflusste ultraviolettes Licht die Entladung? 1899 fand J. J. Thomson in Cambridge heraus, dass diese Strahlung die Abgabe von Elektronen verursachen konnte – der negativ geladenen Teilchen, die er zwei Jahre zuvor als Bestandteile der Kathodenstrahlung aus Metallen identifiziert hatte (siehe Seite 112). Offenbar störte das oszillierende elektromagnetische Feld des ultravioletten Lichts die Elektronen in den Metallatomen, indem es seine Energie auf diese Partikel übertrug, bis sie sich schließlich lösten. Der durch Licht ausgelösten Elektronenabgabe gab man die Bezeichnung «fotoelektrischer Effekt» oder «Fotoemission». Thomson zeigte, dass er eine negativ geladene Elektrode durch die abgegebenen Elektronen allmählich ihre Ladung verlieren lässt und damit ihre Neigung verringerte, eine Funkenentladung zu verursachen.

1902 machte der deutsche Wissenschaftler Philipp Lenard an der Universität Heidelberg eine verwirrende Entdeckung im Zusammenhang mit dem fotoelektrischen Effekt. Lenard entwickelte ein Experiment, mit dem er nicht nur die Anzahl der abgegebenen Elektronen bestimmen konnte, sondern auch ihre Energie. Normalerweise wurde die abgebende Platte in eine gläserne Vakuumröhre gesetzt und mit Licht bestrahlt, und die abgegebenen Elektronen wurden von einer positiv geladenen Platte angezogen, die über einen Schaltkreis mit der Elektronenquelle verbunden war. Der durch den Schaltkreis fließende Strom war damit ein Maß für die Anzahl der abgegebenen Elektronen. Doch Lenard gab der Auffangplatte eine leicht negative Ladung, sodass sie Elektronen abstieß. Die Teilchen gelangen nur bis zur Platte, wenn sie ausreichend kinetische Energie (Bewegungsenergie) besaßen, um die Abstoßungskraft zu überwinden. Durch die Veränderung der Spannung, die er an die Auffangplatte anlegte, konnte Lenard diese Energie dann bestimmen.

Lenard erkannte, dass die Energie der Elektronen stieg, wenn die Wellenlänge des Lichts abnahm, da kurzwelligeres Licht energiereicher ist. Je schwächer

PHILIPP LENARD | 1862–1947

Obgleich er ein außergewöhnlicher Experimentator war, konnte Philipp Lenard nicht mit den theoretischen Weiterentwicklungen in der Physik Schritt halten, insbesondere mit der Quantenmechanik, die seine Untersuchungen im frühen 20. Jahrhundert mit vorangebracht hatten. Lenard, schon von Haus aus glühender Antisemit, mauserte sich in den 1920er-Jahren zu einem begeisterten Anhänger der NSDAP, und er hoffte, dass Hitlers Machtergreifung 1933 ihm die Möglichkeit geben würde, die Kontrolle über die deutsche Physikszene zu erlangen. Er vertrat die Vorstellung, dass «deutsche Physik» nur von «Ariern» betrieben werden konnte, und war fest im Experimentellen verankert – im Gegensatz zur abstrakten theoretischen Physik, die von jüdischen Wissenschaftlern wie Einstein verbreitet wurde. Nach dem Zweiten Weltkrieg entging Lenard wegen seines schlechten Gesundheitszustands einer Anklage in Nürnberg.

außerdem das Licht war, desto weniger Elektronen wurden abgegeben. Doch Lenard erwartete, dass die Elektronen selbst bei langwelligem (etwa rotem) Licht ausreichend Energie sammeln konnten, um abgegeben zu werden, wenn das Licht nur hell genug war. Im Gegensatz dazu gab es einen recht eindeutigen Schwellenwert für die Wellenlänge, über dem unabhängig von der Lichtintensität keine Elektronen mehr abgegeben wurden. Mit anderen Worten, die Lichtstärke betraf nur die Anzahl, aber nicht die Energieladung der Elektronen – und über dem Schwellenwert konnte keine Lichtmenge eine Fotoemission auslösen.

Lenard war ein meisterhafter Experimentator, und seine Ergebnisse schienen unwiderlegbar. Doch unter dem Aspekt der klassischen Physik, nach der die Elektronen in der Metallplatte einfach so lange Energie aus dem Licht anhäufen konnten, bis sie genug hatten, um sich loszureißen, ergaben sie kei-

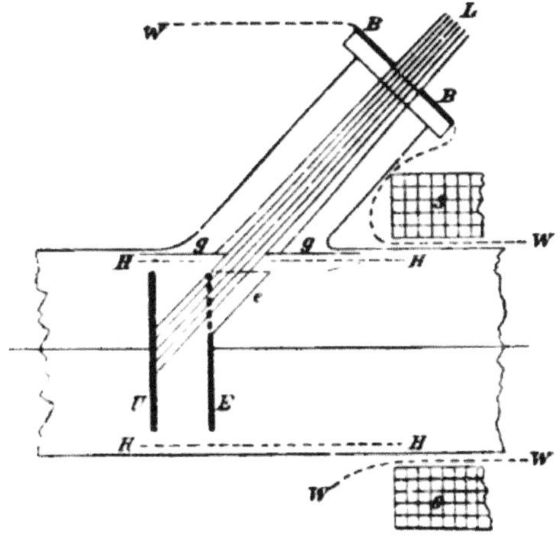

Unten: Der englische Physiker Joseph John Thomson mit der Kathodenstrahlröhre, die er 1897 bei seiner Entdeckung des Elektrons verwendete. Cavendish Laboratory, Cambridge.

Oben: Lenards schematische Darstellung des fotoelektrischen Effekts. Aus: Philipp Lenard: «Über die lichtelektrische Wirkung», *Annalen der Physik*, 1902, Bd. 8, Ausgabe 1.

nen Sinn. 1905 schlug Albert Einstein eine Lösung zu diesem Rätsel vor. Er knüpfte dabei an das Konzept an, das der deutsche Physiker Max Planck fünf Jahre zuvor formuliert hatte: dass vibrierende Teilchen in einem Material ihre Vibrationsenergie nur in festen Stufen erhöhen können, wobei die Stufengröße proportional zur Vibrationsfrequenz ist. Das Planck'sche Strahlungsgesetz schien zu steuern, wie elektromagnetische Wellen aus vibrierenden geladenen Teilchen in einem warmen Objekt ausgestrahlt werden. Die Energiestufen wurden «Quanten» genannt, und die Vibrationen waren «gequantelt». Das stand in krassem Gegensatz zu klassischen Vibrationen – etwa einer Feder –, die in Schritten beliebiger Größe immer energiereicher werden können.

Planck hatte diese These der Quantisierung der Energien von Atomen und subatomaren Teilchen ad hoc aufgestellt, um Beobachtungen im Experiment erklären zu können, ohne sich viele Gedanken darum zu machen, ob sie physikalisch gesehen realistisch war. Doch Einstein schlug vor, Plancks Quantisierung wörtlich zu nehmen: Energien sind in diesem kleinen Maßstab tatsächlich gequantelt. Darüber hinaus stellte er die These auf, dass dies auch für das Licht selbst gilt. Das heißt, Licht besteht aus einzelnen Energie-«Paketen» mit fester Größe, den sogenannten Quanten, die jeweils eine Energie besitzen, die proportional zu ihrer Vibrationsfrequenz ist.

Beim fotoelektrischen Effekt, sagte Einstein, hat jedes abgegebene Elektron die Energie eines Photons aus dem einstrahlenden Licht aufgenommen. Wenn wir annehmen, dass sie eine Mindestenergie brauchen, um sich von dem Metall loszureißen, können Lichtphotonen, deren Energiequanten kleiner als dieser Schwellenwert sind, niemals ein Elektron so stark anregen, dass es sich losreißen kann. Als spätere Experimente Einsteins Theorie bestätigten, machte sich die Erkenntnis breit, dass die Physik eine neue Theorie brauchte, die sich von der Theorie der klassischen Mechanik unterschied, um dem Verhalten gequantelter Teilchen Rechnung zu tragen. So entstand in den 1920er-Jahren die Quantenmechanik.

Lenard betrachtete sich als Altmeister des fotoelektrischen Effekts und war verärgert, dass Einstein offenbar etwas erklärt hatte, das ihn selbst an dem Phänomen verblüfft hatte. Er wies Einsteins Ideen zurück – nicht nur in der Quantenphysik, sondern auch die Relativitätstheorie –, und seine Antipathie verhärtete sich zu einem aggressiven Antisemitismus, als Deutschland unter die Herrschaft der Nazis geriet. Dass Albert Einstein für seine Arbeiten zum fotoelektrischen Effekt 1921 den Nobelpreis in Physik bekam, vergrößerte Lenards Groll noch.

ALBERT EINSTEIN | 1879–1955

Albert Einstein, so liest man oft, muss man nicht vorstellen. Doch es ist merkwürdig, dass er bei allem transformatorischem Einfluss, den seine Ideen auf die moderne Physik hatten, den Nobelpreis für so etwas Vages wie seine «Beiträge zur theoretischen Physik» bekam – und «insbesondere für seine Entdeckung des Gesetzes hinter dem fotoelektrischen Effekt». So wichtig sie war, so wenig lässt sie auf Einsteins fundamentale Rolle in der Quantenmechanik oder die Auswirkungen schließen, die seine Theorien der speziellen und allgemeinen Relativität hatten. Oft wird diese Begründung als Vorsicht aufseiten des Nobelkomitees gedeutet, das selbst 1921 noch nicht bereit war, solche radikalen Ideen umfassend anzuerkennen. Einsteins 1905 erschienene Abhandlung über «Lichtquanten» war eine von fünf, die er in diesem für ihn erstaunlich kreativen Jahr veröffentlichte und von denen jede einzelne einen Aspekt der physikalischen Wissenschaften transformierte. Eine solche Produktivität erreichte er nie wieder.

Siehe auch: Experiment 24: Die Natur der Alphateilchen und die Entdeckung des Atomkerns, 1908–1909 (Seite 108); Experiment 25: Bestimmung der Ladung eines Elektrons, 1909–1913 (Seite 112).

37

Die Röntgenbeugung an Kristallen (1912)

Wie werden X-Strahlen durch Kristalle gestreut? Was verrät das Streumuster?

Die Debatten darüber, ob Licht eine Welle oder ein Teilchenstrom ist, kamen mit den 1895 von dem deutschen Physiker Wilhelm Röntgen entdeckten X-Strahlen noch einmal auf den Tisch. Einige Forschende vermuteten, dass es sich um Wellen mit einer sehr geringen Wellenlänge handelte, etwa von der Länge eines Atoms (deren Existenz selbst noch offen war). Andere, wie der in Australien tätige englische Wissenschaftler William Bragg, meinten, sie bestünden aus Teilchen wie den Alpha- und Betateilchen in der Radioaktivität. Auf jeden Fall galten X-Strahlen und Radioaktivität als eng miteinander verknüpfte Phänomene – schließlich wurde letztere 1896 in Experimenten zu X-Strahlen entdeckt (siehe Seite 88). 1906 klagte der deutsche Physiker Arnold Sommerfeld an der Universität München in einem Brief: «Ist es nicht eine Schande, dass man zehn Jahre nach Röntgens Entdeckung immer noch nicht weiß, was es mit den X-Strahlen auf sich hat!» Sommerfeld war jedoch wild entschlossen, es herauszufinden. 1911 lud er Röntgens ehemaligen Schüler Walter Friedrich ein, an seinem Institut Experimente an X-Strahlen durchzuführen – zum Leidwesen Röntgens, der selbst auf Friedrichs Unterstützung bei seinen Experimenten gehofft hatte. Sommerfeld erteilte Friedrich die Aufgabe, die X-Strahlung zu untersuchen, die entstand, wenn Kathodenstrahlen (Strahlen aus Elektronen) auf ein Ziel trafen.

Friedrich jedoch wurde von einem anderen Mitglied der Münchner Gruppe von Sommerfelds Auftrag abgelenkt: Max von Laue, der mit Max Planck in Berlin studiert und sich dort mit Einstein angefreundet hatte. Anfang 1912 ging Laue mit Paul Ewald spazieren, einem von Sommerfelds Doktoranden, der dazu forschte, wie Licht mit Kristallen interagiert. Ewald erwähnte Laue gegenüber, dass die typische Entfernung zwischen Atomen in Kristallen etwa 1/500 bis 1/1000 der typischen Wellenlänge des Lichts beträgt, was Laue auf eine Idee brachte – einen «Geistesblitz», wie er es später formulierte –, wie sich die mögliche Wellengestalt von X-Strahlen untersuchen ließe.

Die Interferenzeffekte, die Thomas Young für Wasserwellen und Licht beschrieben hatte (siehe Seite 150), entstehen nur, wenn zwei oder mehr Wellenerzeuger sich in einer Entfernung voneinander befinden, die in etwa vergleichbar mit der Wellenlänge ist. Laue überlegte, dass solche Effekte, die ein Muster

Experimentelle Apparatur, die Walter Friedrich und Paul Knipping zur Entdeckung der Röntgenbeugung verwendeten, um 1912. Deutsches Museum, München.

aus hellen und dunklen Bereichen erzeugen, auch bei X-Strahlen auftreten könnten, wenn sie mit Atomen in einem Kristall interagieren, da man vermutete, dass ihre Wellenlänge in etwa dem Abstand zwischen den Atomen entsprach. Dieses Interferenzphänomen, das durch die Streuung von Wellen von einem oder um ein Objekt herum verursacht wird, heißt Beugung oder Diffraktion.

Heute verstehen wir diese Röntgenbeugung oder Röntgendiffraktion als die Streuung oder Reflexion der Strahlen durch die Atome, doch Laue sah das anfangs anders. Seiner Meinung nach fungierten die Atome in einem Kristall weniger als Streuer, sondern vielmehr als Quellen der X-Strahlen: Er meinte, sie würden diese Strahlen vielleicht absorbieren und dann wieder abgeben. Zudem war unser heutiges Verständnis von Kristallen als geordnete Atomgitter damals auch noch nicht allgemein verbreitet. Sowohl Ewald als auch Laue behaupteten später, dass außerhalb Münchens (wo es einige einflussreiche Befürworter des Konzepts gab) recht wenige Forschende der Physik diese «Gitterhypothese» der Kristallstruktur teilten. Diese Behauptung wurde allerdings 1969 von dem Wissenschaftshistoriker Paul Forman infrage gestellt, der sie einen Mythos nannte und darlegte, dass die Vorstellung von Kristallen als regelmäßigen Paketen von Atomen und Molekülen, die aus dem späten 18. Jahrhundert stammte, damals bereits weithin akzeptiert war.

Wie die Situation sich damals wirklich darstellte, bleibt recht verwirrend. Da war also Laue, der augenscheinlich vorschlug herauszufinden, was X-Strahlen sind, indem man Kristalle damit beschoss, obwohl auch niemand so genau wusste, was Kristalle eigentlich sind. Er wusste nicht so recht, wie der Effekt zustande kommen könnte, und auch nicht, wie man ein solches Experiment aufbauen oder wonach man genau suchen müsste. Also holte er Friedrich an Bord. Trotz Sommerfelds Skepsis, ob das Experiment funktionieren würde (merkwürdig angesichts seines Eifers, Unterstützung für die Wellentheorie zu finden), erklärte Friedrich sich einverstanden, es zu versuchen – vielleicht (so kamen er und Laue überein) abends im hinteren Teil des Labors. Friedrich rekrutierte wiederum einen weiteren Studenten Röntgens namens Paul Knipping. Was das Ganze noch verwirrender macht: Solche Experimente, in denen Kristalle mit X-Strahlen beschossen wurden, waren schon von anderen durchgeführt worden, einschließlich Röntgen selbst. Doch offenbar hatten sie nicht über Streueffekte nachgedacht, und die Tatsache, dass sie keine sahen, könnte sich darauf zurückführen lassen, dass sie nicht danach suchten.

Sogar die Art der Experimente selbst ist strittig. Wo sollten die beiden Forscher nach den gestreuten X-Strahlen suchen? Laue zufolge stellten sie fotografische Platten hinter die Kristalle (Kupfersulfat) und suchten nach weitergeleiteten Strahlen. Friedrich und Ewald beschreiben, dass sie ursprünglich nach reflektierten X-Strahlen vor dem Kristall suchten; Knipping schlug offenbar vor, auf allen Seiten Platten aufzustellen, um alle Eventualitäten abzudecken. Sie wussten kaum, was sie zu erwarten hatten: «Wir hatten keine Vorstellung, wie es aussehen würde», gab Friedrich später zu. Auf jeden Fall entdeckten die beiden Forscher im April 1912, dass die Platten mit dunklen Punkten in regelmäßigen Mustern übersät waren, wo helle X-Strahlen die Emulsion dunkel verfärbt hatten. Diese Bereiche intensiver X-Strahlung wurden

MAX VON LAUE | 1879–1960

Max von Laue war ein typischer Physiker seiner Zeit, was die Bandbreite seiner Interessen betraf: von Optik und Festkörperphysik bis zu Quantentheorie und Relativität. Er war eng vertraut mit allen Größen der Physik in Deutschland zu Beginn des 20. Jahrhunderts, hatte unter Max Planck und Arnold Sommerfeld studiert und war mit Einstein befreundet. Er gehörte außerdem zu denen seiner Zunft, die sich in den 1930er-Jahren mutig dem Naziregime entgegenstellten; Laue prangerte die Verfolgung jüdischer Forschender an und widersetzte sich den Ambitionen des Nazi-Sympathisanten Johannes Stark, die deutsche Physik zu dominieren. Es heißt, er habe unter Hitler das Haus stets mit einem Paket unter jedem Arm verlassen, um jederzeit eine Ausrede zu haben, nicht den Hitlergruß zeigen zu müssen.

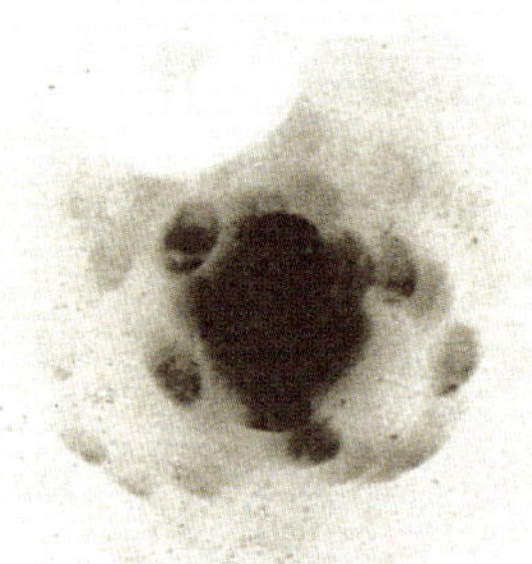

Fig. 1

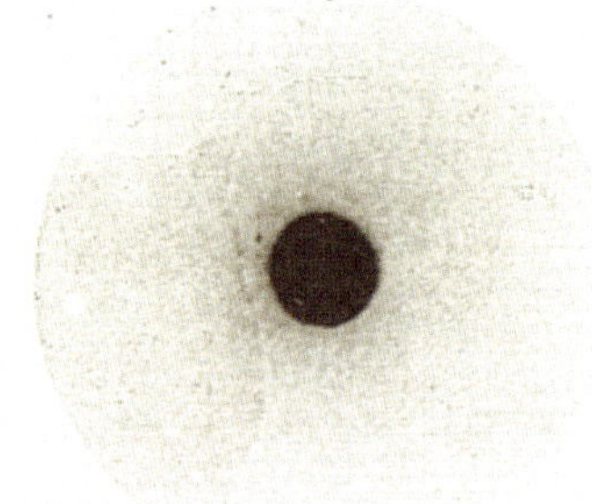

Fig. 2

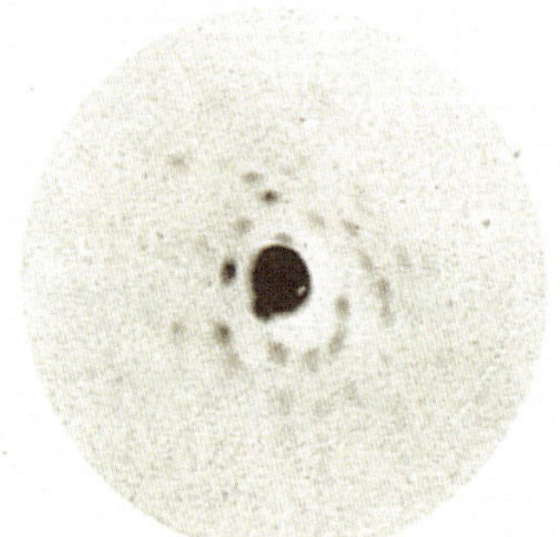

Fig. 3

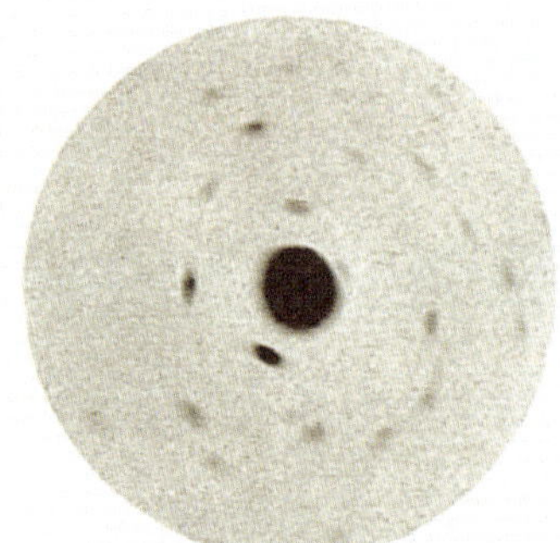

Fig. 4

vermutlich durch positive Interferenzen wellenartiger Strahlen verursacht. Doch Laue, der an der Vorstellung festhielt, dass die X-Strahlen wieder abgegeben statt gestreut wurden, verstand zunächst nicht, was da vor sich ging. Auch William Bragg stand vor einem Rätsel – er hatte die Experimente nach seiner Rück-

Röntgenbeugungsmuster von Kupfervitriol. Aus: Walter Friedrich, Paul Knipping und Max von Laue: *Interferenz-Erscheinungen bei Röntgenstrahlen,* München: Sitzungsberichte, 1912, Tafel 1, Abb. 1–4, Bayerische Akademie der Wissenschaften, München.

WALTER FRIEDRICH
1883–1968

Da er bei der Durchführung seines Experiments zur Demonstration der X-Strahlen-Beugung erst Postdoktorand war, wurde Walter Friedrich beim Nobelpreis übergangen, der 1914 für die Entdeckung an von Laue ging. Später wechselte er zur Forschung an der medizinischen Radiografie mithilfe von Röntgenstrahlen und wurde nach dem Zweiten Weltkrieg Bürger der DDR. Seine daraus folgende Isolation von den westlichen Forschenden sowie seine Bescheidenheit waren wohl der Grund dafür, dass Friedrich nie die Anerkennung bekam, die er für seine Arbeit verdient hätte.

Siehe auch: Experiment 24: Die Natur der Alphateilchen und die Entdeckung des Atomkerns, 1908–1909 (Seite 108); Experiment 38: Demonstration des Welle-Teilchen-Dualismus durch die Elektronenbeugung, 1927 (Seite 162).

kehr nach England auf einen Posten an der University of Leeds Ende 1912 mit Unterstützung seines Sohnes Lawrence wiederholt, der damals noch Forschungsstudent in Cambridge war. Bragg senior hielt die X-Strahlen ursprünglich für Partikel, die auf irgendeine Weise durch die Lücken zwischen den Atomen durchgetunnelt wurden. Sein Sohn legte bei einem Vortrag im November behutsam eine andere Sichtweise dar: Er erklärte, dass die X-Strahlen-Muster auf die Beugung an der Atomschicht im Kristall zurückzuführen seien. Lawrence Bragg zeigte, wie man aus der Wellenlänge der X-Strahlen und dem Winkel der Beugungspunkte die Abstände der Atomschichten und damit die Struktur des Kristalls bestimmen konnte. Ende 1912 berichtete Lawrence von einem ähnlichen Experiment zur Beugung von X-Strahlen an Plättchen des kristallinen Minerals Glimmer, und im Sommer 1913 wendeten die Braggs die Methode an, um die Kristallstruktur von Diamant zu bestimmen.

In der zweiten Hälfte dieses Jahres wurde das Bild schließlich klarer: X-Strahlen waren Wellen, und ihre Beugung durch Kristalle lieferte eine Methode zur Bestimmung von Kristallstrukturen. Die Entdeckung könnte eine Revolution für die Untersuchung der Beschaffenheit von Materie bedeuten, und das war auch das Thema der renommierten Solvay-Konferenz für Physik im Oktober, wo William Bragg seine Ergebnisse präsentierte. 1914 war klar, dass ein Nobelpreis in Aussicht stand, und er wurde allein an Laue vergeben, der die Idee gehabt hatte, die den Prozess in Gang gesetzt hatte. Die Braggs teilten sich den Preis im folgenden Jahr.

Einstein hielt das Experiment von Friedrich und Knipping für «eins der wunderbarsten, die die Physik bisher gesehen hat». Es war mit Sicherheit eins der wichtigsten für das Verständnis der Struktur von Materie. Es zeigte jedoch auch, dass selbst bei bedeutenden Experimenten Grundlage und Interpretation zum Zeitpunkt der Durchführung nebulös bleiben können. In der Rückschau werden solche Geschichten sehr unterschiedlich erzählt. Die Berichte, die Forschende gemeinhin abgeben und in ihren Abhandlungen verzeichnen, so Forman, sind üblicherweise «grobe Falschdarstellungen der konzeptionellen Situation».

Der deutsche Wissenschaftler Walter Friedrich am 19. September 1962. Mit freundlicher Genehmigung des Bundesarchivs, Koblenz, Deutschland.

Demonstration des Welle-Teilchen-Dualismus durch die Elektronenbeugung (1927)

Können Teilchen sich verhalten wie Wellen?

18 Jahre nachdem Einstein postuliert hatte, dass Licht teilchenähnliche Eigenschaften aufweisen kann, stellte der französische Physiker Louis de Broglie die These auf, dass das Gegenteil möglicherweise auch stimmte: Teilchen wie die, aus denen Atome bestehen, könnten sich wie Wellen verhalten. Es war wenig mehr als eine Ahnung auf der Grundlage von Analogie, und viele hielten die Vorstellung für unwahrscheinlich. Doch Einstein war bereit, ihr eine Chance zu geben. «Sie sieht vollkommen verrückt aus», schrieb er, «aber es ist eine absolut sinnvolle Idee.» 1925 entwickelte der österreichische Physiker Erwin Schrödinger eine Gleichung, die seiner Meinung nach vorhersagen müsste, wie solche Wellenteilchen sich verhalten, und die zu einem Grundpfeiler der Quantentheorie wurde.

Wie sollte man die Idee jedoch beweisen? Ein typisches Merkmal von Wellen besteht darin, dass sie Interferenzen zeigen. 1925 fragte sich der deutsche Physiker Walter Elsasser, ob Interferenzeffekte von Teilchen wohl die seltsamen Ergebnisse erklären könnten, von denen die beiden amerikanischen Wissenschaftler Clinton Davisson und Charles Kunsman 1921 berichtet hatten, als sie untersuchten, wie Elektronen von einem Stück Platin abprallten. Die beiden Forscher in den Bell Telephone Laboratories in New York hatten entdeckt, dass die Intensität des reflektieren Elektronenstrahls bei verschiedenen Streuwinkeln auf recht rätselhafte Weise variierte: Bei einigen Winkeln stieg sie, bei anderen fiel sie. Niemand konnte dieses Ergebnis damals erklären. Angesichts de Broglies Idee eines Wellenverhaltens von Teilchen überlegte Elsasser, ob die Elektronen vielleicht vom kristallinen Metall gebeugt wurden, genau wie X-Strahlen.

Als er bei einer Versammlung Ende 1926 von Elsassers Überlegungen erfuhr, war Davisson nicht der Meinung, dass sie seine Ergebnisse erklärten. Doch er hielt die Grundidee für solide und glaubte, sie vernünftig überprüfen zu können – durch einen glücklichen Zufall. Fünf Monate bevor Elsassers Abhandlung erschien, hatten Davisson und sein jüngerer Kollege Lester Germer die Experimente zur Elektronenstreuung fortgesetzt, als ihre Ausrüstung versagte. Eine Flasche mit Flüssigluft zur Kühlung der Probe – eines Stücks Nickel – explodierte, und das heiße Metall wurde von einer Oxidschicht überzogen. Nachdem die Forscher versucht hatten, die Probe durch Erhitzen in Wasserstoff zu retten, entdeckten sie, dass die Elektronenmuster der verschiedenen Streuwinkel sich komplett verändert hatten und nun abrupte Spitzen und Täler zeigten. Sie vermuteten, dass das ursprüngliche Target, ein Mosaik aus vielen winzigen Nickelkristallen in verschiedenen Winkeln, zu wenigen großen Kristallen verschmolzen war. In der Vielkristallprobe überlagerten sich zahlreiche Beugungsmuster an zufälligen Winkeln in unscharfen Flecken. Doch nun war das Muster der gestreuten Elektronen weniger verschwommen und zeigte mehr Struktur. Wenn sie einen einzelnen Kristall herstellen könnten, würden sie möglicherweise die erwarteten scharfen Beugungsspitzen sehen.

1927 hatten Davisson und Germer den Versuchsaufbau, den sie brauchten. Sie leiteten einen

CLINTON DAVISSON 1881–1951

Während seines Studiums der Physik an der University of Chicago wurde Clinton Davisson Robert Millikans Protegé. Nachdem er 1911 in Princeton seinen Doktor gemacht hatte, trat er 1917 eine Kriegsanstellung bei der Western Electric Company in New York an, aus der später die Bell Laboratories wurden. Nach seinen Forschungen zur Elektronenbeugung in den 1920er-Jahren blieb er beim Unternehmen und arbeitete an verschiedenen physikalischen Problemstellungen in Bezug auf praktische Anwendungen in der Elektronik.

Elektronenstrahl aus einem Wolframfaden auf eine Nickelprobe, die durch Erhitzen zu einem Einkristall umkristallisiert und dann mit einer Juweliersäge durchgesägt worden war, um eine glatte Facette des Kristalls freizulegen. Mit einem beweglichen Elektronendetektor bestimmten die Forscher, wie viele Elektronen von der Probe in verschiedenen Winkeln gestreut wurden. Ihre Intensität war genau an den Winkeln am höchsten, bei denen die Röntgenbeugung helle Flecken hervorbrachte.

Andere kamen ebenfalls auf die Idee, de Broglies These der «Teilchen-Welligkeit» (oder des Welle-Teilchen-Dualismus, wie sie später genannt wurde) auf den Prüfstand zu stellen, indem sie nach der Beugung von Elektronen suchten. Einer war der Physiker George Paget Thomson, der an der University of Aberdeen in Schottland arbeitete. Er und sein Student Alexander Reid beschleunigten Elektronenstrahlen auf deutlich höhere Energien als das Duo aus dem Bell-Labor und beschossen damit dünne Metallfolien, etwa aus Gold und Platin. Das entstehende Elektronen-Streumuster hielten sie entweder auf Fotofilm oder auf einem fluoreszierenden Schirm fest. Da Thomsons Metallfolien Flickenteppiche aus kleinen Kristallen waren, sah er keine scharfen Punkte, sondern vielmehr eine Reihe konzentrischer Kreise – genau an den Positionen, die man aufgrund der bekannten Kristallstrukturen der Metalle erwarten würde.

Die Elektronenbeugung bewies nicht nur die wellenförmige Beschaffenheit von Quantenteilchen, sondern ergänzt auch die Röntgenbeugung als Methode zur Bestimmung von Kristallstrukturen. Da Elektronen (anders als X-Strahlen) zudem geladene Teilchen sind, lassen sich die Strahlen durch elektrische Felder bündeln und ablenken. Auf dieser Grundlage entstand das Elektronenmikroskop. Da die Wellenlängen von Elektronen in diesen Strahlen viel kürzer sind als die des Lichts und normalerweise eher an der von Röntgenstrahlung liegen, können Elektronenmikroskope Details zeigen, die für Lichtmikroskope zu klein sind – inzwischen bis hinunter zu einzelnen Atomen.

GEORGE PAGET THOMSON 1892–1975

Es liegt eine hübsche Symmetrie in der Tatsache, dass der Physiker J. J. Thomson bewies, dass «Kathodenstrahlen» eigentlich keine Strahlen wie Licht waren, sondern vielmehr Teilchen (Elektronen), während sein Sohn George Paget Thomson zeigte, dass diese Partikel sich dank ihrer quantenmechanischen Beschaffenheit doch wie Lichtwellen verhalten können. George studierte in Cambridge und arbeitete eine Weile im Cavendish Laboratory, das sein Vater zuvor geleitet hatte, bevor er eine Stelle in Aberdeen annahm. Später forschte er in der Atomphysik und hatte 1940/41 den Vorsitz über das MAUD-Komitee, das die Machbarkeit einer Atombombe feststellte und die Gründung des Manhattan Project veranlasste.

Siehe auch: Experiment 37: Die Röntgenbeugung an Kristallen, 1912 (Seite 158); Experiment 39: Das Quanten-Doppelspaltexperiment mit einzelnen Elektronen, 1974/1989 (Seite 164).

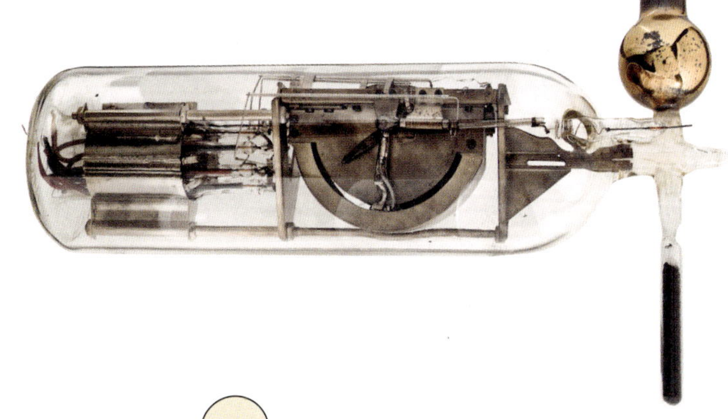

Davisson-Germer-Elektronenbeugungsapparatur, um 1927. Sie bestand aus einem Glasgefäß, das unter Hochvakuum versiegelt wurde und eine Elektronenkanone enthielt, die auf ein Nickel-Target und eine bewegliche Auffangelektrode gerichtet war, die die entstehenden gestreuten Elektronen detektierte. National Museum of American History, Washington, DC.

Das Quanten-Doppelspaltexperiment mit einzelnen Elektronen (1974/1989)

Treten Interferenzen auch bei einzelnen Quantenteilchen auf?

Angesichts der Tatsache, dass Davisson und Germer schon in den 1920er-Jahren von einer wellenartigen Brechung von Elektronenstrahlen berichteten, dauerte es überraschend lange, bis jemand Thomas Youngs Doppelspaltexperiment mit Elektronen wiederholte. Der Erste war 1961 Claus Jönsson, ein Physiker an der Universität Tübingen. Um den Doppelspalt zu erzeugen, verwendete Jönsson ein Biprisma-Interferometer – einen dünnen, positiv geladenen Metallfaden zwischen zwei Metallplatten. Wird ein Elektronenstrahl von einer Platte zur anderen geleitet, passieren die Elektronen den Faden auf der einen oder der anderen Seite und überlagern sich auf der gegenüberliegenden Seite. Das Interferenzmuster zeigte sich als eine Reihe heller und dunkler Streifen auf einem fluoreszierenden Schirm. Wie merkwürdig diese Wellenartigkeit von Quantenteilchen ist, wird deutlich, wenn wir uns vorstellen, den Strahl so weit abzublenden, bis nur noch jeweils ein Teilchen durch den Spalt kommt. In diesem Fall konnen wir erwarten, dass die Interferenz verschwindet, weil die Teilchen entweder durch den einen oder den anderen Spalt müssen. Die Theorie der Quantenmechanik sagt jedoch etwas anderes: Selbst wenn die Teilchen einzeln die Apparatur durchqueren, erzeugen sie trotzdem ein Interferenzmuster, solange ihnen zwei Spalte – zwei alternative Pfade – zur Verfügung stehen. Es ist so, als trete ein Teilchen durch beide Spalte gleichzeitig und überlagere sich selbst.

Technisch gesehen befinden sich diese einzelnen Teilchen in einem Zustand der Quantenüberlagerung, einer Art Vermischung der beiden Pfade. Gleichungen für solche Überlagerungen (Superpositionen) lassen sich leicht aufstellen; schwieriger ist es jedoch zu erklären, was die Mathematik physikalisch bedeutet. Tatsächlich erlaubt uns die Quantenmechanik keine Aussage darüber, was die Teilchen «wirklich tun», bevor wir ihre Positionen bestimmen, indem wir sie auf dem Schirm detektieren.

Die Möglichkeit der Überlagerung unterscheidet die Quantenmechanik von der klassischen Mechanik. In den Worten des Physikers Richard Feynman in den frühen 1960er-Jahren steckt in dem Quanten-Doppelspaltexperiment mit einzelnen Elektronen «das Herz der Quantenmechanik. Tatsächlich enthält es das einzige Geheimnis.»

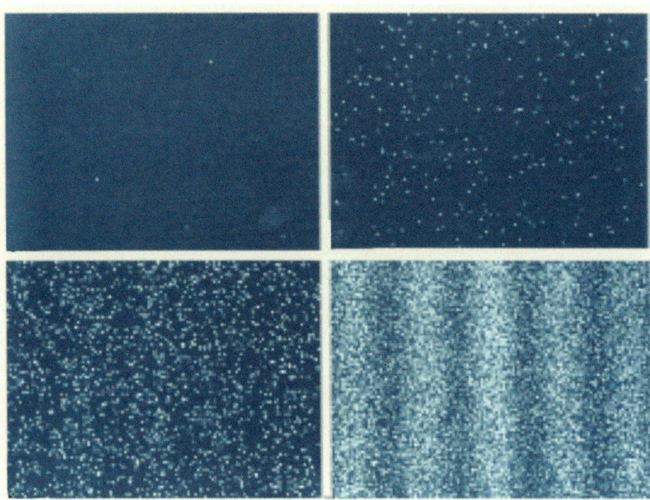

Bei der Detektierung einzelner Elektronen im Quanten-Doppelspaltexperiment, durchgeführt 1989 von Akira Tonomura und seinem Team, werden allmählich Interferenzbänder sichtbar.

Würden sich Elektronen wirklich so verhalten, wenn sie einzeln durch einen Doppelspalt treten? Feynman hielt es für ein unmöglich durchzuführendes Experiment – er wusste nicht, dass Jönsson sich mit seiner Arbeit bereits anschickte, den Gegenbeweis anzutreten. Doch Jönsson verwendete Ströme aus vielen Elektronen – würde das Experiment jemals mit einzelnen funktionieren?

1974 zeigten die italienischen Physiker Pier Giorgio Merli, Giulio Pozzi und Gianfranco Missiroli an der Universität von Bologna, dass es in der Tat funktionierte. Obwohl die Quantentheorie eine Interferenz für ein einzelnes Elektron vorhersagte, können wir sie nicht sehen, weil wir nur ein einsames Teilchen im Detektor erkennen. Erst durch den kumulativen Effekt vieler Detektionen treten die Interferenzbänder zutage. Das italienische Team schob ein Elektronen-Biprisma in den Strahl eines gewöhnlichen Elektronenmikroskops und sah, wie die in ihrem Detektorsystem eintreffenden Elektronen sich allmählich in Interferenzbändern sammelten.

Das italienische Team glaubte, dass es damit nur bestätigte, was alle bereits über das Verhalten von Quantenwellenteilchen wussten. Sie veröffentlichten ihre Arbeit zwei Jahre später im *American Journal of Physics*, das hauptsächlich über die Physik in Bildung und Kultur berichtet statt über wichtige neue Entdeckungen; sie dachten, ihre Ergebnisse könnten nützlich sein, um Studierenden das Wellenverhalten von Elektronen zu demonstrieren.

1989 präsentierten Akira Tonomura und sein Team im Hitachi Advanced Research Laboratory in Saitama (Japan) dasselbe Ergebnis in größerer Detailgenauigkeit. Sie erzeugten einen Elektronenstrahl mithilfe eines starken elektrischen Feldes, das Elektronen von der Oberfläche einer erhitzten Metallspitze zog – diese Technik wird Feldemission genannt. Um sicherzustellen, dass nur jeweils ein Elektron durch den Spalt trat (auch in diesem Fall ein Biprisma-Interferometer), hielten sie die Emissionsrate bei unter 1000 Elektronen pro Sekunde. Ihr Detektor konnte im Wesentlichen das Auftreffen jedes einzelnen Teilchens registrieren. Zunächst ähnelte die Abfolge von Punkten auf dem Schirm einer zufälligen Streuung. Doch als immer mehr Elektronen auftrafen, bildete sich allmählich ein Muster heraus: An einigen Stellen gab es durchschnittlich mehr Punkte als an anderen, und die Positionierung entsprach den Interferenzbändern. Während die Teilchen im italienischen Experiment eher fleckige Signale im Detektor erzeugten, die allmählich zu durchgehenden hellen Bändern zusammenwuchsen, kamen Tonomuras Interferenzmuster wie Sternbilder in der zunehmenden Dämmerung zum Vorschein.

Dieses Experiment führt uns buchstäblich die tiefgründige Realität der Quantenmechanik vor Augen. Sie sagt voraus, dass einzelne Messergebnisse an einem Quantensystem beliebig sind, dass die Ergebnisse im Durchschnitt jedoch von vorhersagbaren Wahrscheinlichkeiten bestimmt werden – in diesem Fall Wahrscheinlichkeiten, wo die Elektronen auf den Schirm auftreffen –, die sich mithilfe vieler Messungen bestätigen lassen.

AKIRA TONOMURA | 1942–2012

Akira Tonomuras Arbeit veranschaulicht, dass im späten 20. Jahrhundert ein Großteil der innovativen Wissenschaft in den Laboren der Industriekonzerne stattfand. Nach seinem Physikstudium an der Universität von Tokyo fing Tonomura bei Hitachi an, wo er an der Entwicklung eines Elektronenmikroskops mitwirkte, das nach den Prinzipien der Holografie arbeitet, indem es dreidimensionale Daten in einem zweidimensionalen Bild speichert. Während seiner Zeit im Unternehmen forschte er auch zur Supraleitfähigkeit und bewies im Experiment eine eigenartige Vorhersage der Quantenmechanik, nach der Teilchen auf elektromagnetische Felder auch dann reagieren, wenn sie auf Bereiche beschränkt sind, in denen die Feldstärke null beträgt.

Siehe auch: Experiment 34: Die Wellenform des Lichts, 1802 (Seite 150); Experiment 38: Demonstration des Welle-Teilchen-Dualimus durch die Elektronenbeugung, 1927 (Seite 162).

40

Verlangsamen und Stoppen von Licht (1998–2000)

Wie stark lässt sich die Ausbreitung von Licht verlangsamen?

Auch wenn es häufig heißt, dass die Geschwindigkeit des Lichts nach Einsteins spezieller Relativitätstheorie konstant und unveränderlich ist, gilt das streng genommen nur für die Lichtgeschwindigkeit im Vakuum. Licht verändert tatsächlich seine Geschwindigkeit, wenn es sich durch ein anderes Medium bewegt; erst durch diese Veränderung entsteht sogar die Refraktion, die Brechung von Lichtstrahlen beim Eintreten in ein transparentes Medium wie Glas oder Wasser. Das Verhältnis der Lichtgeschwindigkeit in einem transparenten Medium zu der im Vakuum ist proportional zum Brechungsindex der Substanz.

Normale Substanzen haben sehr geringe Brechungsindizes, sodass die Lichtgeschwindigkeit sich kaum verändert: Licht bewegt sich fast genauso schnell durch Wasser wie durch Luft oder leeren Raum. Doch in den späten 1990er-Jahren stellten Physikerinnen und Physiker am Rowland Institute for Science in Cambridge (Massachusetts) und an der Harvard University ein Medium mit einem gewaltigen Brechungsindex her, das Licht fast zum Stillstand bringen konnte: auf eine Geschwindigkeit von nur 17 Metern pro Sekunde, langsamer als ein Mensch auf einem Fahrrad.

Lene Hau beim Justieren einer Komponente am Optiktisch in ihrem Labor, während ein Laserstrahl durch die Apparatur läuft. Rowland Institute, Harvard.

Dieses exotische Medium ist ein sogenanntes Bose-Einstein-Kondensat (BEK). Es besteht aus einer Wolke von Atomen – das Forschungsteam unter der Führung der dänischen Physikerin Lene Vestergaard Hau verwendete Natriumatome –, die bis knapp über den absoluten Nullpunkt heruntergekühlt wurden. Unter diesen Bedingungen wird das Verhalten der Atome von Quanteneffekten bestimmt, die bei höheren Temperaturen abgeschwächt werden. Die Energiezustände von Atomen sind durch die Quantenmechanik festgelegt und nehmen bestimmte Werte ein wie auf den Sprossen einer Leiter. Wenn das Gas aus Atomen warm ist, haben die Atome eine Vielzahl von Energiezuständen und besetzen viele Sprossen auf der Leiter. Wenn sie so gut wie keine Wärme besitzen, können sie alle in den niedrigsten Energiezustand «kondensieren» und werden zu einem BEK. Technisch ist das nur möglich, wenn die Atome sich wie sogenannte Bosonen verhalten, die alle denselben Quantenzustand einnehmen können. Eine zweite Teilchenklasse, die Fermionen (zu denen beispielsweise die Elektronen gehören) dürfen nach der Quantenmechanik nicht alle denselben Quantenenergiezustand einnehmen: Sie können kein BEK bilden.

Da die Atome in einem BEK sich im selben Zustand befinden, verhalten sie sich «einheitlich» – als wären sie alle Teil eines riesigen Superatoms. Die Bose-Einstein-Kondensation ist verantwortlich für seltsame Quanteneffekte wie Supraleitfähigkeit (bei der ein Strom ohne elektrischen Widerstand fließen kann) und Suprafluidität (bei der eine Flüssigkeit ohne Viskosität fließen kann), die sich in der Regel nur bei sehr niedrigen Temperaturen zeigen, wenn der Quantenzustand nicht durch Wärme gestört wird. Das Phänomen wurde erstmals 1995 von Forschenden in Colorado an kalten Gasen gezeigt.

Eine der eigenartigen Eigenschaften eines solchen BEK ist die sogenannte elektromagnetisch induzierte Transparenz: Ein Lichtstrahl kann verändern, wie die Atome mit Licht interagieren, sodass das zuvor undurchsichtige Medium einen zweiten Lichtstrahl durchlässt. Das geschieht auf eine ungewöhnliche Weise, die man sich vorstellen kann als eine Art Weitergabe von Photonen von einem Atom zum nächsten, bei der jedes das Licht erst absorbiert und dann wieder abgibt. In einem BEK lässt sich die Geschwindigkeit dieser komplizierten Lichtübertragung kontrollieren, und Hau und ihrem Team gelang es, sie sehr stark herabzusetzen. Das Forschungsteam kühlte die Natriumatome, die es in einem Magnetfeld in der Schwebe hielt, auf nur 435 Milliardstel eines Grads Celsius über dem absoluten Nullpunkt herunter. Mithilfe der sogenannten Laserkühlung regten sie dazu die Atome an, fast ihre gesamte Wärme abzugeben. Im elektromagnetisch induzierten transparenten Zustand des Gases, angeregt durch einen Laserstrahl, kann der Brechungsindex bei einem zweiten Laserstrahl durch die Atomwolke stark variieren, wenn man die Wellenlänge dieses Lasers verändert. In einem bestimmten engen Wellenlängebereich war er so groß, dass Lichtimpulse mit nur 17 m/s durch die Wolke drangen.

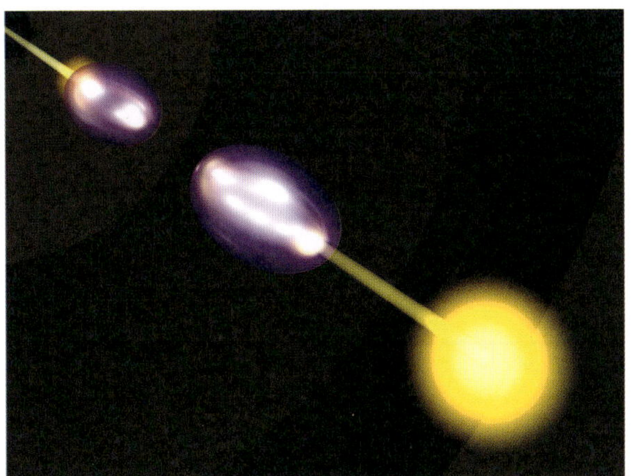

LENE HAU | GEB. 1959

Lene Vestergaard Hau wurde im dänischen Vejle geboren, machte 1984 ihren Abschluss an der Universität von Aarhus und nahm 1991 ihre Arbeit am Rowland Institute for Science auf. Da sie theoretische Physikerin war, wurden ihre ersten Anträge auf Fördermittel für die Arbeit an Bose-Einstein-Kondensaten mit der Begründung abgelehnt, sie besäße nicht die erforderlichen Fertigkeiten. Unter den vielen Auszeichnungen, die sie bekam, nachdem sie diese Einschätzung Lügen gestraft hatte, war auch die dänische Ole-Rømer-Medaille, benannt nach Haus Landsmann, der erstmals mit relativ hoher Genauigkeit die Lichtgeschwindigkeit bestimmt hatte.

Siehe auch: Experiment 35: Messung der Lichtgeschwindigkeit, 1849 (Seite 152).

Nach der Veröffentlichung der Arbeit 1999 zeigte sich die Presse davon beeindruckt, dass man Licht nun bremsen konnte, doch das war noch nicht alles. Anfang 2001 meldete Haus Team, dass es ihm gelungen war, das Licht in einem BEK aus Natriumatomen vollkommen zum Stillstand zu bringen. Ein in die Wolke geleiteter Laserimpuls blieb dort gefangen, bis ein zweiter Laser das Gas dazu brachte, den ersten Impuls wieder austreten zu lassen. Auf diese Weise konnte die ultrakalte Wolke als eine Art Speicher dienen, der Daten als Lichtimpulse speichert, die sich später wieder auslesen lassen. Das Team hielt seine Methode für nutzbringend in der Informationstechnologie, vor allem für Quantencomputer und für die Quantenkryptografie, in der Daten in Quantenzustände von Teilchen wie Lichtphotonen verschlüsselt werden. In späteren Arbeiten untersuchte Hau Möglichkeiten, Quanteninformationen zwischen Materie – sogenannten Qubits (Quantenbausteinen) – und Licht zu übertragen.

Um Licht so weit zu verlangsamen, dass es sich nicht mehr bewegt, muss es durch eine exotische Form von Materie gelenkt werden, durch ein Bose-Einstein-Kondensat (schematische Darstellung).

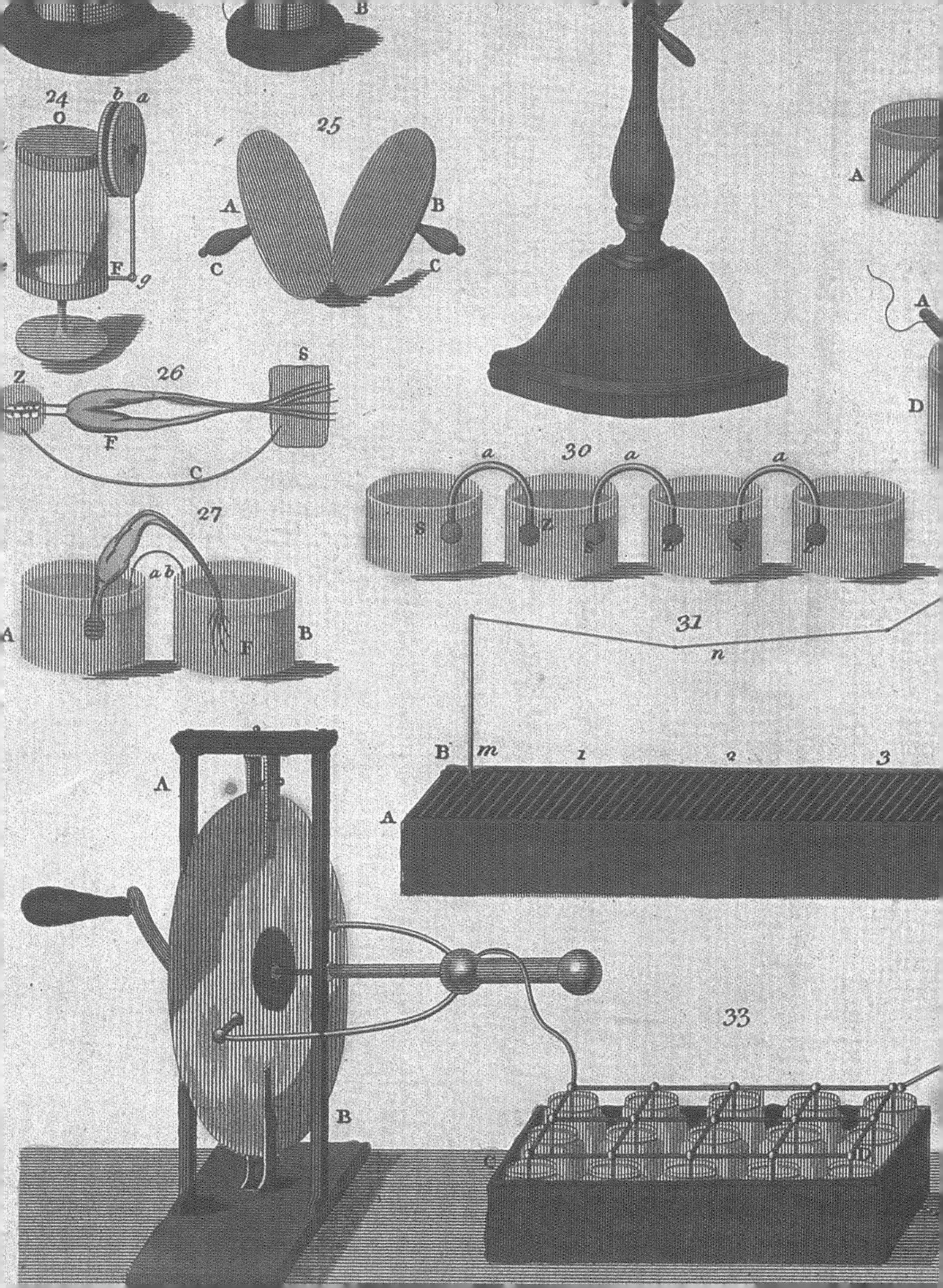
24
b a
O
F
g
25
A
B
C
C
A
A
D
26
Z
S
F
C
30
a
a
a
S
Z
S
Z
S
Z
27
a b
A
B
F
31
n
B
m
1
2
3
A
A
B
33
C
D

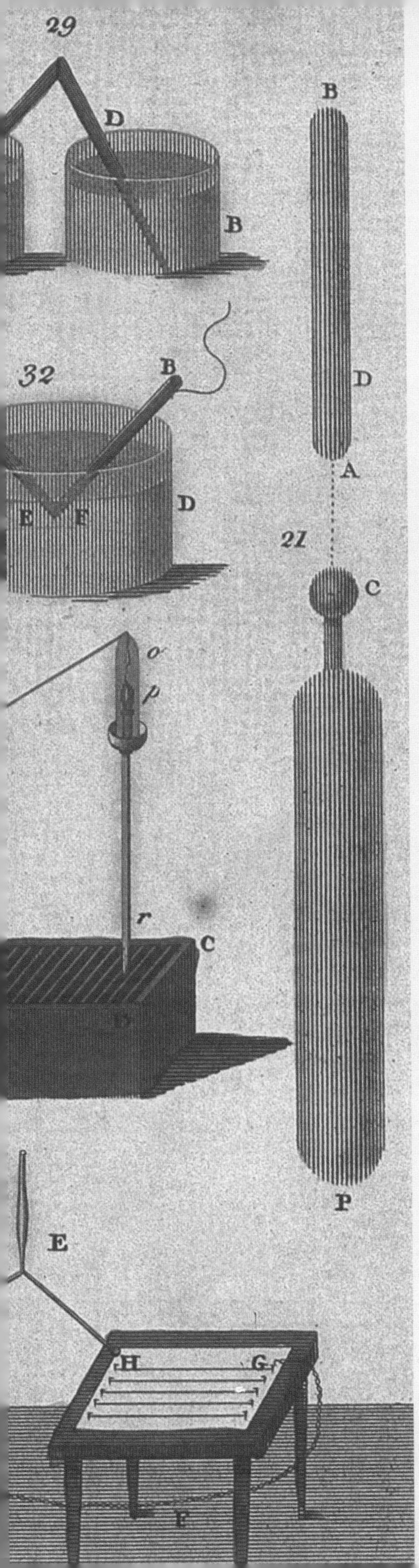

KAPITEL FÜNF

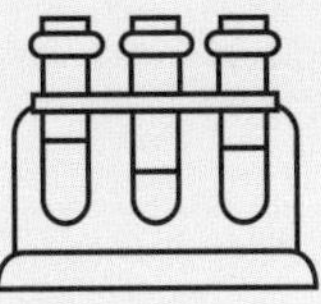

Was ist Leben?

Beobachtungen von Mikroben unter dem Mikroskop (1670er-Jahre)

Gibt es Leben, das zu klein für das bloße Auge ist?

«In jedem kleinen Materieteilchen», schrieb Robert Hooke in seiner 1665 erschienenen Abhandlung *Micrographia* über das Mikroskop, «erkennen wir nun eine beinahe ebenso große Vielfalt an Kreaturen, wie wir sie zuvor im gesamten Universum selbst zusammenrechnen konnten.» Diese Entdeckung war ebenso ein theologischer wie ein wissenschaftlicher Schock: Warum hatte Gott die Welt in so großem Übermaß bevölkert, selbst noch im allerkleinsten Maßstab? Hooke und andere zeitgenössische Mikroskop-Enthusiasten – Henry Power in England und Jan Swammerdam in Holland – sahen alle Arten kleiner Lebewesen, etwa Wasserflöhe, in Wasser- oder Essigtropfen schwimmen, für das bloße Auge kaum erkennbar. Doch es stand eine noch größere Überraschung bevor.

Vielleicht war es die Fähigkeit des Mikroskops, das Gewebe von Stoffen zu untersuchen, die den niederländischen Textilhändler Antoni van Leeuwenhoek zu dem Instrument hinzog. In den 1670er-Jahren begann er, seine Berichte über mikroskopische Studien an die Royal Society in London zu schicken, und 1676 vermeldete er, in einem Tropfen Regenwasser winzige Lebewesen – «Animalcules» – gefunden zu haben. Sie waren viel kleiner als alles, was Hooke (dem die Aufgabe zufiel, die Behauptung für die Royal Society zu prüfen) bisher gesehen hatte.

Die Royal Society war eine Drehscheibe der Korrespondenz zwischen den Menschen in Europa, die Interesse an der neuen experimentellen Philosophie hatten. Der mehrsprachige Sekretär der Society, Henry Oldenburg, pflegte ein Kontaktnetzwerk, das in Briefen eigene Beobachtungen beschrieb. Es war eine klassische Seilschaft, in der die Richtigkeit der Behauptungen anhand des Rufs beurteilt wurde – von denjenigen, die sich als zuverlässige Zeugen etabliert hatten. Niemand bei der Royal Society hatte je von Leeuwenhoek gehört, als Oldenburg 1673 die erste seiner Studien (eine Kritik der Beobachtungen in *Micrographia*) erhielt. Doch dieser Bericht wurde von einer verlässlichen Quelle weitergeleitet, und ein Mitglied seines bewährten Kreises, der niederländische Philosoph Constantijn Huygens, hatte Oldenburg versichert, dass Leeuwenhoek «von Natur aus außerordentlich fleißig und neugierig» sei.

Leeuwenhoek war Autodidakt und machte seine Beobachtungen nicht mit einem der prächtig gearbeiteten Instrumente, die Hooke benutzte, sondern mit seinen eigenen, selbst gebauten Einlinsenmikroskopen, deren Bauplan er streng geheim hielt. Diese Instrumente waren schwer herzustellen und zu benutzen, aber im Prinzip boten sie eine stärkere Vergrößerung als die Doppellinsengeräte.

Jan Verkolje: *Porträt des Antoni van Leeuwenhoek, Naturphilosoph und Zoologe in Delft*, Öl auf Leinwand, 1680–1686. Rijksmuseum, Amsterdam.

ANTONI VAN LEEUWENHOEK 1632–1723

Mit 16 Jahren begann Antoni Leeuwenhoek (das «van» nahm er später aus Geziertheit an) eine Lehre bei einem Leinenhändler in Amsterdam, wo er lernte, mithilfe von Linsen «Stoff zu zählen» – das heißt, die Dichte des Gewebes zu bestimmen. 1654 heiratete er die Tochter eines Tuchhändlers in Delft und wurde Stadtbeamter, was ihm die bescheidenen unabhängigen Mittel für seine mikroskopischen Studien verschaffte. Er setzte seine Beobachtungen bis zum Ende seines Lebens fort und diktierte noch in seinen letzten Tagen Notizen zu seinen Proben.

Siehe auch: Experiment 44: Die Rolle des Spermas bei der Befruchtung, 1777–1784 (Seite 180); Experiment 46: Der Niedergang der Spontanzeugung, 1859 (Seite 188).

Leeuwenhoeks Briefe an Oldenburg mit Beschreibungen von «Animalcules» nahmen eigentlich 1674 ihren Anfang, als er von seinen Studien an Teichwasser berichtete. Er sah winzige Lebewesen, «von denen einige rundlich waren, während andere, etwas größere, aus einem Oval bestanden». Einige, schrieb er, hatten kleine Beinchen und Flossen und waren «weiß und durchsichtig» oder hatten «grüne und stark glitzernde Schüppchen». Doch es war sein Brief vom Oktober 1676, in dem er am ausführlichsten von diesen Beobachtungen berichtete. In Proben von Regenwasser und «Pfefferwasser» (Wasser mit Pfefferkörnern) sah er Animalcules, die «so klein in meinem Blick [waren], dass meiner Schätzung nach selbst hundert von ihnen aneinanderliegend nicht die Länge eines groben Sandkorns erreichen könnten». Während einige dies für einen Hinweis darauf halten, dass Leeuwenhoek als Erster Bakterien gesehen hatte, meinen andere, dass seine Mikroskope nur für größere einzellige Organismen ausreichten, die Protozoen.

Ohne zu wissen, wie Leeuwenhoek seine Einlinsenmikroskope herstellte, war es schwierig für Hooke, diese Ergebnisse zu reproduzieren. Schließlich gelang es ihm, die kleinen runden Linsen herzustellen, indem er Glasstäbe in einer Flamme dünn auszog und die Spitzen zu einer Kugel schmolz. Überrascht schrieb er 1677, er habe «niemals eine lebende Kreatur von ähnlich geringer Größe» gesehen.

Leeuwenhoek sah sich fast alles unter dem Mikroskop an – selbst sein eigenes Sperma, das er schicklich aus dem Ehebett in sein Studierzimmer brachte. Auch hier fand er «Animalcules» mit einem langen Schwanz, die «sich mit schlangenartigen Bewegungen vorwärtsbewegten»: die erste Beobachtung von Spermien. Bald schickte ihm die Royal Society Listen von Substanzen, die er untersuchen sollte: Blut, Milch, Speichel, Schweiß, Tränen und sämtliche Auswüchse des menschlichen Körpers. 1680 ließen sie ihm schließlich eine seltene Ehre zuteilwerden, in dem sie ihn zum Fellow ernannten.

Einfaches Silbermikroskop (ca. 5 cm hoch) mit einer Glaslinse, hergestellt von Antoni van Leeuwenhoek, Rijksmuseum Boerhaave, Niederlande.

42

Tierische Elektrizität (1780–1790)

Welche Rolle spielt die Elektrizität für das Leben?

Im 18. Jahrhundert wurde die Elektrizität zu einem der tiefgreifendsten und faszinierendsten Geheimnisse der Naturphilosophie. Elektrische Phänomene waren schon seit Jahrhunderten bekannt: Schon im alten Griechenland wusste man, dass bestimmte Stoffe wie *elektron* (Bernstein) durch Reiben Staub und Haare anziehen – durch den Effekt, den wir heute als elektrische Anziehung bezeichnen. Diese Kraft schien wie der Magnetismus durch leeren Raum hindurch zu wirken, was sie buchstäblich zu etwas «Okkultem» (Verborgenem) machte.

Erst zu Beginn des 18. Jahrhunderts konnte man die Elektrizität allmählich in Experimenten steuern. Der englische Instrumentenmacher Francis Hauksbee erfand ein Gerät, mit dem man nach Belieben statische elektrische Ladung erzeugen konnte: eine Glaskugel an einem Stück Tuch oder Leder, die sich mit einer Kurbel drehen ließ. Sie funktionierte ähnlich wie ein Luftballon, den man durch Reiben an der Kleidung statisch aufladen kann. In den 1720er-Jahren verwendete der Astronom Stephen Gray ein ähnliches Instrument, um mit elektrischem Leitvermögen zu experimentieren. Gray fand heraus, dass Elektrizität sich von dem erzeugenden Gerät auf ein anderes Objekt übertragen ließ, etwa auf eine Elfenbeinkugel, wenn ein Hanffaden die beiden verband. Er glaubte, Elektrizität müsse ein Fluidum sein, das sich über den Faden verbreitete. Gray führte extravagante Experimente durch, in denen er kleine Jungen aus der Schule neben seiner Unterkunft elektrisch auflud: Er ließ sie von der Decke hängen und ließ Funken aus der Nase seiner unglückseligen Versuchsobjekte springen.

Um dieses «elektrische Fluidum» systematischer zu untersuchen, brauchten Experimentierwillige eine Möglichkeit, es zu speichern. 1745 zeigte der polnische Wissenschaftler Ewald von Kleist, dass es sich in einer Glasflasche mit Metallbelägen «abfüllen» ließ.

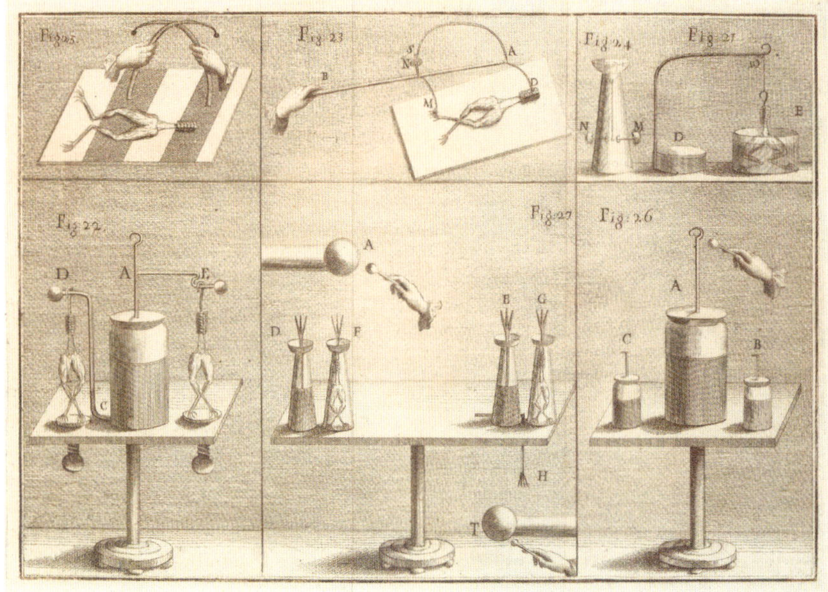

Das Experiment des italienischen Anatoms Luigi Galvani, das zeigte, wie amputierte Froschschenkel zucken, wenn sie mit einer Stromquelle verbunden werden. Stich aus Galvanis *De viribus electricitatis*, Mutinae: Apud Societatem Typographicam, 1792, Tafel III. Wellcome Collection, London.

Ein fast identisches Gerät entwickelte unabhängig davon um dieselbe Zeit Pieter van Musschenbroek an der Universität Leiden; dieses wurde als «Leidener Flasche» bekannt. Es war im Grunde eine Art Kondensator, die die Ladung auf den Belägen sammelte und ausreichend Elektrizität für einen heftigen Schlag speichern konnte. Als Benjamin Franklin in Amerika 1746 von den Leidener Flaschen hörte, begann er mit eigenen Experimenten und fragte sich, ob die Funken im Wesentlichen dasselbe Phänomen darstellten wie Blitze. Er schlug das berühmte Drachenexperiment vor, um diese natürliche Elektrizität einzufangen; es ist unklar, ob er diesen gefährlichen Plan je in die Tat umsetzte, auch wenn er durch den englischen Wissenschaftler Joseph Priestley und sein Buch *Geschichte und gegenwärtiger Zustand der Elektrizität* von 1767 bekannt wurde. Franklin nahm an, dass Elektrizität ein Fluidum sei, das alle Materialien durchdringt, und dass elektrische Phänomene aus seinem Überschuss oder Verlust entstünden.

Der italienische Anatom Luigi Galvani entdeckte die Faszination der Elektrizität in den 1780er-Jahren an der Universität von Bologna. Er leitete Elektrizität aus Leidener Flaschen in die Kadaver sezierter Frösche und sah, dass er sie damit zum Zucken bringen konnte, als wären sie lebendig. Normalerweise entfernte Galvani dazu Kopf und Oberkörper des Frosches und verband nur die Beine und die Wirbelsäule über Drähte mit der Stromquelle. Er war nicht der Erste, der diese elektrisch stimulierten Muskelkontraktionen bemerkte, doch seine Experimente zu dem Phänomen waren wesentlich umfangreicher als alle zuvor unternommenen. Er gelangte zu der Überzeugung, dass Tiere selbst eine «tierische Elektrizität» erzeugen, die durch die Nerven übertragen wird. Vielleicht, überlegte er, gab es «eine Art Kreislauf eines feinen Nervenfluidums».

Galvani beobachtete, dass die Kontraktionen manchmal «aus der Ferne» ausgelöst wurden, wenn die Froschschenkel mit einem Metallgegenstand, etwa einem Messer, in Berührung standen, während in der Nähe eine elektrische Maschine Funken erzeugte – auch wenn es keinen direkten Kontakt zur Maschine gab. Die Maschinen, schlussfolgerte er, mussten ihre eigene «elektrische Atmosphäre» erschaffen. War das vergleichbar mit der atmosphärischen Elektrizität? In einer Versuchsreihe bemerkte Galvani, dass sezierte Froschschenkel, die er mit Messinghaken an ein Eisengeländer gehängt hatte, während eines Gewitters zu zucken begannen. Er fragte sich, ob «solche Kontraktionen verursacht werden, wenn die atmosphärische Elektrizität langsam in das Tier eindringt». Doch dann sah er, dass die Bewegungen auch an klaren Tagen ausgelöst wurden, wenn die Froschkadaver gegen das Geländer gedrückt wurden, und er beschloss, dass die Elektrizität «dem Tier selbst innewohnen» musste.

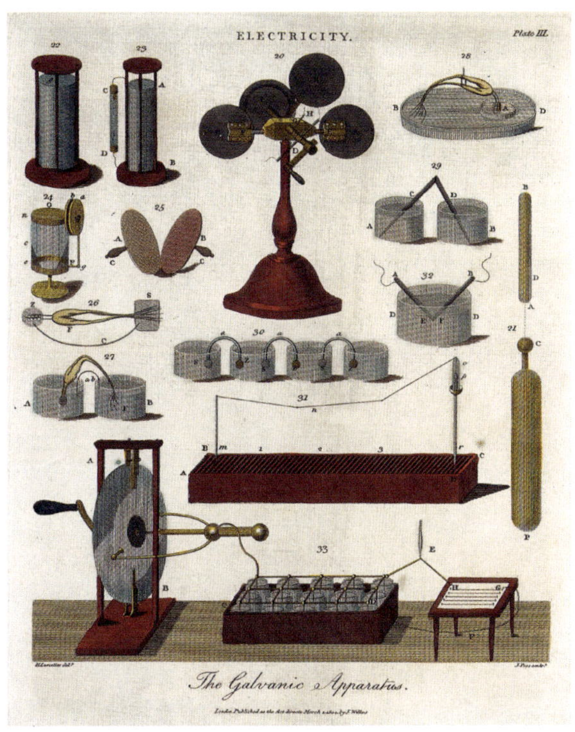

«The Galvanic Apparatus». Kolorierter Stich von J. Pass nach H. Lascelles, 1804. Wellcome Collection, London.

Galvani veröffentlichte seine Beobachtungen in einer *Abhandlung über die Kräfte der Electricität bei der Muskelbewegung* (1791). Diese las unter anderem Alessandro Volta, ein Physiker und Chemiker (wie wir ihn heute nennen würden) an der Universität von

LUIGI GALVANI | 1737–1798

Luigi Galvani wurde in Bologna in Italien geboren, wo er auch sein ganzes Leben verbrachte. 1755 schrieb er sich zum Medizinstudium ein und wurde später Professor für Anatomie. Die wachsende Begeisterung für die medizinische Anwendung von Elektrizität weckte sein Interesse, und er widmete sein Lebenswerk diesem Thema. Als Napoleon einen Teil Norditaliens 1796 annektierte, verweigerte Galvani den neuen Herrschern den Treueeid, verlor seinen Posten und damit seine Einkommensquelle und starb in Armut.

Siehe auch: Experiment 16: Die Entdeckung der Alkalimetalle durch die Elektrolyse, 1807 (Seite 72); Experiment 46: Der Niedergang der Spontanzeugung, 1859 (Seite 188).

Pavia. Doch Volta war nicht überzeugt von Galvanis Interpretationen der tierischen Elektrizität; er glaubte vielmehr, dass die Elektrizität nicht im Tier erzeugt wurde, sondern in den Metallen, mit denen es in Kontakt stand.

Mit verschiedenen Experimenten, die er in den 1790er-Jahren durchführte, wollte Galvani zeigen, dass er recht hatte und Volta mit seiner «Metallhypothese» falschlag. Zum Beispiel demonstrierte er, dass ein Froschnerv zum Zucken gebracht werden konnte, indem man ihn nur mit einem Muskel verband, ganz ohne Metalle. Auf jedes Experiment fand Volta eine Erwiderung – so beharrte er etwa darauf, dass Versuchsfehler nicht ausgeschlossen werden konnten. Die Kontroverse illustriert, wie schwer es sein kann –

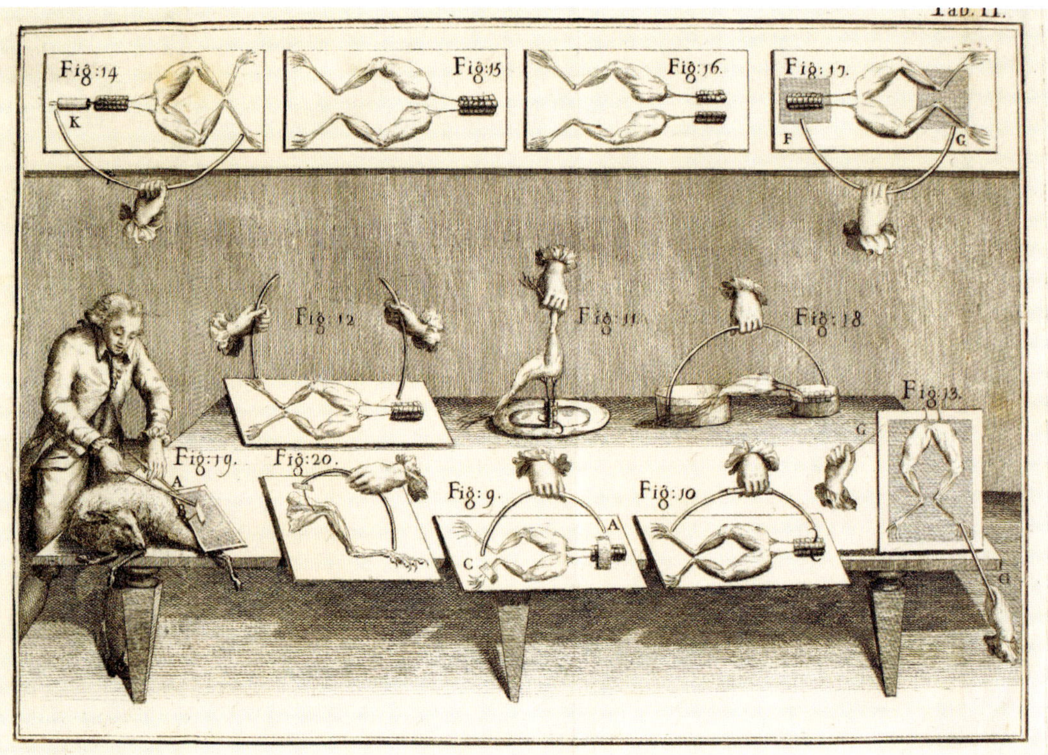

Luigi Galvani: *De viribus electricitatis,* Mutinae: Apud Societatem Typographicam, 1792, Tafel II. Wellcome Collection, London.

vor allem bei Fragestellungen, die lebende Systeme betreffen –, Experimente zu entwickeln, die wirklich schlüssige Beweise für oder gegen eine Hypothese liefern.

In diesem Fall hatten beide Männer in gewisser Hinsicht recht. Zwei unähnliche Metalle wie Messing und Eisen erzeugen im direkten Kontakt tatsächlich eine elektrische Ladung, die als Strom abgeleitet werden kann; das war die Grundlage für Voltas «Säule», die erste elektrische Batterie (siehe Seite 73). Doch Nervenimpulse an sich sind in der Tat elektrische Phänomene, wie Galvani beharrlich behauptete.

Galvanis Demonstration eines Anscheins von Lebendigkeit bei toten Tieren schien auf eine Verbindung zwischen Elektrizität und Leben hinzudeuten. Nach dem deutschen Physiologen Emil du Bois-Reymond, der im späten 19. Jahrhundert den Weg für das Verständnis der Nervenfunktion ebnete, glaubten die Physiologen aufgrund von Galvanis Experimenten «ihren alten Traum von der Lebenskraft in Händen zu halten» – oder gar eine Art Lebenselixier. Tatsächlich wurden damals überall medizinische «Kuren» auf der Grundlage von Galvanismus gegen Lähmungen, Asthma, Verstopfung und andere Leiden angepriesen.

Aldini setzte sich für den Glauben seines Onkels an die elektrische Natur des Lebens an sich ein, indem er in effektvollen Demonstrationen das belebende Potenzial von Elektrizität vorführte. 1802 verwendete er eine Volta'sche Säule (die er loyal «Galvani'sche Säule» nannte), um vor verschiedenen britischen Würdenträgern den abgetrennten Kopf eines Ochsen «wiederzubeleben». Ein Jahr später erhöhte er den Einsatz, indem er stattdessen die Leiche eines Kriminellen verwendete, der kurz zuvor im Londoner Newgate-Gefängnis gehängt worden war. Aldini schrieb: «Der Kiefer begann zu zittern, die benachbarten Muskeln wurden schrecklich verzerrt, und das linke Auge öffnete sich sogar.» Eine derartige Vorführung, so Wissenschaftshistoriker Iwan Rhys Morus, «konnte auf verschiedene Weise dargestellt werden. Was Aldini getan hatte, ließ sich ebenso als Übung einer Möglichkeit künstlicher Wiederbelebung verstehen wie als Versuch, die Toten wiederauferstehen zu lassen, oder auch als schlüssige Demonstration des elektrischen und materiellen Wesens des Lebensprinzips.»

Illustration aus Mary Wollstonecraft Shelley: *Frankenstein; Or, the Modern Prometheus:* London, Henry Colburn und Richard Bentley, 1831.

Es ist denn auch nicht weiter verwunderlich, dass Mary Shelley 1818 in ihrer Beschreibung der Wiederbelebung der Körperteile, die ihr Antiheld Victor Frankenstein zusammengesetzt hatte, der Elektrizität die Schlüsselrolle gab. In der Einführung zur überarbeiteten *Frankenstein*-Version von 1831 gibt sie auch den Inhalt der Gespräche zwischen ihrem Ehemann Percy und Lord Byron wieder, die ihrer schrecklichen Vision vorausgingen. «Vielleicht würde ein Leichnam wiederbelebt werden», hatten sie gesagt. «Der Galvanismus hatte solche Dinge erahnen lassen.»

43

Die Chemie der Atmung (1775–1790)

Welche chemischen Prozesse laufen bei der Atmung ab?

Im frühen 16. Jahrhundert argumentierte der Schweizer Arzt und Alchemist Paracelsus, dass das Leben im Wesentlichen ein (al)chemischer Prozess sei. Die Vorgänge, die etwa bei der Verdauung ablaufen, seien dieselben wie die, die ein Alchemist in Kolben und Retorten im Labor durchführen könne, allerdings gesteuert von einer Art «innerem Alchemisten», den Paracelsus den Archeus nannte.

Trotz der blumigen Formulierung trug die Vorstellung an der Wurzel dieser Spekulationen Früchte und führte zur Entstehung der chemiebasierten Medizin, genannt Iatrochemie, vor allem in Frankreich. Zwar ist Paracelsus' Vision noch weit entfernt von der des großen französischen Chemikers Antoine Lavoisier im späten 18. Jahrhundert, doch waren beide der Ansicht, dass das, was wir heute biologische Prozesse nennen würden, sich als chemische Reaktionen betrachten lässt und dass es Entsprechungen zwischen rein chemischen Umwandlungen und denen gibt, die das Leben steuern.

Das späte 18. Jahrhundert war die Ära der «pneumatischen Chemie», in der man sich vor allem mit den «Lüften» beschäftigte – ein Sammelbegriff für verschiedene Gase. In diesem Kontext machte Lavoisier sich daran, das Phänomen der Atmung zu entschlüsseln. Als er Mitte der 1770er-Jahre mit seinen Studien begann, war Lavoisier stark durch die Arbeiten des englischen Chemikers Joseph Priestley beeinflusst, der die These aufstellte, dass der Körper durch das «Feuerprinzip» genährt wurde, das Phlogiston. Dieser schwer zu fassende Stoff galt als Element, das in Mengen in flammbaren Substanzen vorkam und beim Verbrennen freigesetzt wurde (siehe Seite 70). Die Verbrennung hört auf, wenn die Umgebungsluft mit Phlogiston gesättigt ist und kein weiteres mehr aufnehmen kann.

Weil die Phlogiston-Theorie der Verbrennung mehr oder weniger ein Spiegelbild des tatsächlichen Sachverhalts ist, dass brennende Substanzen Sauerstoff aus der Luft aufnehmen, kann es verwirrend sein, Lavoisiers frühe Experimente zur Verbrennung in dieser Sprache zu diskutieren. Priestley hatte gezeigt, dass es möglich ist, «dephlogistierte Luft» – also das, was wir heute Sauerstoff nennen – herzustellen, und dass sie für eine besonders lebhafte Verbrennung sorgt. Priestley bestätigte, dass das Inhalieren dieses Stoffes ihn auf besondere Weise belebte.

Lavoisiers erste Experimentreihe zur Atmung begann 1776, als er sorgfältig bestimmte, wie gewöhnliche Luft sich verändert, wenn Tiere sie atmen. Er experimentierte mit Vögeln in versiegelten Glasglocken, um herauszufinden, wie ihre Atmung die eingeschlossene Luft veränderte. In einem Manuskript aus dem Oktober/November 1776 berichtete er, dass ein Spatz nach knapp einer Stunde «unter krampfhaften Bewegungen» starb, dass die Luft in der Glocke aber kaum an Volumen verloren hatte. Jedoch hatte sich ihre Zusammensetzung verändert: Ein zweiter Vogel, den er derselben Umgebungsluft aussetzte, starb beinahe sofort. Und die geatmete Luft trübte Kalkwasser beim Durchleiten: der klassische Test auf das, was wir heute Kohlendioxid nennen, damals auf Anregung des schottischen Chemikers Joseph Black «fixe Luft» genannt.

Lavoisier und sein Team bestimmten sorgfältig die Anteile der fixen und der verbleibenden «mephitischen» (nicht lebenserhaltenden) Luft. Er folgerte: «Die Atmung wirkt sich nur auf einen Teil der Luft aus, der sich atmen lässt, und […] dieser Teil übersteigt nicht ein Viertel der Luft der Atmosphäre.» Er verglich diese Ergebnisse mit dem, was während der gewöhnlichen Verbrennung geschah, sowie mit den Reaktionen von Metallen wie Quecksilber beim Erhitzen in Luft. Diese bildeten dabei die damals so bezeichneten Metallkalke; heute würden wir sagen, sie wurden durch die Reaktion mit Sauerstoff in ihre Oxide umgewandelt. Lavoisier stellte fest, dass der Anteil der «atembaren Luft», die in der Lunge durch die Atmung entzogen wird,

Lavierte Federzeichnung, Madame Lavoisier zugeschrieben. Einem Mann in einem Fass, den Kopf unter einem Glasverdeck, wird der Puls gemessen, während Antoine Lavoisier seiner den Bericht schreibenden Frau diktiert. Um 1790, Wellcome Collection, London.

dem Anteil entspricht, der bei der Bildung eines Metallkalks wie Quecksilberoxid entzogen wird. Er begriff auch, dass der Vorgang, durch den das aus der Lunge kommende Blut hellrot wird, mit der Kombination des Blutes mit diesem atembaren Teil der Luft zu tun hat.

Das ließ mehrere Fragen offen. Woher kommt die fixe Luft? Wird die atembare Luft (also der Sauerstoff) zu fixer Luft umgewandelt, oder wird sie nur durch fixe Luft ersetzt, die auf irgendeine Weise schon in der Lunge vorhanden ist? Fixe Luft entstand auch bei der Verbrennung von Kohle – ist also die Atmung nur eine Art von Verbrennung? 1777 versuchte Lavoisier, die Chemie der Atmung mit dem anderen wesentlichen Aspekt der Verbrennung zusammenzubringen: der Wärmeerzeugung. Vielleicht war die Atmung verantwortlich für die Wärme von Tierkörpern? In den frühen 1780er-Jahren führte er zusammen mit dem französischen Wissenschaftler Pierre-Simon Laplace Experimente durch, mit denen sie die Beziehung zwischen der Wärme, die Tiere erzeugen, und der fixen Luft, die sie ausatmen, bestimmen wollten. Für die meisten dieser Untersuchungen verwendeten sie Meerschweinchen, doch es folgte auch bald die Erprobung am Menschen.

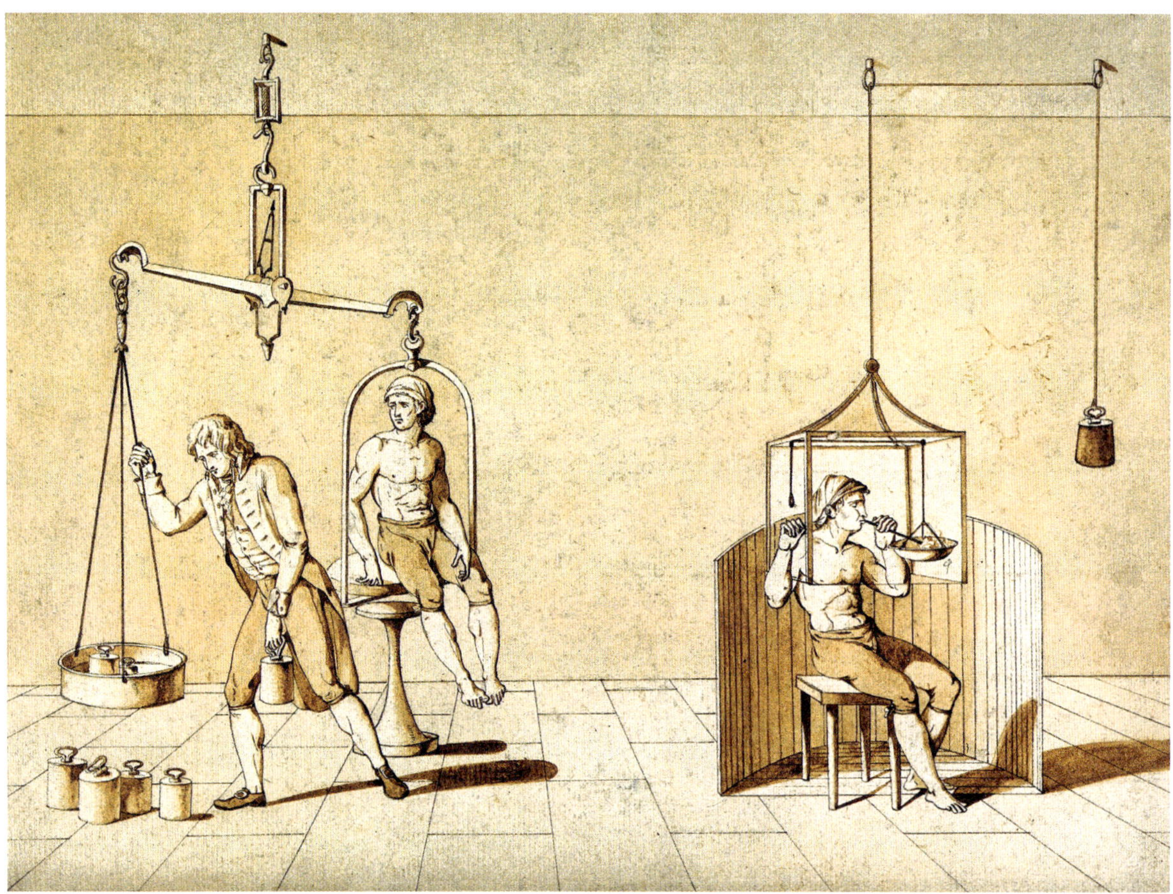

Lavierte Federzeichnung, Madame Lavoisier zugeschrieben. Bei einem von Antoine Lavoisiers Experimenten zur Atmung wird ein Mann auf einer Waage gewogen, ein weiterer hat den Kopf unter einer Glashaube. Um 1790, Wellcome Collection, London.

Lavoisier begann erst in den 1790er-Jahren, die menschliche Atmung zu studieren, als er schon sehr mit seinen administrativen Pflichten für die französische Regierung beschäftigt war, für die er (unter anderem) Steuern eintrieb. Einige seiner Experimente müssen von seinen Assistenten durchgeführt worden sein, insbesondere von einem jungen Schützling namens Armand Seguin. Lavoisier wurde außerdem von seiner Frau Marie-Anne Pierette Paulze Lavoisier im Labor unterstützt, die sehr bewandert in den Debatten in der pneumatischen Chemie war. Da Antoine kaum Englisch sprechen und lesen konnte, übersetzte Marie-Anne für ihn die Arbeiten von Priestley, Black und anderen. Zusätzlich führte sie das Laborbuch, in dem sie auch Skizzen der Experimente festhielt, in denen ihre Zeichenstunden bei dem Künstler Jacques-Louis David deutlich wurden. Nach heutigen Standards würde man Mme Lavoisier als Co-Autorin der Arbeit betrachten, so wie Seguin als Co-Autor gilt.

Lavoisier plante, die Atmungsvorgänge beim Menschen mit derselben Präzision zu bestimmen, die er bei den Tieren angewandt hatte. Natürlich konnte er keinen Menschen unter eine Glasglocke setzen, bis er starb; stattdessen fertigte er Masken an, die das Gesicht bedeckten, sodass alle ein- und ausgeatmeten Gase quantifiziert werden konnten. Das Versuchsobjekt bei einer solchen Studie zu sein, war keine angenehme Erfahrung. «So schmerzhaft, unangenehm und sogar gefährlich diese Experimente, denen man sich unterziehen musste, auch sind», schrieb Lavoisier, «wünschte M. Seguin dennoch, dass sie an ihm selbst durchgeführt werden.»

Inzwischen hatte Lavoisier das Phlogiston zugunsten seiner eigenen *oxygène*-Theorie der Verbrennung aufgegeben. Er betrachtete gewöhnliche Luft nun als eine Mischung von Sauerstoff und *azote* (vom griechischen Begriff für «ohne Leben»), also Stickstoff. Ende 1790 schrieb Lavoisier an Black, dass er das Volumen von Sauerstoffgas gemessen habe, das «ein Mann in Ruhe und in Abstinenz [von Nahrung] verbraucht», und wie es sich bei körperlicher Betätigung und mit der Raumtemperatur verändert. Er kam zu dem Schluss, dass «Azot», wie es damals auch genannt wurde, «beim Vorgang der Atmung keinen Zweck erfüllt und die Lunge in derselben Menge und demselben Zustand verlässt, wie es hineingekommen ist.»

Bei der Atmung, folgerte Lavoisier, entzieht der Sauerstoff dem Blut, das in der Lunge zirkuliert, «einen Teil Kohlenstoff», was fixe Luft erzeugt. Gleichzeitig verbindet sich Wasserstoff im Blut mit Sauerstoff zu Wasser, das als Feuchtigkeit abgegeben wird. Im Gegenzug hinterlässt die Luft im Blut «einen Teil kalorische Substanz» – also Wärme, die Lavoisier als eine Art fluide Substanz betrachtete –, die «im Blut mit dem Kreislauf in alle Teile des tierischen Systems verteilt wird». Ob der Sauerstoff in fixe Luft umgewandelt wird (wie bei der Verbrennung von Kohle) oder nur durch sie ersetzt wird, ließ sich durch die Experimente nicht unterscheiden. Lavoisier kannte die Grenzen dessen, was er mit Sicherheit ableiten konnte.

Lavoisier behauptete sogar, feststellen zu können, wie viel Sauerstoff benötigt und wie viel Wärme erzeugt wird «bei der Arbeit eines nachdenkenden Philosophen [und] eines schreibenden Gelehrten». Er stand kurz davor, das Feld der Bioenergetik zu erschaffen: die Umwandlung chemischer in mechanische Energie im Körper über Stoffwechselreaktionen. Auch wenn es hier nicht um ein einzelnes Experiment geht – die Fragestellung war viel zu kompliziert, um sich auf diese Weise beantworten zu lassen –, legte Lavoisiers rund fünfzehn Jahre dauernde Versuchsreihe, mit der er die Atmung erforschte, den Grundstein für die Stoffwechselbiochemie und war ein Meisterwerk sorgfältiger Beobachtung und Quantifizierung, gekoppelt mit einer Theoriebildung, die gleichzeitig kühn und bedacht war.

Offenbar, so wurde Lavoisier klar, hängt der verbrauchte Sauerstoff und die im Ergebnis verbrannte Nahrung von der Anstrengung der körperlichen Plackerei ab. «Der arme Mann, der von der Arbeit seiner Hände lebt», braucht daher mehr Nahrung als der müßige, wohlhabende Mann. Dieser Hinweis auf die wirtschaftlichen Ungleichheiten im 18. Jahrhundert lässt im Rückblick an einen düsteren Vorboten der Revolution denken, die Frankreich bald verschlingen und seinen großen Gelehrten Antoine Lavoisier auslöschen sollte (siehe Seite 71).

MARIE-ANNE PIERETTE PAULZE LAVOISIER 1758–1836

1771 verheiratete der französische Geschäftsmann Jacques Paulze seine 13-jährige Tochter Marie-Anne mit einem brillanten jungen Mitarbeiter in seinem Steuerunternehmen, um sie nicht dem wesentlich älteren Bruder einer Baronesse zur Frau geben zu müssen. Es war eine glückliche Verbindung: Die beiden mochten sich nicht nur, sondern Marie-Anne war auch klug und scharfsinnig. Sie brachte sich selbst Chemie bei, führte Notizen über die Ergebnisse ihres Mannes, zeichnete Illustrationen und übersetzte englische Abhandlungen für ihn. Als Lavoisier 1793 während der französischen Revolution verhaftet wurde, reichte sie eine Petition für seine Freilassung ein und landete selbst kurz im Gefängnis. Nach seiner Hinrichtung ging sie nach England und heiratete den Physiker Benjamin Thompson (Reichsgraf von Rumford). Die Ehe war nicht glücklich, und sie kehrte schließlich nach Frankreich zurück, wo sie im Alter von 78 Jahren starb.

Siehe auch: Experiment 15: Die Entdeckung des Sauerstoffs, 1774–1780er-Jahre (Seite 70).

44

Die Rolle des Spermas bei der Befruchtung (1777–1784)

Was bringt Eizellen dazu, sich zu entwickeln?

Es war immer klar, dass für die Fortpflanzung von Menschen und anderen Säugetieren sowohl das Männliche als auch das Weibliche eine Rolle spielen. Aber welche Rolle genau? Aristoteles meinte, beide Geschlechter tragen eine Art Erzeugungsprinzip bei, das *sperma*, das zusammen die rationale menschliche Seele im wachsenden Fötus erschafft in einem Vorgang, den er Epigenese nennt. Gemäß der chauvinistischen Weltsicht, die bis in die Neuzeit die meisten Fortpflanzungstheorien prägte, galt das männliche Prinzip als das aktive Element, das wie ein Samen im passiven Gefäß wuchs, das die Frau beisteuerte. In einem der ersten schriftlich festgehaltenen Beispiele für experimentelle Wissenschaft öffnete und untersuchte Aristoteles behutsam Hühnereier in verschiedenen Entwicklungsstadien von der Befruchtung bis zum Schlüpfen, um die Entwicklung der Föten zu verfolgen.

Im 17. Jahrhundert setzte der englische Arzt William Harvay, der Aristoteles' Standpunkt weitgehend zustimmte, den Akzent mehr auf die Rolle der weiblichen Eizelle. *Ex ovo omnia,* wie er es 1651 formulierte: Alles stammt aus einem Ei – eine Auffassung, die Ovismus genannt wird. Doch Antoni van Leeuwenhoeks Beobachtungen von Spermatozoen oder Spermien unter dem Mikroskop in den 1670er-Jahren (siehe Seite 171) führten zu der Vorstellung, dass der sich entwickelnde Körper sich auf irgendeine Weise bereits im Kopf der wurmartigen Gebilde im Sperma befindet (Spermatozoen bedeutet wörtlich «Spermatiere»). Dieses Konzept wurde 1694 auf bemerkenswerte Weise von dem niederländischen Mikroskopisten Nicolaas Hartsoeker illustriert, der ein Spermium zeichnete, das einen fötalen Homunculus einschließlich winziger Gliedmaßen im Kopf trug. Dieser «präformationistischen» Ansicht nach war der Körper bereits voll ausgeformt, während er sich nach epigenetischer Auffassung aus einem unstrukturierten Samen entwickelte.

Das alles war größtenteils Spekulation wegen der Schwierigkeit, Beobachtungen und Experimente zur menschlichen Empfängnis zu machen. Damals wie auch noch heute stützte sich ein großer Teil dessen, was man über die Embryologie wusste, auf Tierstudien. Mitte des 18. Jahrhunderts machte sich ein italienischer Physiologe und Priester namens Lazzaro Spallanzani daran, die genaue Rolle des männlichen Samens zu untersuchen, indem er die Fortpflanzung von Fröschen studierte.

Spallanzani wird oft als «wissbegierig» beschrieben; eine Leidenschaft, die offenbar gelegentlich größer war als der Anstand, etwa als er angeblich einer Gruppe Würdenträger begeistert von der Paarung der Frösche erzählte, die er auf Reisen in einem Teich in Konstantinopel beobachtet hatte. Das war sicher-

LAZZARO SPALLANZANI
1729–1799

Wie einige andere Naturphilosophen der Renaissance und Aufklärung war auch Lazzaro Spallanzani ein Geistlicher und als katholischer Priester ordiniert. Neben seiner Arbeit zur Fortpflanzung führte er auch wichtige Experimente zur Spontanzeugung durch und zeigte, dass Flüssigkeiten, in denen alle Mikroorganismen durch Abkochen abgetötet worden waren, diese anschließend nicht wieder hervorbrachten, wenn sie luftdicht verschlossen aufbewahrt wurden. Er forschte zudem zum Blutkreislauf und zur Atmung, zu Fossilien und zur Echolokation der Fledermäuse.

Siehe auch: Experiment 41: Beobachtungen von Mikroben unter dem Mikroskop, 1670er-Jahre (Seite 170); Experiment 46: Der Niedergang der Spontanzeugung, 1859 (Seite 188).

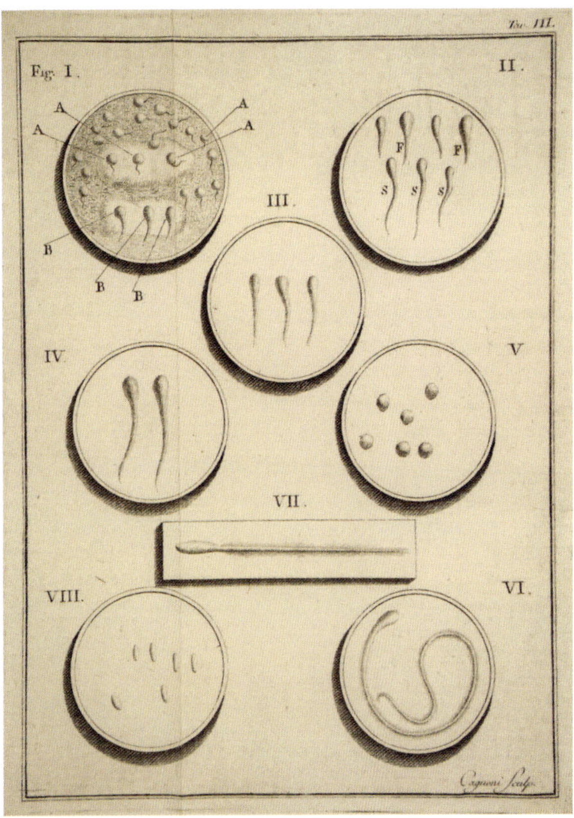

Sperma verschiedener Tiere. Aus: Lazzaro Spallanzani: *Opuscoli di fisica animale, e vegetabile,* Modena: Presso la Societa Tipografica, 1776, Bd. 2, Tafel III. Wellcome Collection, London.

lich ein eher unpassendes Gesprächsthema für einen Mann, den die Kirche zum Priester geweiht hatte.

Frösche kopulieren jedoch nicht wirklich. Vielmehr legt das Weibchen seine Eier ab, auf die das Männchen dann seinen Samen verteilt. Obwohl Spallanzani Harveys epigenetische Auffassung von der Entwicklung aus einem befruchteten Ei teilte, vermutete er, dass die Spermien keine Rolle spielen, sondern vielmehr eine Art Parasit darstellen. Es sei der dünnere, flüssige Bestandteil des Samens, dachte Spallanzani, der das Erzeugungsprinzip in sich trägt.

Um diese Idee zu überprüfen, musste Spallanzani Froschsperma sammeln und die mikroskopischen «Würmer» von der Samenflüssigkeit trennen. Er übernahm dazu eine Idee des französischen Wissenschaftlers René Antoine de Réaumur, der 1736 versucht hatte, die Befruchtung bei Fröschen zu untersuchen, indem er den Männchen winzige Hosen aus Taft und Schweineblase anzog, damit er ihr Sperma sammeln und untersuchen konnte. Er hatte jedoch wenig Erfolg damit, weil die Frösche sich aus ihrer Kleidung herauswanden. Doch Spallanzani hatte mehr Glück mit seinen Froschhosen. Indem er etwas Samen, den er auf diese Weise gesammelt hatte, auf Froscheiern verteilte, führte er die erste bekannte künstliche Besamung durch.

Es gelang Spallanzani jedoch nie, die Verbindung zwischen Spermien und Befruchtung zu erklären. Nachdem er das gesammelte Sperma gefiltert hatte, um die Flüssigkeit vom dickflüssigeren Rückstand mit den Spermien zu trennen, fand er heraus, dass nur letzterer zur Befruchtung führte – und doch glaubte er zur Verwunderung der Geschichtswissenschaft immer noch, dass die Befruchtungsfähigkeit in der Flüssigkeit steckte. In einer Versuchsreihe positionierte er Sperma und Eier von Kröten auf Taschenuhrgläsern nur wenige Millimeter voneinander getrennt, um herauszufinden, ob die Eier vielleicht von einer nicht greifbaren «Aura» befruchtet werden, die das Sperma ausstrahlte (was natürlich nicht geschah). Manche glauben, Spallanzani war zu sehr Sklave seines «präformationistischen Ovismus», indem er glaubte, dass die Form des Embryos bereits inaktiv im Ei schlummerte und nur einen winzigen Reiz vom Samen brauchte, um mit der Entwicklung zu beginnen. Auf jeden Fall ist er ein gutes Beispiel dafür, dass es selbst beim richtigen Experiment keine Garantie gibt, dass daraus die richtige Schlussfolgerung gezogen wird.

Später weitete Spallanzani seine Untersuchungen auf Hunde aus, indem er Samen eines Rüden sammelte und ihn mit einer Spritze in den Uterus einer Hündin injizierte. Die daraus folgende Trächtigkeit und die Geburt der Welpen zu sehen, war, wie er schrieb, «eine der größten Freuden meines Lebens». Er experimentierte auch damit, Sperma mithilfe von Eis haltbar zu machen, um herauszufinden, ob es seine Befruchtungsfähigkeit behielt.

Gedankenexperimente

Einige «klassische» Experimente der Vergangenheit wurden möglicherweise nie durchgeführt oder nicht von denen, die sie als Erste beschrieben. Wie wir gesehen haben, bestieg Galilei wahrscheinlich nie den Schiefen Turm von Pisa, um Gegenstände hinunterfallen zu lassen (siehe Seite 34); auch Benjamin Franklin untersuchte wohl nie die Elektrizität, indem er einen Drachen in einem Gewitter steigen ließ (zeitgenössische Illustrationen zeigen ihn dabei am Fenster stehend). In früheren Zeiten nahmen manche Naturphilosophen vielleicht an, sie wüssten bereits, wie ein Experiment ausgeht, was ihnen die Umstände ersparte, es tatsächlich umzusetzen. Doch einige Experimente werden mit der expliziten Absicht formuliert, dass sie nicht durchgeführt werden. Es sind «Was wäre wenn»-Argumentationsübungen, auch Gedankenexperimente genannt.

Gedankenexperimente werden seit der Antike eingesetzt und waren im Mittelalter beliebt – zu einer Zeit also, in der laut dem Historiker Edward Grant «die Vorstellung in der Naturphilosophie zu einem gewichtigen Instrument wurde». Ein gutes Beispiel, das heute noch in Diskussionen um den freien Willen angeführt wird, ist Buridans Esel, das dem französischen Gelehrten Jean Buridan aus dem 14. Jahrhundert zugeschrieben wird. Man stelle sich einen Esel vor, so sein Szenario, der hungrig und durstig ist und in die Mitte zwischen einen Ballen Heu und einen Eimer Wasser gestellt wird. Wenn nichts den Deadlock der rationalen Entscheidung bricht, wird der Esel in Unentschlossenheit sterben.

Sind Gedankenexperimente nützlich?

Man könnte sich fragen, welchem Zweck ein Gedankenexperiment dienen kann, wenn der Sinn eines Experiments doch darin besteht, eine Hypothese zu überprüfen. Wenn man glaubt, die Antwort so gut zu kennen, dass es sich nicht lohnt, sie herauszufinden, wozu dann das Ganze? Aber für Gedankenexperimente gibt es tatsächlich viele Anwendungen. Man führte sie an, um eine Theorie zu illustrieren oder im Gegenteil zurückzuweisen (indem man Umstände aufzeigt, in denen sie offenbar absurde Folgen hat). Sie können auch als Vorläufer der Theoriebildung Anreiz zum Nachdenken geben. So nutzte Albert Einstein sie meist. Er behauptete, 1905 auf die spezielle Relativitätstheorie gekommen zu sein, nachdem er sich mit nur 16 Jahren vorgestellt hatte, was es bedeuten würde, einen Lichtstrahl zu jagen. Und er begann mit der Ausarbeitung seiner allgemeinen Relativitätstheorie, indem er sich vorstellte, wie jemand Physikexperimente in einem geschlossenen Raum, etwa einem Aufzug, durchführte, der nach oben beschleunigt wird, um die Auswirkungen der Schwerkraft zu imitieren. Diese Beispiele versinnbildlichen die erzählerische Natur von Gedankenexperimenten: Man beschreibt die Situation, lässt sie sich entfalten, sieht, was passiert, und zieht eine Schlussfolgerung.

Gedankenexperimente lassen sich auch zu didaktischen Zwecken einsetzen; sie können auf intuitive Weise einen Punkt veranschaulichen, der sonst unklar bliebe. Isaac Newton erklärte auf diese Weise seine Behauptung, dass dieselbe Gravitationskraft (wie wir sie heute nennen), die einen Gegenstand zu Boden fallen lässt, den Mond in seiner Umlaufbahn um die Erde hält. Warum fällt dann der Mond nicht auch? Aber er fällt ja, sagte Newton, und zwar unaufhörlich. Man stelle sich eine Kanonenkugel vor, sagte er, die mit immer größerer Kraft von einem Berggipfel abgefeuert wird, sodass sie in immer größerer Entfernung zu Boden fällt. Wegen der Erdkrümmung ist irgendwann der Punkt erreicht, an dem die Erdoberfläche sich genauso schnell fortkrümmt, wie die Kugel auf sie zufällt, und so bleibt sie ewig in der Umlaufbahn.

Maxwells Dämon und Schrödingers Katze

Während Newtons Kanonenkugelexperiment im echten Leben durchgeführt werden könnte, ist das nicht mit allen Gedankenexperimenten möglich. Tatsächlich wird manchmal kritisiert, dass sie zu sehr von unserer Intuition in Bezug auf das Ergebnis abhängen. Nehmen wir James Clerk Maxwells Anregung, ein mikroskopisch kleines, intelligentes Wesen (später als Dämon bezeichnet) könnte den zweiten Hauptsatz der Thermodynamik unterlaufen, indem es in die Bewegungen von Atomen eingreift. Der zweite Hauptsatz besagt, dass Wärme

Buridans Esel: Kind beim Füttern eines Esels. Mosaik aus Kalkstein und Terracotta, 5. Jahrhundert. Mosaik-Museum Großer Palast, Blaue Moschee, Istanbul, Türkei.

immer von heiß nach kalt fließt und dass alle Temperaturunterschiede sich deshalb unaufhörlich auflösen. 1867 argumentierte Maxwell, dass der beobachtende Dämon «heiße» (sich schnell bewegende) Teilchen in einem Gas von den kälteren, langsameren trennen könnte, indem er eine Klappe zwischen zwei gasgefüllten Behältern öffnet und schließt und damit das heiße Gas auf der einen und das kalte Gas auf der anderen Seite isoliert. So würde er einen Temperaturunterschied in einem Gas von ursprünglich einheitlicher Temperatur erzeugen. Der zweite Hauptsatz gilt als unverletzbar, doch es dauerte rund hundert Jahre, die Schwachstelle in Maxwells Argumentation zu finden: dass nämlich der Dämon in regelmäßigen Abständen die Partikelbewegungen aus seinem Gedächtnis löschen müsste.

Gedankenexperimente spielen auch eine zentrale Rolle in der Entwicklung der Quantentheorie. Das berühmteste ist Schrödingers Katze, das Erwin Schrödinger 1935 vorstellte. Es gehörte zu den «Anfechtungen»: Schröders Argumentation zufolge legte es die Absurdität der Vorstellung offen, dass eine Beobachtung erforderlich ist, um die Wahrscheinlichkeiten experimenteller Ergebnisse der Quantenmechanik in etwas tatsächlich Reales umzuwandeln. Indem er das Schicksal einer Katze in einer Kiste mit dem Ergebnis eines einzelnen Quantenereignisses verknüpfte, wandte er ein, dass eine solche Interpretation die unmögliche Situation einer Katze implizierte, die gleichzeitig lebendig und tot war, bis eine Beobachtung stattfand.

Trotz ihrer Beliebtheit ist Schrödingers Katze aus physikalischer Sicht eher fragwürdig. Doch auch hier bringen moderne experimentelle Techniken das Gedankenexperiment einer experimentellen Umsetzung nahe – wenn auch nicht mit einer Katze, so doch vielleicht mit einem Virus oder einem Mikroorganismus. Das illustriert ein Problem bei Gedankenexperimenten: Es kann schwer zu bestimmen sein, ob sie die physikalischen Gesetze so einhalten, wie sie sollten. Einige meinen, Gedankenexperimente sollten nicht allzu fantastisch sein, wie zum Beispiel die Gedankenspiele des Philosophen Derek Parfit, in denen sich Menschen wie Amöben teilten. Andere wie Pierre Duhem fordern gar, Gedankenexperimente aus der Wissenschaft zu verbannen. Doch die meisten Forschenden betrachten sie weiterhin als eine wertvolle Methode, mit Ideen zu spielen – und vielleicht den Anstoß für reale wissenschaftliche Experimente zu geben.

45

Die Prinzipien der Vererbung (1856–1863)

Welche biologischen Gesetze steuern die Vererbung?

Über die Prinzipien der Vererbung wird seit jeher nachgedacht – in der Naturwissenschaft, in der Landwirtschaft und Viehzucht und in der Monarchie und im Adel, um die angenommene Überlegenheit des eigenen Stammbaums zu bewahren. Es war offensichtlich, dass Nachkommen ihren Eltern in Aussehen und anderen Merkmalen ähneln können – was in der Viehzucht schon lange genutzt wurde, bevor die Wissenschaft viel zu dem Thema zu sagen hatte. Der Mönch Gregor Mendel, der im 19. Jahrhundert in der Abtei St. Thomas in Brünn (Mähren) arbeitete, beschäftigte sich als einer der Ersten quantitativ mit dem Thema. Sein Thema war dabei eigentlich nicht die Vererbung, sondern vielmehr die Frage der Hybridisierung – was also passiert, wenn Individuen mit unterschiedlichen Merkmalen miteinander gekreuzt werden.

Ab den 1850er-Jahren ging Mendel dieser Fragestellung nach, indem er Pflanzen kreuzte, insbesondere Erbsen *(Pisum sativum)*. Obwohl Erbsen «reinerbig» sind – sich also selbst befruchten (bestäuben) können –, fragte sich Mendel, was passierte, wenn man Pflanzen mit unterschiedlichen Merkmalen kreuzte, also eine Pflanze eine andere bestäuben ließ. Es gibt verschiedene charakteristische Merkmale bei Erbsen. Mendel untersuchte vor allem jene, die Erbsen von unterschiedlicher Farbe (gelb oder grün) und Beschaffenheit (glatt oder faltig) hervorbrachten, aber auch Farbe und Form der Schoten, Position der Blüten und andere Merkmale.

Bei einigen dieser Merkmale stellte Mendel fest, dass beim Kreuzen von Pflanzen mit zwei verschiedenen Ausprägungen des Merkmals, etwa einer Pflanze mit gelben und einer mit grünen Erbsen, das Merkmal bei den Nachkommen im Wesentlichen unverändert wieder auftrat (also nicht zu Gelbgrün verschmolz), jedoch in einem recht feststehenden Verhältnis, typischerweise 3:1. Das Merkmal mit dem größten Anteil nannte er «dominant». Manchmal verschwand ein Merkmal bei den Nachkommen, um dann in der nächsten Generation wieder aufzutauchen. Diese Merkmale nannte er «rezessiv».

Medel erkannte, dass diese Ergebnisse sich erklären lassen, wenn wir annehmen, dass jede Pflanze zwei merkmalbestimmende Faktoren trägt. Sie können entweder beide das dominante Merkmal prägen (dd) oder beide rezessiv sein (rr), oder sie haben jeweils einen (dr). Wenn eine Pflanze einen dominanten und einen rezessiven Faktor besitzt, zeigt sich nur ersterer im sichtbaren Merkmal; nur bei zwei r-Faktoren wird das entsprechende Merkmal sichtbar. Ein Verhältnis von 3:1 bei dominanten und rezessiven Merkmalen unter den Nachkommen ist damit genau das, was wir bei der Kreuzung von Pflanzen erwarten würden, die selbst einen dominanten (d) und einen

GREGOR MENDEL
1822–1884

Gregor Mendels Heimat an der mährisch-schlesischen Grenze gehörte im frühen 19. Jahrhundert zu Österreich-Ungarn. 1843 trat er in die Abtei St. Thomas in Brünn ein, wo wissenschaftliche Zuchtstudien damals bereits etabliert waren. Obwohl er während seiner Priesterausbildung in Wien auch Physik und Mathematik studierte, musste er 1868 mit seiner Wahl zum Abt jegliche wissenschaftliche Arbeit aufgeben. Als er 1884 starb, verbrannte sein Nachfolger all seine Aufsätze.

Siehe auch: Experiment 48: Die Zufälligkeit genetischer Mutationen, 1943 (Seite 194); Experiment 49: Der Beweis für DNA als Genmaterial, 1951–1952 (Seite 197).

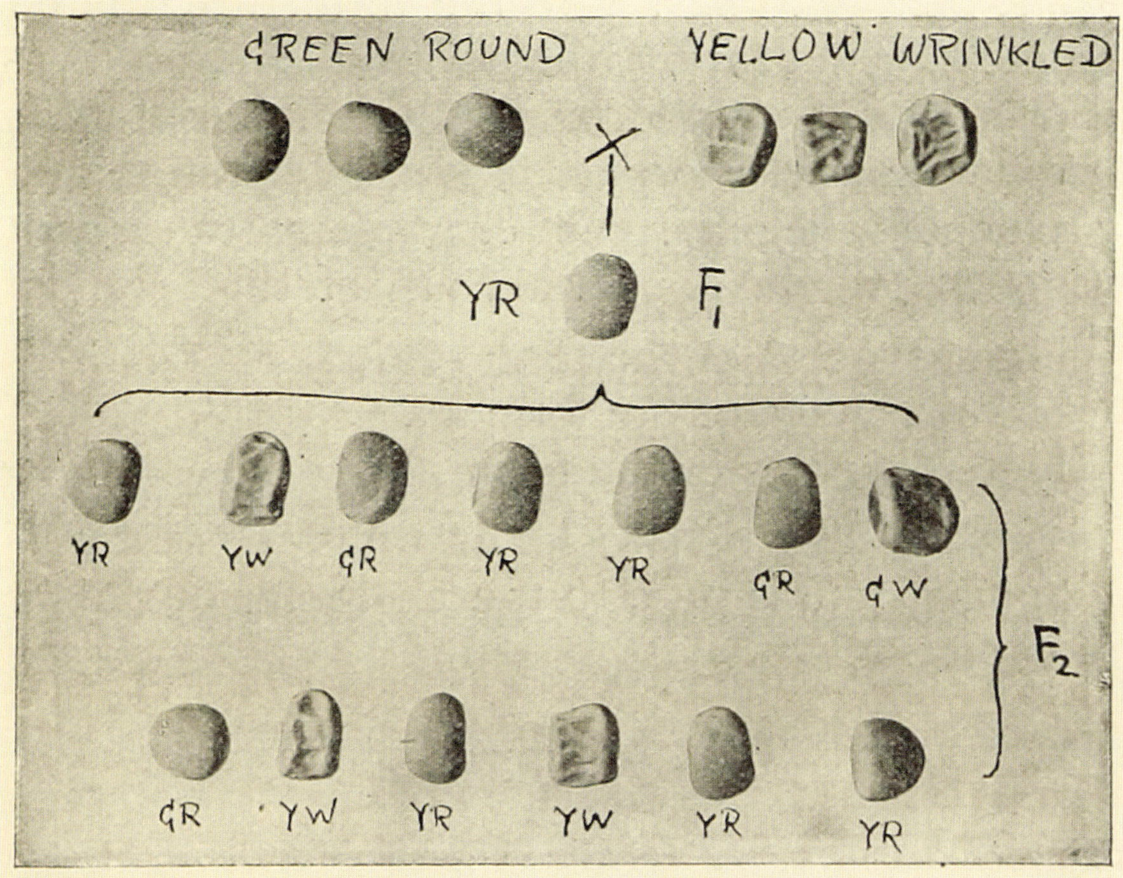

Vererbung von Samenmerkmalen bei Erbsen. Aus: William Bateson: *Mendel's Principles of Heredity,* Cambridge: Cambridge University Press, 1913, Abb. 3. Gerstein Science Information Centre, University of Toronto.

rezessiven (r) Faktor besitzen, sofern diese Faktoren sich zufällig auf die Nachkommen verteilen. Wenn alle Nachkommen sich als dr oder dd zeigen, wird das rezessive Merkmal überhaupt nicht sichtbar – es könnte aber dennoch in einer nachfolgenden Generation wieder auftreten, wenn zwei dr-Pflanzen gekreuzt werden und eine rr-Variante hervorbringen.

Mendels grundlegende Beobachtungen zur Hybridisierung waren nicht vollkommen neu, aber er war der Erste, der die Muster dahinter erkannte und sie mit dominanten und rezessiven Faktoren erklärte. Heute begreifen wir diese als zwei Versionen (sogenannte Allele) eines Gens, das das fragliche Merkmal beeinflusst. Für Mendel jedoch war dieses «Gesetz der Hybridisierung» einfach nur eine Beschreibung seiner Beobachtungen, die er mit keinem besonderen physischen Mechanismus verknüpfte.

1863 schloss Mendel seine Experimente ab und berichtete 1865 in einer Abhandlung dem Naturforschenden Verein in Brünn davon. Seine Arbeit wurde bis zum Ende des 19. Jahrhunderts kaum jemals von anderen Forschenden zitiert. Oft wird sie als «vergessen» bezeichnet, doch zutreffender wäre vielleicht, dass andere Forschende sie nicht für besonders relevant oder bahnbrechend hielten. Einige waren der Meinung, sie zeige nur, was schon allgemein bekannt war: dass die Nachkommen von Eltern mit verschiedenen Merkmalen diese Merkmale nicht im Laufe

Gregor Mendel, Abt von Brünn. Aus: William Bateson: *Mendel's Principles of Heredity: A Defence,* Cambridge: Cambridge University Press, 1902, Wellcome Collection, London.

aufeinander folgender Generationen verschmelzen, sondern vielmehr dazu neigen, zu den Merkmalen der Eltern zurückzukehren. Dennoch berührte dieses Thema eine Frage, die vielen Naturforschenden zentral erschien: Mischen sich elterliche Merkmale oder bleiben sie getrennt? Mendels Erbsenexperimente schienen Letzteres zu belegen, doch Charles Darwins Theorie der natürlichen Selektion, die er 1859 in seinem Buch *Vom Ursprung der Arten* dargelegt hatte, deutete eher darauf hin, dass es zu einer Vermischung kommen müsste. Tatsächlich ist beides möglich – etwa bei der Hautpigmentierung (abgestuft) oder der Augenfarbe (getrennt) beim Menschen. Merkmale, die unverändert, aber in den von Mendel beobachteten Anteilen an die Nachkommen vererbt werden, heißen heute «Mendel'sche Merkmale».

Der Legende nach stand Mendels Abhandlung mit den Ergebnissen seiner Arbeit ungeöffnet und mit ungeschnittenen Seiten in Darwins Bibliothek in Down House in Sussex (England). Oft wird angedeutet, dass Mendels Arbeit Darwin hätte sie zeigen können, wie seine Theorie über die Weitergabe merkmalbestimmender physischer Einheiten (heute Gene genannt) von den Eltern an die Nachkommen funktionieren könnte, wenn er sie denn gelesen hätte. Es gibt jedoch bis heute keinen echten Beweis, dass Darwin wirklich ein Exemplar von Mendels Buch besaß.

Darwin stellte später tatsächlich die These auf, dass die Vererbung auf merkmalbestimmende «besondere Faktoren» – vielleicht Moleküle – in den Geschlechtszellen der Eltern zurückgehen, die sich vereinigen, um ihre Nachkommen zu erzeugen. Er nannte dieses Konzept Pangenesis, und die Faktoren wurden 1907 von dem niederländischen Zoologen Hugo de Vries als «Pangene» bezeichnet – später verkürzt zu «Gene». Doch Darwins Pangene unterschieden sich von den Genen, die wir heute in den DNA-Molekülen der Chromosomen kodiert wissen. Darwin glaubte, dass sie zu den Lebzeiten eines Organismus durch seine Erfahrungen verändert werden können. In den Diskussionen zwischen van Vries und anderen darüber, was Gene sein können und was nicht, wurde schließlich die Bedeutung von Mendels Ergebnissen klar. Es war weniger so, dass die Forschenden endlich verstanden, was Mendel hatte sagen wollen; vielmehr erlangten die Ergebnisse erst aufgrund des neuen Zusammenhangs, den das Konzept der Gene lieferte, Bedeutung. Der Genetiker Ronald Fisher formulierte es so: «Jede Generation fand in Mendels Aufsatz nur, was sie zu finden erwartete [und] ignorierte, was die eigenen Erwartungen nicht bestätigte.»

Zuerst jedoch schienen Mendels Experimente im Widerspruch zu den Vorhersagen der natürlichen Selektion zu stehen, und so geriet Darwins Theorie am Ende des 19. Jahrhunderts ins Schwanken. Mendels Arbeit schien zu zeigen, dass Vererbung «unstetig» war wie eine Abfolge von Stufen, während Darwins Theorie sie als sukzessiv ansah wie eine Rampe. Der Darwinismus war erst gerettet, nachdem Bevölkerungsgenetiker und Statistiker, darunter auch Fisher, in den 1920er-Jahren zeigten, wie Merkmale, die von mehreren unterschiedlichen Genen beeinflusst werden, als «Mischformen» auftreten können. Nun schienen Mendels Erbsenexperimente Darwins Theorie ganz und gar nicht mehr zu widersprechen, sondern vielmehr zu untermauern. Diese Vereinigung von Darwinismus und Mendelismus taufte der Biologe Julian Huxley 1942 die «Synthetische Evolutionstheorie». Sie bildete das konzeptuelle Gerüst der Genetik und Evolutionstheorie des 20. Jahrhunderts.

Fotografie von Gregor Mendels Garten in der Abtei St. Thomas in Brünn, wo er 1868 zum Abt gewählt wurde. Aus den Unterlagen von William Bateson, 1910, Department of Archives and Modern Manuscripts, Cambridge University Library.

46

Der Niedergang der Spontanzeugung (1859)

Kann Leben spontan in lebloser Materie entstehen?

Für die alten Griechen war die Belebtheit von Materie eine graduelle Angelegenheit. Steine waren leblos, aber Metalle, die teilweise in verästelten, «organisch» wirkenden Formen gefunden wurden, hatten etwas von Vegetation an sich. Pflanzen noch mehr, und Tiere (insbesondere Menschen) waren die höchste Form des Lebens.

In dieser Sichtweise trennte offenbar keine unüberwindliche Schranke das Belebte vom Unbelebten. In der Antike und im Mittelalter war die Ansicht weit verbreitet, dass die einfachsten Tiere wie Würmer, Insekten und sogar Nagetiere spontan aus lebloser Materie entstehen können. Diese Überzeugung wurde als Spontanzeugung bezeichnet. Warum sonst schließlich erschienen Maden in verrottendem Fleisch, wimmelte es in Kornspeichern vor Mäusen und kamen nach der jährlichen Überschwemmung Frösche aus dem Nilschlamm gekrochen?

Im 17. Jahrhundert wurde die Theorie der Spontanzeugung von dem italienischen Gelehrten Francesco Redi in Zweifel gezogen, der ein bemerkenswert modernes Experiment durchführte, um sie zu überprüfen. Er ließ Fleisch in drei Behältern verrotten: Einer blieb offen (heute würden wir ihn die «Kontrollprobe» nennen), einen deckte er mit Gaze ab und einen verschloss er luftdicht. Nur im offenen Behälter erschienen Maden im Fleisch. Redi schrieb dieses Ergebnis Fliegen zu, die ihre Eier in dem verwesenden Material ablegten, was ihnen bei dem abgedeckten und dem versiegelten Behälter offensichtlich nicht möglich war.

Das klärte die Angelegenheit jedoch noch nicht. Nach der Entdeckung von Mikroorganismen im späten 17. Jahrhundert stritten andere darüber, ob solche Mikroben spontan in Brühen auftauchen konnten, die luftdicht verschlossen und durch Hitze sterilisiert

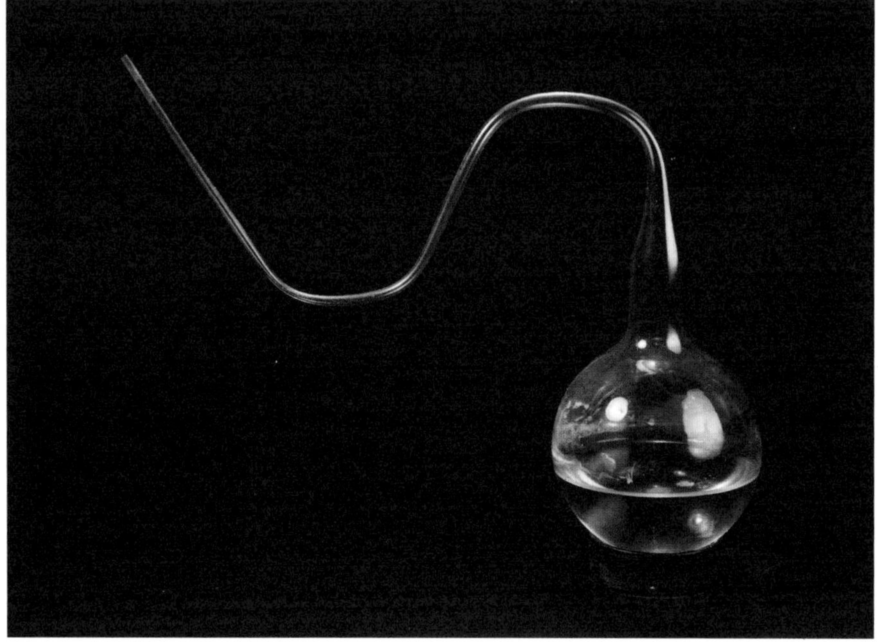

Links: Eine Schwanenhals-Flasche aus dem 19. Jahrhundert, wie sie von Louis Pasteur in seinen Experimenten verwendet wurde, um die Doktrin der Spontanzeugung zu widerlegen. Wellcome Collection, London.

Rechts: Albert Edelfelt: *Louis Pasteur,* Öl auf Leinwand, 1885. Musée d'Orsay, Paris.

worden waren, um bereits vorhandene Mikroben abzutöten. Da es schwierig war, eine solche Mixtur vollständig zu sterilisieren, waren die Ergebnisse nicht eindeutig.

Im frühen 19. Jahrhundert koppelte sich an die Debatte der Begriff des Vitalismus: die Vorstellung, dass alles Lebendige von einer «Lebenskraft» erfüllt ist, die es grundlegend von lebloser Materie unterscheidet. Die Demonstration des deutschen Chemikers Friedrich Wöhler 1828, dass sich eine Substanz, die bislang nur mit lebenden Systemen in Verbindung gebracht wurde – Harnsäure –, aus anorganischen Chemikalien synthetisieren ließ, trug zum Niedergang des Vitalismus bei. Doch wahrscheinlich waren es die Experimente des französischen Wissenschaftlers Louis Pasteur in den späten 1850er-Jahren, die den größten Beitrag dazu leisteten, dass beide Doktrinen, die Spontanzeugung und der Vitalismus, zu Grabe getragen wurden.

Motiviert wurde Pasteur durch einen Preis, den die französische Wissenschaftsakademie für die Klärung der ersten Frage ausgelobt hatte. Pasteur, der heute oft als der Vater der Mikrobiologie gilt, war ein Experte für Fermentationsprozesse durch Mikroben wie diejenigen, die Milch und Wein verderben ließen. Pasteur wusste, dass Mikroben wie Bakterien sich von verderbender Nahrung weniger leicht abhalten ließen als Maden: 1858 zeigte er, dass sie sich durch die Luft verbreiten, indem er sie in großer Menge in einem Filter aus Schießbaumwolle sammelte.

Wenn es eine Lebenskraft gibt, die unbelebter Materie Leben einhauchen kann, würde man erwarten, dass sie noch dünner und allgegenwärtiger wäre als Mikroben in der Luft. Also ersann Pasteur ein Experiment, das seiner Ansicht nach Mikroben aus einer Fleischbrühe fernhält, aber einer mutmaßlichen Lebenskraft den Zugang erlaubt. Er ließ einen Glasmacher eine Reihe von Kolben mit langen, schmalen Röhren am Hals herstellen, die S-förmig gebogen waren und als «Schwanenhälse» bezeichnet wurden. Pasteurs Hypothese besagte, dass kein Mikroorganismus in der Luft durch diese Röhre käme, ohne am Glas hängen zu bleiben, während die Luft selbst jedoch immer noch hindurchkäme. Wäre also die Spontanzeugung durch eine Lebenskraft möglich, würde eine Brühe in der Flasche, die zunächst gründlich abgekocht wurde, um sie zu sterilisieren, nach einer Weile durch Zersetzung trüb werden. Doch wenn Zersetzung und Fermentierung vom Eindringen von Mikroben – «Keimen», wie Pasteur sie nannte – abhing, würde die Brühe steril bleiben. Letzteres war das, was er beobachtete. Brach man den Schwanenhals jedoch ab, verdarb die Brühe tatsächlich. Es gab keine Spontanzeugung, sondern nur Kontaminierung. Für diese Arbeit bekam Pasteur von der Wissenschaftsakademie 1862 den Alhumbert-Preis verliehen. Wie sein Schwiegersohn René Vallery-Radot in seiner Biografie (die eher einer Hagiografie ähnelt und daher mit Vorsicht zu genießen ist) berichtet, erklärte Pasteur: «Niemals wird sich die Doktrin der Spontanzeugung vom Todesstoß dieses einfachen Experiments erholen.» Ob wir dieser Erzählung nun glauben können oder nicht, die Kernaussage stimmte: Wie Pasteur es 1864 in einer Vorlesung formulierte, *Omne vivum ex vivo* – alles Lebendige stammt von etwas anderem Lebendigen.

FRANCESCO REDI 1626–1697

Im 17. Jahrhundert entwickelte sich die experimentelle Wissenschaft zu einer Methode, alte Überzeugungen durch direkte Beobachtung auf den Prüfstand zu stellen. Der italienische Arzt und Naturforscher Francesco Redi gehörte zu den rationalen Skeptikern seiner Zeit, die solchen Ideen mit empirischen Tests begegneten. Er widerlegte (seiner Auffassung nach) nicht nur die Vorstellung der Spontanzeugung, sondern zeigte auch falsche Vorstellungen über Giftschlangen auf, etwa dass Vipern Wein trinken und ihre abgekochten Köpfe ein Gegenmittel zu ihrem Gift liefern.

Siehe auch: Experiment 17: Die «Händigkeit» von Molekülen, 1848 (siehe Seite 76); Experiment 41: Beobachtungen von Mikroben unter dem Mikroskop, 1670er-Jahre (Seite 170).

Organisatoren, die die Entwicklung steuern (1921–1924)

Wie kommen Embryonen zu ihrer Form und ihrem Aussehen?

Embryonen durchlaufen eine bemerkenswerte Wandlung, während sie heranwachsen. Sie beginnen als merkmalloser Zellklumpen und bilden dann spontan eine Struktur aus, aus der Kopf, Gliedmaßen, Organe und andere Merkmale werden. Woher kommt diese Strukturierung?

Nachdem der deutsche Biologe Theodor Boveri 1900 die These aufgestellt hatte, dass die «Faktoren», die die Vererbung bestimmen, in den Chromosomen der Geschlechtszellen liegen, wandte er sich der Frage zu, wie der Bauplan des Körpers in einem Embryo zum Vorschein kommt. Er arbeitete mit Seeigeln – ein gut geeigneter Organismus für solche Studien, da er einfach genug ist, um Experimente an ihm durchzuführen, aber gleichzeitig so komplex, dass man aus diesen Untersuchungen relevante Ergebnisse im Hinblick auf Menschen und andere Säugetiere erwarten kann. Boveri kam zu dem Schluss, dass die Radialsymmetrie des Embryos anfangs durch eine Substanz im Ei aufgebrochen wird, die von der Mutter stammt und die sich in einem Bereich konzentrierte.

Diese Grundidee, dass das Embryowachstum – die Embryogenese – von biologischen Molekülen gesteuert wird, die sich im Embryo verteilen, gewann im frühen 20. Jahrhundert an Popularität und wurde von Hans Spemann weiterverfolgt, einem Studenten Boveris. Er identifizierte die verschiedenen Gewebe im frühen Embryo, die sich zu den spezialisierten Formen des adulten Organismus weiterentwickelten wie Nerven, Haut, Muskeln und Organe. Spemann, der an der Universität in Freiburg mit Amphibienembryonen arbeitete, machte dabei folgende Entdeckung: Wenn er ein Stück eines bestimmten Embryogewebes, des Mesoderms, an eine andere Stelle des Organismus transplantierte, konnte er damit ein deplatziertes

HANS SPEMANN 1869–1941

Der in Stuttgart geborene Hans Spemann gehörte zu der Generation von Naturforschenden, für die die wissenschaftliche Untersuchung des Lebens noch die Faszination der romantischen Tradition der Naturphilosophie ausstrahlte. Nach seinem Medizinstudium in Heidelberg arbeitete er in Würzburg mit dem Zellforscher Theodor Boveri und dem Physiker Wilhelm Röntgen, dem Entdecker der Röntgenstrahlung, zusammen. Er wurde zu einem Experten in der Manipulation von Embryonen, um ihre Entwicklung zu verändern – Experimente, die heute als Vorläufer der Klontechnologie gelten.

Hans Spemann in seinem Labor, *Embryo Project Encyclopedia* (1931). Marine Biological Laboratory Archives, The University of Chicago.

Die deutsche Biologin Hilde Mangold, Fotografie aus den frühen 1920er-Jahren, Privatsammlung.

Wachstum einer Wirbelsäule an der neuen Stelle auslösen.

In den späten 1910er-Jahren studierte Hilde Mangold Biologie und Zoologie an der Universität in Frankfurt und beschloss, sich auf Embryologie zu konzentrieren, nachdem sie einen Vortrag Spemanns zu diesem Thema gehört hatte. 1920 kam sie als Doktorandin in Spemanns Labor in Freiburg. Spemann hatte offenbar kein großes Vertrauen in die Fähigkeiten von Frauen in der Wissenschaft und wies Mangold ein recht langweiliges Dissertationsthema zu. Doch sie erwies sich als äußerst fähige Studentin und überzeugte ihren Doktorvater schließlich, sie mit einer schwierigeren Fragestellung zu betrauen: wie Embryozellen bestimmten Gewebetypen zugewiesen werden.

Spemann und Mangold untersuchten, wie dieser Vorgang während der Gastrulation abläuft. In dieser entscheidenden Phase des Embryowachstums beginnt der Zellklumpen, die Achse auszubilden, aus der später Wirbelsäule und Rückenmark werden: die zentrale Symmetrieachse des Körpers. Spemanns frühere Transplantationsstudien wiesen darauf hin, dass manche Zellen Anweisungen zu ihrer Identität von anderen erhielten, die als «Organisatoren» arbeiteten. Diese Organisatorzellen, die für die Ausbildung der Achse verantwortlich waren, die sich während der Gastrulation zeigt, befanden sich offenbar in der sogenannten Dorsalregion entlang der entstehenden Wirbelsäule an der Rückseite des Körpers. Wenn dem so wäre, überlegten sie, könnte die Transplantation dorsaler Zellen in einen anderen Bereich des Embryos die Entwicklung einer weiteren Körperachse auslösen.

Amphibienembryonen diesem Verfahren zu unterziehen, war eine äußerst heikle Angelegenheit. Die äußere Membran des Eis musste entfernt werden, ohne den Embryo zu beschädigen, und anschließend wurden die Zellen mit sehr feinen Glasnadeln manipuliert. Spemann hatte auch noch ein anderes Instrument entwickelt, mit dem er Zellen bewegen konnte:

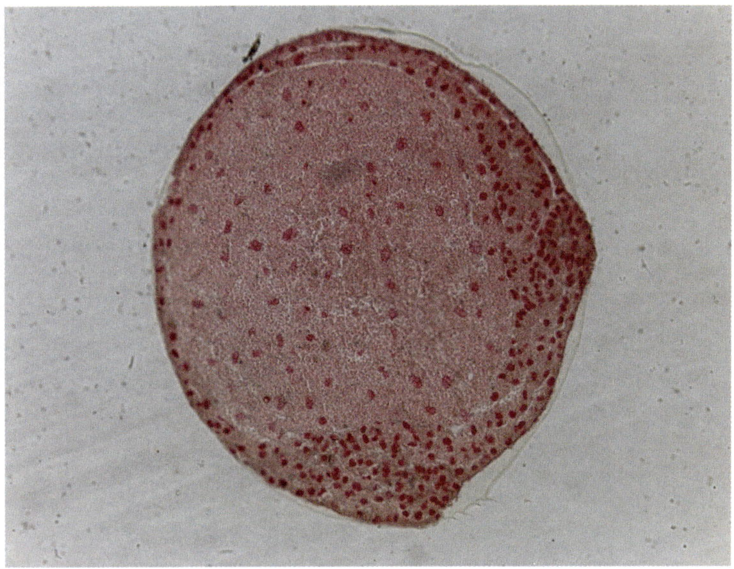

Originalfolie aus Hilde Mangolds Experimenten an Amphibienembryonen auf der Suche nach Organisatorzellen, 1920er-Jahre. Museum für Naturkunde, Berlin.

eine Art Lasso aus dem sehr feinen Haar eines jungen Kindes, das an der Spitze eines Glasröhrchens zu einer Schlinge geformt wurde.

Mangold musste diese Kunst perfekt beherrschen, um Dorsalzellen aus Salamanderembryonen zu entnehmen und sie auf der anderen («ventralen») Seite des Embryos wieder festzudrücken, wo sie hängen bleiben und als Transplantat weiterwachsen sollten. Sie färbte die transplantierten Zellen ein, damit sie sich leicht identifizieren ließen, setzte die Embryonen wieder in einen Teich und beobachtete, was geschah.

Ohne die schützende Hülle der Eimembran starben die meisten Embryonen an Infektionen. Doch einige überlebten – und nach etwa zwei Tagen Wachstum sah Mangold, dass sie tatsächlich eine zweite Körperachse entwickelten, aus der sogar ein zweites Mal Wirbelsäule und Gehirn entstehen konnten. Im Laufe von zwei Jahren beobachtete Mangold das in mehreren Fällen, nachdem sie an rund 250 Amphibienembryonen die Transplantation vorgenommen hatte. Damit hatte sie bewiesen, dass die Embryoentwicklung tatsächlich zum Teil von zusammengeballten Organisatorzellen gesteuert wird.

Obwohl Mangold die gesamte experimentelle Arbeit durchführte, trug ihre 1924 veröffentlichte Doktorarbeit Spemanns Namen als Erstautor. Leider erfuhr sie für ihre Arbeit niemals Anerkennung, weil sie kurz nach Beendigung ihrer Doktorarbeit bei einem Unfall ums Leben kam. Als Spemann 1935 den Nobelpreis für Medizin oder Physiologie bekam – teilweise sicherlich für die Entdeckung der Organisatoren im Embryo –, erwähnte er in seiner Rede Mangold nur beiläufig.

HILDE MANGOLD
1898–1924

Hilde Mangold, geborene Pröscholdt, war die Tochter eines wohlhabenden Industriellenehepaars. Nach ihrem Studium zog sie nach Freiburg, um mit Spemann zu arbeiten. Sie hatte ihre Doktorarbeit gerade erst beendet, als sie 1924 mit ihrem Mann Otto Mangold (Spemanns leitendem Laborassistent) und ihrem kleinen Sohn nach Berlin zog. Bei der Explosion eines Küchenofens erlitt sie so schwere Verbrennungen, dass sie daran starb.

Siehe auch: Experiment 44: Die Rolle des Spermas bei der Befruchtung, 1777–1784 (Seite 180); Experiment 53: Das Klonschaf Dolly, 1996 (Seite 211).

48

Die Zufälligkeit genetischer Mutationen (1943)

Treten genetische Mutationen zufällig auf, wie in Darwins Evolutionstheorie angenommen?

In den frühen 1940er-Jahren schien die Verknüpfung von Darwins Theorie der Evolution durch natürliche Selektion mit dem modernen Verständnis der genetischen Vererbung abgeschlossen und sicher. Die gängige Vorstellung lautete nun, dass es bei Genen zu zufälligen Mutationen in ihrer Molekülstruktur kommt und dass die entsprechenden Variationen beim Phänotyp (Merkmalen und Eigenschaften), die diese bei Organismen hervorriefen, dem aussondernden Einfluss der Selektion unterworfen waren. Dieses Bild wurde 1942 in einem Buch von Julian Huxley, dem Enkel des treuen Darwin-Verfechters Thomas Henry Huxley, zusammengefasst, das den Titel *The Modern Synthesis* trug.

MAX DELBRÜCK | 1906–1981

Nach seinem Studium der theoretischen Physik an der Universität in Göttingen begann Max Delbrück als Assistent der Physikerin Lise Meitner in Berlin, sich mit Hochenergiestrahlung wie Gammastrahlen zu beschäftigen. Seine Familie war aktiv im Widerstand gegen den Nationalsozialismus, und zwei seiner Schwäger wurden für ihre Teilnahme am Mordkomplott gegen Adolf Hitler hingerichtet. Nach seinem Wechsel zur Biologie und seinem Umzug in die USA wurde Delbrück 1945 amerikanischer Staatsbürger. Für seine Forschungen mit Salvador Luria zur Genetik und Replikation von Viren bekam er 1969 den Nobelpreis in Physiologie oder Medizin.

Siehe auch: Experiment 49: Der Beweis für DNA als Genmaterial, 1951–1952 (Seite 197); Experiment 50: Das Kopieren von Genen, 1958 (Seite 200).

Das Bild hatte aber auch einige Schwachpunkte. So gingen die meisten Forschenden zwar davon aus, dass genetische Mutationen tatsächlich zufällig erfolgten, doch gab es keinen direkten Beweis dafür. Niemand kannte einen Grund, warum eine nützliche Mutation nicht *in Reaktion* auf ein Stresserleben erfolgen und dann an die Nachfahren der Lebewesen vererbt werden sollte, die den Stress überlebt hatten. Das wäre eine Art Lamarck'scher Evolution: die Vererbung eines Merkmals, das zu Lebzeiten des Organismus erworben wurde, wie es der französische Naturforscher Jean-Baptiste Lamarck im frühen 19. Jahrhundert postuliert hatte. Einige Forschende vermuteten, dass das sehr wahrscheinlich für Bakterien galt, die immer noch Rätsel aufgaben. In der Mitte des 20. Jahrhundert war es jedoch noch nicht allgemein akzeptiert, dass Bakterien überhaupt Gene wie unsere haben. Huxley schloss sie daher auch aus seiner «Synthetischen Evolutionstheorie» aus.

Trotzdem eignen sich Bakterien ausgezeichnet für die Erforschung der natürlichen Selektion. Ihre schnelle Vermehrung durch einfache Zellteilung bedeutet, dass sich die Folgen des Selektionsdrucks innert weniger Tage über viele Generationen beobachten lassen. 1943 wollten der deutsch-amerikanische Biologe Max Delbrück und der Italiener Salvador Luria herausfinden, auf welche Weise Mutationen bei Bakterien wirklich auftraten.

Delbrück hatte in Deutschland Physik studiert und bei seinen Forschungen zur Röntgen- und Gammastrahlung ein Interesse an ihrer Fähigkeit entwickelt, genetische Mutationen auszulösen. Durch seine Untersuchungen zu durch Röntgenstrahlen verursachten Mutationen mit dem Genetiker Nikolai Wladimirowitsch Timoféef-Ressowski und dem Strahlenphysiker Karl Zimmer Mitte der 1930er-Jahre kamen sie zu dem Schluss, dass Gene die Größe von Molekülen hatten, und stellten die These auf, dass bei Mutationen chemische Bindungen innerhalb dieser Einheiten verändert wurden. Diese Experimente spielten eine zentrale Rolle in dem 1944 erschienenen

Max Delbrück (stehend) und Salvador Luria bei der Untersuchung einer Petrischale im Cold Spring Harbor Laboratory, ca. 1941. «Profiles in Science», US National Library of Medicine. Mit freundlicher Genehmigung der Cold Spring Harbor Laboratory Archives, Long Island.

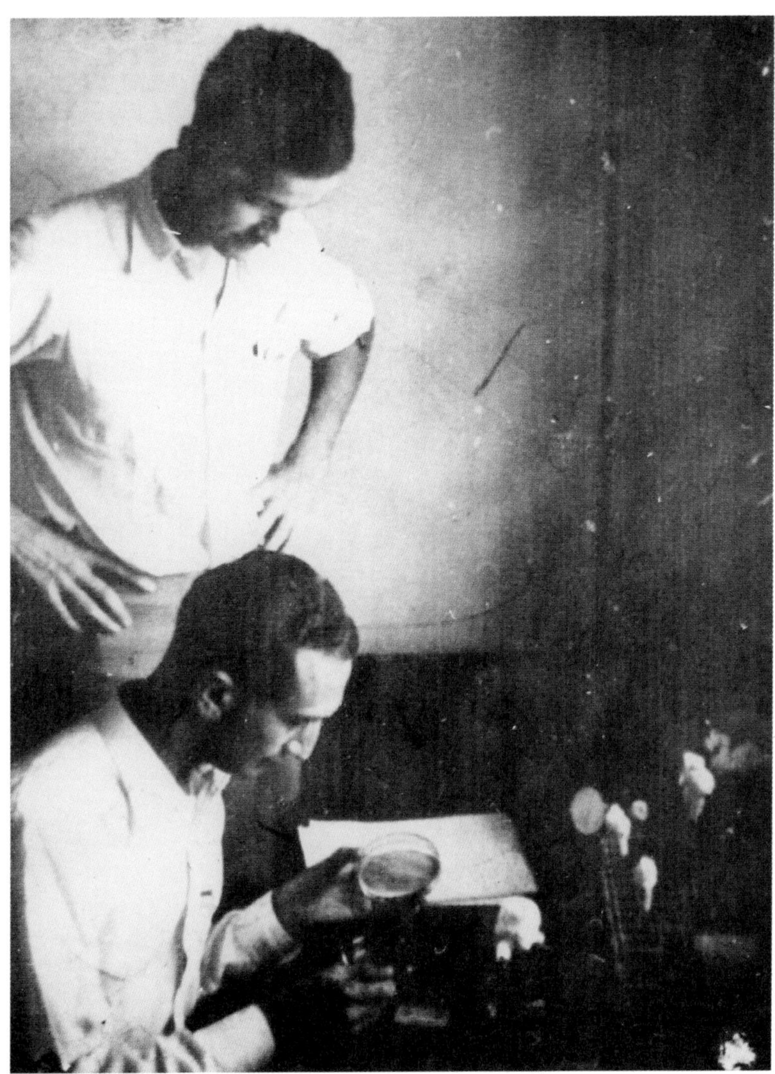

einflussreichen Buch *Was ist Leben?* eines anderen Physikers, der sich der Biologie zuwandte: des Österreichers Erwin Schrödinger.

Delbrück verließ Nazi-Deutschland 1937, um an der Rockefeller Foundation in New York zu arbeiten, und ging dann 1939 an die Vanderbilt University in Tennessee. Er verbrachte auch einige Zeit am California Institute of Technology, wo er neben seinen Studien zur Genetik von Taufliegen auch Bakterien und die Viren erforschte, die sie infizieren können, die sogenannten Bakteriophagen (oder einfach Phagen). Er gelangte zu der Überzeugung, dass Viren die einfachste Form eines Organismus darstellten und damit ein ideales Modellsystem zur Erforschung der grundlegenden molekularen Lebensvorgänge waren.

An der Vanderbilt begann Delbrück, zusammen mit Luria, der an der Indiana University arbeitete, zur Resistenz von Bakterien gegen Phageninfektionen zu forschen. Sie erkannten, dass sie über die Art und Weise, wie eine solche Resistenz erworben wurde, prüfen konnten, ob die Darwin'sche Annahme der zufälligen Mutation korrekt war.

Das 1943 von Delbrück und Luria durchgeführte Experiment wird weithin als eines der elegantesten in der gesamten Biologie betrachtet (auch wenn das für die Abhandlung, in der sie ihre Ergebnisse beschrieben, leider nicht gilt). Ihre Hypothese lautete, dass Bakterien, die eine typischerweise tödliche Vireninfektion überleben, das aufgrund einer genetischen Mutation tun, die über einen unbekannten Mechanismus eine Resistenz vermittelt. Die Frage war nun: War das Virus der *Auslöser* dieser Mutation, wie der Mitentdecker der Phagen, der französische Mikrobiologe Félix d'Hérelle, 1926 behauptet hatte? Oder war die Resistenzmutation schon vor der Infektion in der Bakterienkolonie vorhanden, weil es ständig zufällig zu solchen Änderungen an den Genen kommt?

Delbrück und Luria untersuchten die Infektion des Darmbakteriums *Escherichia coli* mit Bakteriophagen namens T1. Sie erkannten, dass die beiden möglichen Quellen der Resistenzmutation – Zufall nach Darwin oder Erwerb durch «Erfahrung» nach Lamarck – zu unterschiedlichen Verteilungen resistenter Stämme in vielen infizierten Kolonien führen würden. Wenn das «Resistenzgen» beim Wachsen einer Kolonie schon zufällig aufgetaucht war, würde es an alle nachfolgenden Generationen übertragen werden, und es gäbe in dieser Kolonie bereits überwiegend resistente Zellen. In diesem Fall wäre zu erwarten, dass bei einer Phageninfektion vieler getrennter Kolonien die meisten ausgelöscht würden, dass aber gelegentlich eine Kolonie «Glück hatte», weil sie das Resistenzgen bereits enthielt. Wenn andererseits eine kleine, gleichmäßig verteilte Chance bestand, dass eine Bakterienzelle die Mittel fand, um das Virus zu überleben – und diese aufgetretene Robustheit anschließend an ihre Nachkommen weitergab –, würde man einige kleine Resistenzinseln erwarten, die sich zufällig auf viele Kolonien verteilten. Im ersten Fall wäre die Resistenz also auf nur wenige Kolonien konzentriert, während sie im zweiten Fall sparsam auf viele verteilt wäre.

Diese Möglichkeiten ließen sich durch einen Blick auf die Resistenzstatistiken vieler getrennter Kolonien unterscheiden, die Delbrück und Luria bestimmten. Sie fanden heraus, dass die Resistenz der «Glück gehabt»-Verteilung folgte, was das Vorhandensein einer bereits bestehenden Resistenz aufgrund zufälliger Mutationen anzeigte statt der glockenkurvenartigen Verteilung, die bei einer erworbenen Mutation zu erwarten wäre. «Wir betrachten die Ergebnisse», schrieb das Forscherpaar, «als Beweis dafür, dass in unserem Fall die Virusresistenz auf eine erbliche Veränderung der Bakterienzelle zurückgeht, die unabhängig von der Aktion des Virus auftritt» – genau wie die Darwin'sche natürliche Selektion besagte. Darüber hinaus versetzten die Ergebnisse Delbrück und Luria in die Lage, eine der ersten Schätzungen über die Rate abzugeben, in der Mutationen spontan auftreten. Dies ist ein wesentlicher Parameter der Evolution, da er bestimmt, wie schnell sich ein Organismus entwickeln kann. Wenn die Mutationsrate zu hoch ist, werden ererbte genetische Informationen nicht zuverlässig weitergegeben; ist sie zu niedrig, fällt es einem Organismus schwer, sich an veränderte Bedingungen anzupassen. Mutationsraten sind bei allen Arten unterschiedlich (es gibt sogar Unterschiede zwischen verschiedenen Teilen des Genoms); Viren haben eine der höchsten Raten, wodurch sie sich schnell weiterentwickeln können, um die Immunabwehr eines Wirtes zu umgehen.

Delbrücks und Lurias Ergebnisse stellten nicht nur die Annahmen in Darwins Theorie auf ein solides Fundament, sondern weckten auch das Interesse an den Mechanismen der Vererbung und Genetik, das den Boom der Molekularbiologie in den 1950er- und 1960er-Jahren anregte. Es wird jedoch noch immer über die Vorgänge bei einer Mutation debattiert, und es gibt Hinweise darauf, dass Organismen (einschließlich *E. coli*) in Reaktion auf Stress ihre Mutationsraten verändern (durch Veränderungen an den molekularen Prozessen der DNA-Reparatur und -Replikation) und damit ihre Fähigkeit verbessern können, sich aus einer «Problemlage» hinauszuentwickeln.

SALVADOR LURIA | 1912–1991

Salvador Luria wurde in Turin geboren und ging 1937 zum Studium der Radiologie nach Rom, wo er auf Max Delbrücks Forschungen zu induzierten Mutationen stieß. Wegen seiner jüdischen Herkunft durfte er unter Mussolini kein akademisches Amt bekleiden und ging zunächst nach Paris. Als die Deutschen 1940 in Frankreich einmarschierten, floh er in die USA. An der Indiana University war sein erster Doktorand James Watson, der später mit Francis Crick die Struktur der DNA entdeckte.

Der Beweis für DNA als Genmaterial (1951–1952)

Welches Molekül trägt die Gene?

Im frühen 20. Jahrhundert war die Ansicht verbreitet, dass ein Protein die Gene kodiert. Schließlich bildeten diese Moleküle offenbar das Herz der Biologie: Als Enzyme ermöglichen sie die chemischen Reaktionen im Stoffwechsel. Darüber hinaus fanden sich bei der Analyse von Chromosomen – der Zellstrukturen, die offenbar die Gene enthielten und die bei der Zellteilung kopiert wurden – zahlreiche Proteine. Der andere Bestandteil von Chromosomen, ein biologisches Polymer mit der Bezeichnung Desoxyribonukleinsäure (DNS oder DNA), wurde für eine Art von Verpackung gehalten.

Diese Annahme wurde von den Experimenten des Mikrobiologen Oswald Avery infrage gestellt, der am Rockefeller Institute Hospital in New York arbeitete. Avery war Experte für Pneumokokken, die Bakterien, die Lungenentzündung verursachen. In den 1920er- und 1930er-Jahren begann er zu erforschen, wie sich einige dieser Bakterien von einer relativ milden Form (mit R bezeichnet, weil ihre Zellen rau [*rough*] waren) zu einer aggressiveren Form (S wegen ihrer glatten [*smooth*] Zellen) verwandeln konnten. Es gelang ihm, aus dem S-Stamm eine Substanz zu gewinnen, die er «transformierende Substanz» nannte und die offenbar R-Pneumokokken aggressiver machen konnte. Woraus bestand sie?

Zusammen mit dem kanadischen Arzt Colin MacLeod trennte Avery mithilfe einer Zentrifuge die Zellextrakte nach ihrer Dichte. 1942 hatte das Paar gute Belege dafür gesammelt, dass die transformierende Substanz – die anscheinend Bakterien so «umprogrammieren» konnte, dass sie neue Eigenschaften besaßen – ausschließlich aus DNA bestand. 1943 schrieb Avery, wenn er richtig liege seien Nucleinsäuren (DNA und ihr chemischer Verwandter RNA) «funktional aktive Substanzen in der Bestimmung der biochemischen Aktivitäten und spezifischen Eigenschaften von Zellen. […] Klingt nach Virus – könnte aber ein Gen sein.» 1944 stellte er die experimentellen Beweise für diese Schlussfolgerungen vor.

Seltsamerweise ließ diese Möglichkeit viele derjenigen, die zu den Vererbungsmechanismen forschten, relativ gleichgültig. Wie Max Delbrück es formulierte: Wenn die Gene nicht in Proteinen kodiert waren, dann «trägt eben irgendein anderes blödes Molekül die genetische Spezifizität». Wen interessierte schon, welches das war?

Diese Ansicht teilte anfangs auch der amerikanische Genetiker Alfred Hershey, Experte für Phagen (die Viren, die Bakterien infizieren). Doch eine solche Gleichgültigkeit gegenüber der Chemie der Replikation und Vererbung ließ sich nicht aufrechterhalten, wenn man wirklich wissen wollte, was bei diesem Prozess vor sich ging. Insbesondere wollte Hershey verstehen, wie Viren funktionieren: wie sie die Zellen übernehmen, die sie infizieren, um sich zu replizieren. In den späten 1940er-Jahren hatten Untersuchungen

ALFRED HERSHEY
1908–1997

Als Bakteriologe an der Washington University in St. Louis in Missouri erlangte Alfred Hershey seine Kompetenz in der Arbeit mit Bakteriophagen, als er in den 1940er-Jahren mit Salvador Luria und Max Delbrück zusammenarbeitete. Später bekamen die drei Männer den Spitznamen «Dreifaltigkeit der Phagen-Kirche». 1950 fing Hershey in der Genetikabteilung der Carnegie Institution of Washington in Cold Spring Harbor an und übernahm 1962 ihre Leitung.

Siehe auch: Experiment 48: Die Zufälligkeit genetischer Mutationen, 1943 (Seite 194); Experiment 50: Das Kopieren von Genen, 1958 (Seite 200).

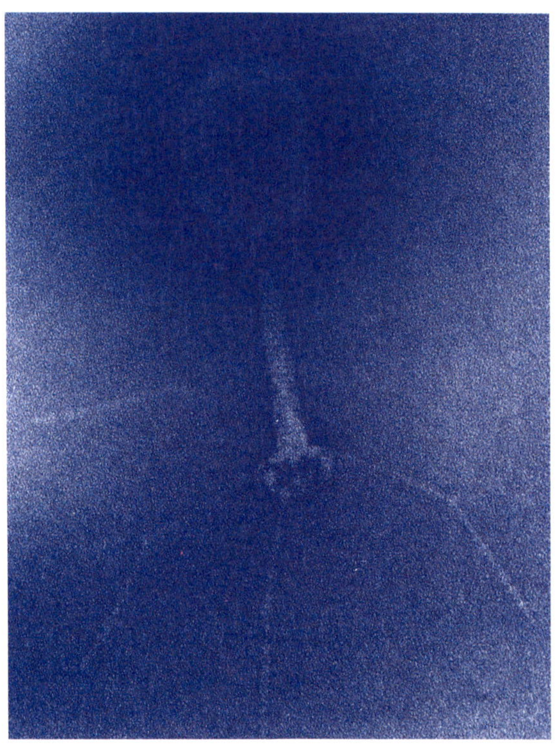

Digital kolorierte Transmissionselektronenmikroskop-(TEM-) Aufnahme eines Bakteriophagen (Bakterien fressendes Virus). Wellcome Collection, London.

mit dem Elektronenmikroskop gezeigt, dass Viren zunächst an der Außenseite von Zellen andocken. Doch was passiert dann? Könnte es sein, dass das Virus selbst nicht in die Zelle eindringt, sondern vielmehr etwas wie Averys «transformierende Substanz» – möglicherweise Genmaterial – durch die Zellmembran injiziert?

In den frühen 1950er-Jahren begann Hershey zusammen mit seiner Labortechnikerin Martha Chase mit einer Reihe von Experimenten, um diese Frage zu beantworten. Sie betrachteten dazu einen Phagen namens T2, der *E. coli* infiziert, und fanden heraus, dass diese Bakteriophagen tatsächlich DNA in die Zellen injizieren, an die sie andocken, und dabei eine Proteinhülle hinterließen, die «Ghost» genannt wurde, weil sie selbst inaktiv war. Die Schlüsselfrage war, ob die virale DNA allein für die Wirkung auf die Wirtszelle verantwortlich ist.

Hershey und Chase standen demselben Problem gegenüber wie Avery und MacLeod: Proteine und DNA sind oft eng miteinander verknüpft, sodass sich ihre potenziellen Einflüsse nur schwer voneinander trennen lassen. Um das zu erreichen, entwickelten Hershey und Chase einen genialen Trick. Sie kennzeichneten die Protein- bzw. die DNA-Bestandteile von Phagen mit radioaktiven Atomen; wo später die Radioaktivität auftrat, würde dann zeigen, wo sich die jeweiligen Moleküle befanden. Indem sie die Phagen auf Bakterien ansetzten, die in einem Kulturmedium mit einer radioaktiven Form von Schwefel (bezeichnet als ^{35}S) gewachsen waren, konnten sie eine Form des Virus herstellen, in dem die Proteine die verräterischen Schwefelatome (enthalten in zwei der Aminosäuren, aus denen Proteine bestehen) einbauten. DNA enthält keinen Schwefel, daher blieb sie nicht radioaktiv. Mithilfe eines radioaktiven Typs von Phosphor (^{32}P) konnten sie jedoch auch die virale DNA radioaktiv kennzeichnen, da nur DNA Phosphor enthält.

Als *E. coli* mit dem ^{35}S-Phagen infiziert waren und anschließend die leere Phagenhülle mithilfe einer Zentrifuge von der Zelle getrennt wurde, war so gut wie keine Radioaktivität in den infizierten Zellen nachzuweisen; es wurde also kaum Protein in die Zellen übertragen. (In Wahrheit war diese Trennung

MARTHA CHASE
1927–2003

Als Martha Chase 1950 im Cold Spring Harbor Laboratory anfing, hatte sie noch keinen Doktortitel; den machte sie erst 1959 an der University of Southern California. Sie verließ Cold Spring Harbor 1953 kurz nach ihrer Arbeit mit Alfred Hershey, blieb jedoch ein Mitglied der informellen «Phagengruppe» um Max Delbrück, dem häufig die Anfänge der Molekularbiologie zugeschrieben werden.

nicht so scharf – etwa 20 Prozent des Proteins blieben übrig.) Doch beim Einsatz von ^{32}P-Phagen wurden nicht nur die Zellen deutlich radioaktiv, sondern ein Teil dieser Radioaktivität wurde auch an die Phagen weitergegeben, die in den Zellen repliziert wurden.

Hershey und Chase folgerten, dass der Proteinbestandteil des Phagen nur eine Schutzhülle darstellt, der es dem Virus ermöglicht, an Zellen anzudocken und Material zu injizieren – er spielt keine Rolle für das Wachstum des Phagen im Zellinneren. Die Phagen-DNA dagegen wird in die Zellen injiziert und hat eine Funktion in diesem Replikationsprozess.

Die Ergebnisse dieser Experimente werden oft als Bestätigung präsentiert, dass das genetische Material – die Substanz, die Viren in Zellen einschleusen – DNA ist. Hershey und Chase waren jedoch wesentlich vorsichtiger. Sie schlossen nicht nur die Möglichkeit nicht aus, dass neben der DNA noch weiteres Material (das kein Schwefel enthielt) in die infizierten Zellen übertragen werden könnte, sondern sie schrieben auch, dass «die chemische Identifikation des genetischen Teils» des von Viren übertragenen Materials eine offene Frage bleibt. Noch 1953 beharrte Hershey darauf, dass es nicht genug Belege für die Schlussfolgerung gab, dass die Gene nur aus DNA bestehen. Er sagte, die Biologie bleibe in dieser Frage geteilter Meinung, und er selbst vermute weiterhin, dass auch Protein eine Rolle spielt.

Die Experimente von Hershey und Chase, für die Hershey zusammen mit Max Delbrück und Salvador Luria 1969 den Nobelpreis bekam (Chase blieb außen vor, und Hershey würdigte in seiner Dankesrede nicht einmal ihren Beitrag), waren weit davon entfernt, die Debatte zu schließen, und machen damit deutlich, wie Fortschritte im wissenschaftlichen Verständnis in der Regel vor sich gehen: Schritt für Schritt, mit großer Vorsicht und ein wenig Zurückrudern, und normalerweise bleibt ein Rest der alten Konzepte erhalten, die die Experimente angeblich in Misskredit bringen. Im Allgemeinen braucht es mehr als ein neues experimentelles Ergebnis, um tief verwurzelte vorgefasste Meinungen zu verschieben. Und vielleicht sollte es auch genau so sein.

Alfred Hershey (rechts) und Martha Chase, 1953. Mit freundlicher Genehmigung der Cold Spring Harbor Laboratory Archives, Long Island.

Das Kopieren von Genen (1958)

Wie repliziert sich DNA?

Als James Watson und Francis Crick 1953 die Doppelhelixstruktur des DNA-Moleküls beschrieben, beendeten sie ihren bahnbrechenden Bericht in der Fachzeitschrift *Nature* mit einer berühmten Beobachtung: «Es ist unserer Aufmerksamkeit nicht entgangen, dass die von uns postulierte spezifische Paarung [der Stränge] unmittelbar einen möglichen Kopiermechanismus für das genetische Material nahelegt.» Watson und Crick – die sich in ihrer Arbeit ausgiebig an den Einsichten aufgrund von Rosalind Franklins kristallografischen Studien der DNA bedienten – hatten dabei im Sinn, dass zur Herstellung einer Kopie von sich die beiden Stränge der Doppelhelix sich trennen und jeweils als Schablone für die Erstellung eines neuen Partnerstrangs dienen könnten. Die Zwillingsstränge der DNA werden von schwachen, aber ausgewählten chemischen Bindungen zwischen molekularen Einheiten, den Nukleinbasen, zusammengehalten, die an dem Strang hängen. Es gibt vier dieser Basen, die mit C, G, A und T bezeichnet werden, und die Regel lautet, dass C sich immer an G bindet und A an T. Ein einzelner Strang kann daher als Vorlage für die Zusammensetzung eines neuen Strangs mit der komplementären Basensequenz dienen.

Genau das passiert, wenn DNA vor der Zellteilung repliziert wird, sodass jede Tochterzelle eine vollständige Kopie aller gentragenden Chromosomen enthält. Ein solcher Prozess wird semikonservativ genannt; das heißt, dass jede der beiden neuen Doppelhelices einen Strang der ursprünglichen «Eltern»-DNA enthält und einen mit diesem als Schablone neu hergestellten Strang.

Doch trotz Watsons und Cricks saloppem Vertrauen in dieses Prinzip der DNA-Replikation stimmten nicht alle zu, dass das semikonservative Modell das einzig mögliche war. Max Delbrück am California Institute of Technology (Caltech) argumentierte, dass das Entwinden der Doppelhelix und die Trennung der Stränge nicht so einfach waren, wie Watson und Crick behaupteten. 1954 stellte er stattdessen die These auf, dass zum Kopieren der DNA kleine Stücke abbrechen und als Schablonen für die Duplikation dienen, bevor die Fragmente als eine Art Flickwerk aus Neu und Alt wieder zusammenfinden – die sogenannte disperse Replikation. Später schlugen er und der Biochemiker Gunther Stent noch eine weitere Möglichkeit vor: An der ursprünglichen Doppelhelix könnte auch eine vollständig neue gebildet werden, sodass die Mutterhelix komplett erhalten blieb. Dieses Modell nannte man die konservative Replikation.

Wer hatte nun recht? 1954 sprach der Doktorand Matthew Meselson am Caltech mit Delbrück über das Problem der DNA-Replikation, eins seiner Dissertationsthemen. Später in diesem Jahr lernte Meselson

MATTHEW MESELSON
GEB. 1930

Matthew Meselson gehörte zu den vielen Forschenden, die mit dem Aufkommen der Molekularbiologie von den physikalischen zu den biologischen Wissenschaften wechselten. Mitte der 1950er-Jahre war er Doktorand des großen Chemikers Linus Pauling am California Institute of Technology. Dort beschäftigte er sich auch mit der Röntgenstrukturanalyse, die Pauling und andere für komplexe Biomoleküle wie Proteine anwandten. Ab den 1960er-Jahren arbeitete Meselson im Bereich Kontrolle und Verbot chemischer und biologischer Waffen.

Matthew Meselson an den Reglern der Maschine, die beim Meselson-Stahl-Experiment zur DNA-Replikation zum Einsatz kam, 1958.

einen weiteren Doktoranden kennen, der zum selben Thema forschte: Franklin Stahl von der University of Rochester in New York. Sie beschlossen, gemeinsam an dem Thema zu arbeiten, und begannen 1956 mit ihrer Zusammenarbeit am Caltech.

Das Problem, mit dem sich Meselson und Stahl konfrontiert sahen, war folgendes: Bei der Replikation von DNA entstehen definitionsgemäß aus dem Ursprungsmolekül zwei identische Exemplare. Wenn Mutter- und Tochterstrang chemisch nicht zu unterscheiden sind, wie können wir dann sagen, welcher welcher ist? Die beiden Forscher fanden eine wunderbar einfache Lösung: indem man sie unterschiedlich macht. Zunächst hatten sie die Idee, mit einer chemisch veränderten Mutter-DNA zu beginnen. Wenn die konservative Replikation das richtige Modell war, ergäbe eine Replikationsrunde eine veränderte Doppelhelix (Mutter) und eine normale Doppelhelix (Tochter). Wenn die Replikation dispers erfolgte, wären die Tochtermoleküle ein Flickenteppich aus veränderten und unveränderten Fragmenten. Stimmte das semikonservative Modell, bestünde jede Tochter-Doppelhelix aus einem veränderten und einem unveränderten Strang.

Doch wie sollte man sie auseinanderhalten? Meselson und Stahl überlegten, wenn sie an der Mutter-DNA zusätzliche Atome befestigten – sie versuchten es zunächst mit Bromatomen –, wäre sie schwerer und dichter als normale DNA. Anschließend könnten sie mit einer von Meselson entwickelten Technik – eine Form von Zentrifugierung, bei der Substanzen schnell geschleudert werden, sodass die dichtesten nach unten gedrückt werden – die verschiedenen DNA-Typen, die bei der Replikation entstanden, voneinander trennen und untersuchen. Zunächst verwendeten sie die DNA eines Virustyps, wechselten jedoch bald zur DNA des Bakteriums *Escherichia coli,* die sich nicht so schnell replizierte und es ihnen so ermöglichte, die Produkte der einzelnen Replikationszyklen nacheinander zu untersuchen.

Es erwies sich jedoch als schwierig, so viel Brom in die Mutter-DNA einzuschleusen, dass sie deutlich schwerer war als normale DNA. Ende 1957 versuch-

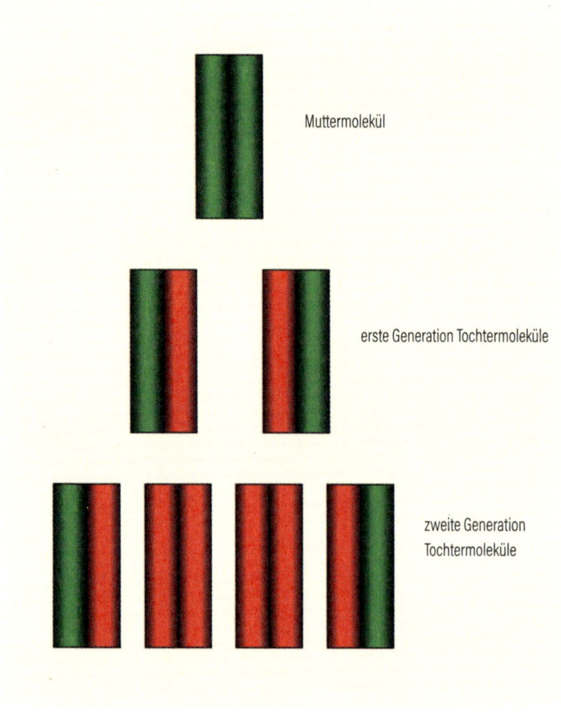

Interpretation dessen, was die Dichtemarkierungsdaten im Hinblick auf ein Modell für die DNA-Replikation bestätigen. Aus einem Fachzeitschriftenartikel von Matthew Meselson und Frank W. Stahl in den *Proceedings of the National Academy of Sciences* (PNAS), USA, 15. Juli 1958, 44(7), Abb. 5.

FRANKLIN STAHL | GEB. 1929

Mit einem Abschluss in Biologie am damaligen Harvard College schloss Franklin Stahl sich den Bemühungen an, die molekulare Grundlage des Lebens anhand von Untersuchungen an Bakteriophagen und ihren Auswirkungen auf Bakterien zu verstehen. Er studierte diese Systeme im Cold Spring Harbor Laboratory und am California Institute of Technology. Nach seiner bahnbrechenden Zusammenarbeit mit Meselson forschte er an der University of Oregon weiter an Phagen, bis er 2001 in den Ruhestand ging.

ten sie es mit einem anderen Ansatz: unterschiedliche Isotopen. Jedes chemische Element liegt in verschiedenen Formen (Isotopen) vor, deren Atome jeweils unterschiedliche Massen besitzen, weil ihre Kerne unterschiedliche Anzahlen von Neutronen enthalten. Meselson und Stahl züchteten ihre *E. coli* in Lösungen, deren Nährstoffe zwei verschiedene Isotope von Stickstoff enthielten (bezeichnet mit ^{14}N – das Isotop, das in der Luft und natürlichen Substanzen fast ausschließlich vorkommt – und ^{15}N), die in die von den Bakterien hergestellte DNA eingebaut wurden. Wenn die ursprüngliche Mutter-DNA nur ^{15}N enthielt, nachfolgende Replikationszyklen jedoch in einem Medium mit dem leichteren ^{14}N erfolgten, waren die Tochterstränge leichter. Der Massenunterschied ist bei einzelnen Stickstoffatomen nur gering, doch in der Summe bedeutsam genug, da DNA viele dieser Atome enthält – groß genug, um ^{14}N-DNA und ^{15}N-DNA durch Zentrifugieren zu trennen.

Die Extraktion und Analyse der DNA vor dem ersten Replikationszyklus zeigte, dass sie tatsächlich nur ^{15}N enthielt. Im Laufe des ersten Replikationszyklus in einem Nährmedium, das ausschließlich ^{14}N enthielt, verschwand dieser Anteil, und es entstand DNA mit einer geringeren Dichte. Wenn die Replikation konservativ erfolgte, gäbe es zwei Produkte unterschiedlicher Dichte: eins mit ^{15}N in beiden Strängen und eins, das ausschließlich ^{14}N enthielt. War sie dagegen dispers, gäbe es eine ganze Palette unterschiedlicher Dichten. Das semikonservative Modell jedoch würde nur einen einzigen Typ von Tochter-DNA hervorbringen, mit ^{15}N in einem Strang und ^{14}N im anderen. Genau das fanden die beiden Forscher. Weitere Replikationsrunden brachten ebenfalls die Verteilung von Stickstoffisotopen hervor, die das semikonservative Modell vorhersagte – insbesondere erzeugte der zweite Zyklus unter anderem DNA mit doppelten Strängen, die nur ^{14}N enthielten, was im dispersen Modell mehr oder weniger unmöglich war.

Als Delbrück von diesen Resultaten erfuhr, akzeptierte er zu seiner großen Ehre sofort, dass das semikonservative Modell das richtige war, obwohl er es vorher so stark in Zweifel gezogen hatte. Es war schließlich auch schwer anzufechten: Das Experiment war so elegant und die Ergebnisse so eindeutig, dass Meselsons und Stahls Studie als «das schönste Experiment in der Biologie» bezeichnet wird. Es legte nicht nur den Streit bei, sondern erklärte dabei auch einen der grundlegendsten Prozesse in Lebewesen.

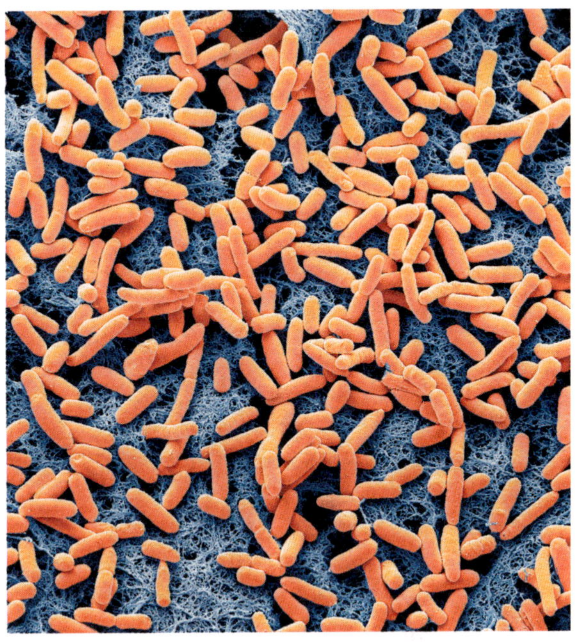

Das menschliche Darmbakterium *Escherichia coli*, das Meselson und Stahl in ihren experimentellen Studien zur Replikation von DNA verwendeten.

51

Der Beweis, dass der genetische Code aus Tripletts besteht (1961)

Wie viele DNA-Basen codieren eine einzelne Aminosäure in einem Protein?

Als klar war, dass der genetische Code jede Aminosäure in einem Protein als Gruppe von Nukleinbasen in der DNA (und der Boten-RNA) des entsprechenden Gens darstellte, begann der Wettlauf darum, diesen Code zu knacken. Die meisten Forschenden nahmen an, dass diese Gruppen, die sogenannten Codonen, Tripletts sind, weil die Drei die kleinste Zahl ist, die genügend Permutationen der vier Basen (in RNA mit C, G, A und U bezeichnet) erlaubt, um alle zwanzig Aminosäuren zu kodieren, die in Proteinen zu finden sind.

Doch es gab keinen Beweis dafür und auch keinen Grund, warum die Natur es so regeln *musste*. Es war genauso möglich, dass Codonen vier oder mehr Basen enthielten. Zudem stellte sich die Frage nach ihrer Anordnung. Konnten Codonen sich beispielsweise überlappen? Das stellte sich in Experimenten zu Beginn der 1960er-Jahre als unwahrscheinlich heraus: Wenn Viren mit Chemikalien behandelt wurden, die bekanntermaßen RNA-Basen beschädigten, veränderten diese Abwandlungen der Basensequenz meist nur eine einzelne Aminosäure in ihrem Proteinprodukt. Jede Base gehörte also nur zu einem Codon. Andere Fragen blieben jedoch offen: Folgten die Codonen einfach aufeinander oder wurden sie vielleicht etwa durch eine einzelne Base getrennt, die als eine Art Komma fungierte, oder vielleicht sogar durch ganze «unsinnige» Sequenzen, die beim Auslesen der genetischen Informationen ignoriert werden?

1961 entwickelte Francis Crick zusammen mit dem südafrikanischen Genetiker Sydney Brenner an der Cambridge University ein Experiment, mit dem sich die wahre Beschaffenheit von Codonen untersuchen ließ. Auch sie nutzten Chemikalien, um das Genmaterial (in diesem Fall RNA) eines Virus zu beschädigen – des Bakteriophagen T4, der inzwischen der Standardorganismus für genetische Studien war –, und untersuchten die Auswirkungen auf seine Fähigkeit, *Escherichia coli*-Bakterien zu infizieren. Sie konzentrierten sich auf einen Bereich des viralen Genoms, der nur zwei Gene enthielt.

Ihre RNA-schädigende Zutat war eine Form eines synthetischen gelben Färbemittels namens Acridin, das sich an eine Base anhängen und sie inaktivieren kann – sie also effektiv löscht (deletiert). Das Acridinmolekül kann jedoch auch ein Basenpaar zur RNA-Sequenz *hinzufügen* (inserieren). Man konnte nicht vorhersagen, was von beidem geschehen würde – doch in jedem Fall würde das Hinzufügen oder Löschen einer Base den molekularen Mechanismus, der Codonen in Proteine übersetzte, aus dem Tritt bringen. Nehmen wir zum Beispiel an, die Codonen sind tatsächlich sequenzielle Tripletts, und wir beginnen mit der Sequenz ATG-CAT-CCC-TGA. Wird das erste C gelöscht, liest sich die Sequenz ab diesem Punkt als ATC—CCT-GA… Mit anderen Worten, das «Le-

FRANCIS CRICK | 1916–2004

Francis Crick hatte am University College in London Physik studiert und während des Krieges an Minentechnologien für die britische Seebehörde gearbeitet. An der University of Cambridge interessierte er sich anschließend zunehmend für biologische Fragestellungen und fand schließlich zusammen mit James Watson 1953 die chemische Struktur der DNA heraus, während er noch an seiner Doktorarbeit zur Kristallografie von Biomolekülen saß. Gegen Ende seiner Karriere wandte Crick seine Aufmerksamkeit der Neurowissenschaft und der Bewusstseinsforschung zu, wobei er eine zutiefst materialistische Sicht auf den Geist vertrat. Crick war einer der scharfsinnigsten und kreativsten Forschenden seiner Zeit, entkam aber nie einigen der Vorurteile, die seine Erziehung in ihm geprägt hatte; so blieb er zeit seines Lebens überzeugter Eugeniker.

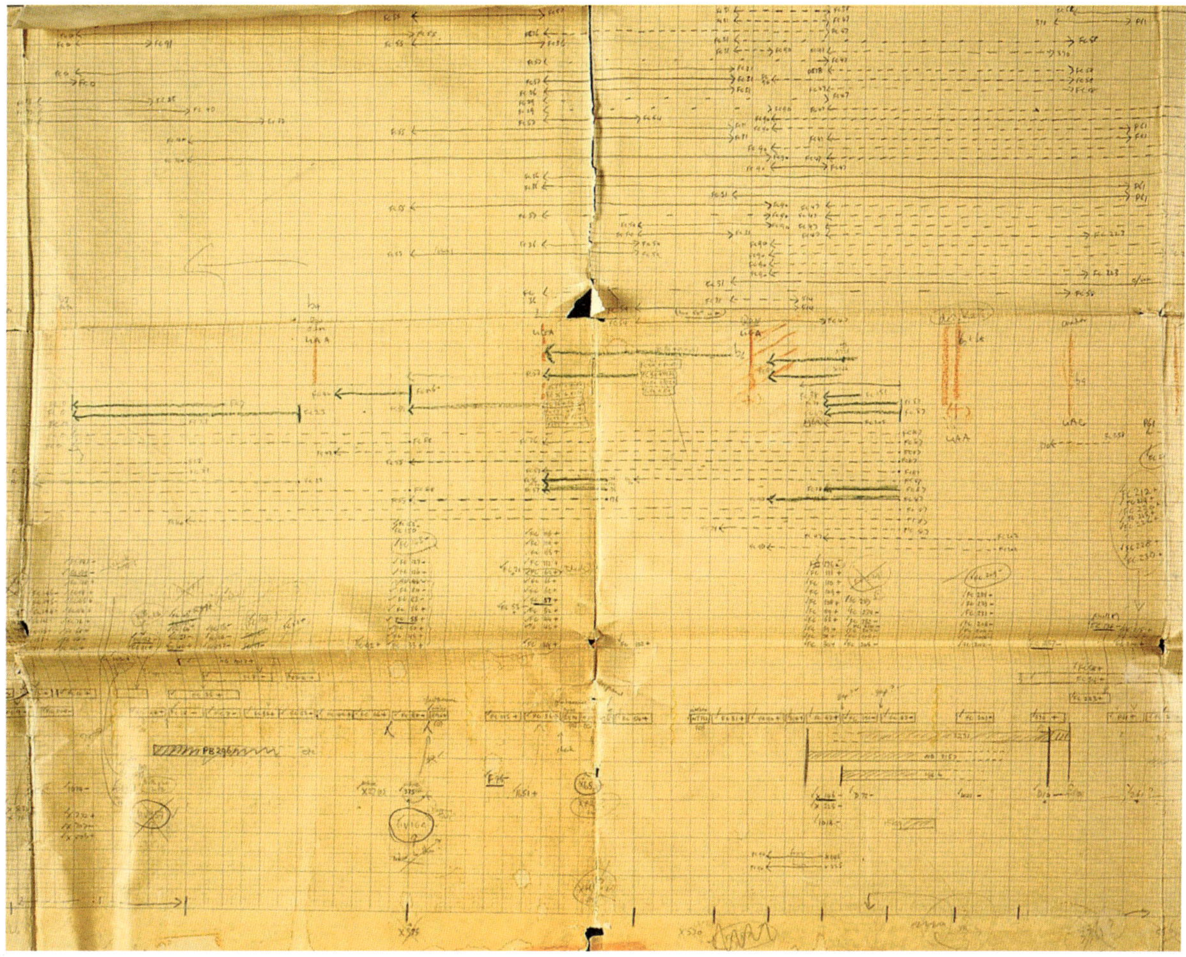

Abschnitt aus einem Entwurf einer Genkarte, die von Francis Crick, Sydney Brenner und ihrem Team verwendet wurde. The Crick Papers, the Triplet Code, 1961. Wellcome Collection, London.

seraster» wird verschoben – und das entsprechende Protein ist mit an Sicherheit grenzender Wahrscheinlichkeit «unsinnig» und nicht funktional. Falls es sich dabei um ein Protein mit einer wesentlichen Funktion für das Überleben des Virus handelt, zerstört diese Leserasterverschiebung (auch Frameshift oder Rasterschub genannt) die Fähigkeit des Virus, Bakterien zu infizieren. Dasselbe gilt, wenn der Sequenz eine Base hinzugefügt wird.

Crick und sein Team fanden heraus, dass diese genschädigenden Experimente tatsächlich inaktive Phagen erzeugten. Nehmen wir jedoch an, dass etwas weiter hinten am RNA-Strang eine zweite Schadenstelle entsteht – und dass diese die gegenteilige Wirkung zur ersten hat, etwa eine Base hinzufügt, wo die erste Schädigung eine gelöscht hatte. Dann wäre das richtige Leseraster ab diesem Punkt wiederhergestellt. Das daraus resultierende Protein hätte vielleicht ein kurzes fehlerhaftes Segment, würde aber überwiegend korrekt synthetisiert werden – und mit etwas Glück seine Funktion behalten. Und tatsächlich konnte das Forschungsteam auf diese Weise Strängen mit Einzelmutationen ihre Funktion zurückgeben.

Das alles würde unabhängig davon gelten, ob die Codonen aus Gruppen von drei, vier oder mehr

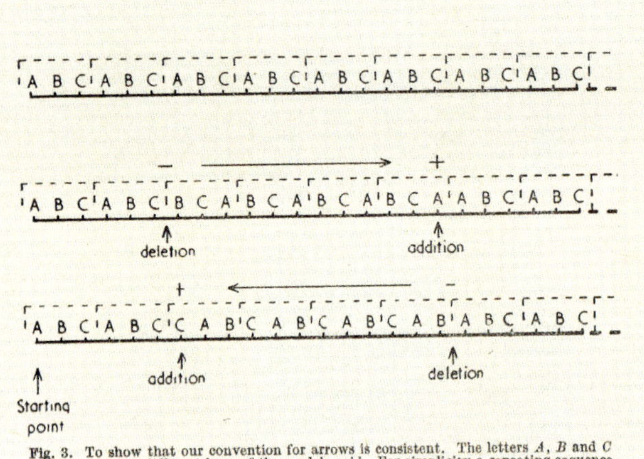

Die Triplett-Struktur des genetischen Codes. Aus: Crick, Barnett, Brenner, and Watts-Tobin: «General nature of the genetic code for proteins», *Nature*, 30. Dezember 1961, Bd. 192, Nr. 4809, Abb. 3. Wellcome Collection, London.

Basen bestehen. Doch nun suchte das Team nach Dreifachmutanten, an denen drei Basen verändert worden waren. In Fällen, in denen an allen drei Schadenstellen eine Base entweder hinzugefügt oder aber gelöscht wurde, würde das Leseraster nur dann wiederhergestellt werden, wenn Codonen Tripletts sind. Genau das stellten Crick, Brenner und ihr Team fest.

LESLIE BARNETT
1920–2002

Als ausgebildete Mikrobiologin arbeitete Leslie Barnett zu Beginn ihrer Karriere an prosaischen Themen wie der bakteriologischen Testung von Milch für die Milchindustrie. Später ging sie als Labortechnikerin ans Medical Research Council in Cambridge. Als der Genetiker Sydney Brenner nach Cambridge kam, waren zunehmend ihre biologischen Fertigkeiten gefragt. Sie brachte Crick bei, Experimente mit Bakteriophagen durchzuführen, und arbeitete später mit Brenner im Addenbrooke's Hospital zusammen, bevor sie Fellow und Tutorin am Clare Hall in Cambridge wurde.

Siehe auch: Experiment 50: Das Kopieren von Genen, 1958 (Seite 200); Experiment 52: Der erste Buchstabe des genetischen Codes, 1960–1961 (Seite 208).

Die Experimente waren schwierig durchzuführen. Es war keine Kleinigkeit, Virenmutationen so zu kombinieren, dass sichergestellt war, dass ein Strang genau drei Baseninsertionen oder -deletionen enthielt. Diese Studien, für die die Forschenden die Auswirkungen von etwa achtzig verschiedenen Mutantenformen des Virus auf ihre *E. coli*-Kolonien untersuchen mussten, wurden im Herbst 1961 von Crick und der Mikrobiologin Leslie Barnett durchgeführt, während Brenner auf einem Besuch in Paris weilte. Ende September hatten sie ihre Antwort. Nachdem sie eines späten Abends das Bakterienwachstum überprüft hatten, sagte Crick zu Barnett: «Nur wir beide wissen jetzt, dass es ein Triplettcode ist!»

Die Forschenden veröffentlichten ihre Ergebnisse am 30. Dezember in der Fachzeitschrift *Nature*. Sie folgerten außerdem, dass der Code «redundant» sein müsse: Wenigstens einige der zwanzig Aminosäuren müssten von mehr als einem der 64 möglichen Triplett-Codonen kodiert werden. Im Ergebnis bevorzugten verschiedene Organismen möglicherweise unterschiedliche Codonen für dieselbe Aminosäure.

Diese Experimente operierten, wie es bahnbrechende Experimente oft müssen, am äußersten Rande dessen, was die Technik möglich machte. Offen gesagt, braucht man bei solchen Studien eine beträchtliche Menge Glück: Die Phänomene sind oft so wenig verstanden und die instrumentellen Methoden so rudimentär, dass sie nur in seltenen Fällen ohne verborgene Komplikationen überhaupt funktionieren. Crick und sein Team hatten keine Ahnung, wie genau ihr Reagens das Zielgen beschädigte (das ist heute noch nicht vollkommen geklärt). Sie wussten nicht, was das Gen tat oder ob es überhaupt ein Protein erzeugte, ganz zu schweigen davon, ob dieses Protein lebenswichtig für das Virus war. Sie mussten das Beste hoffen. Die Experimentierkunst besteht zum Teil auch in einer guten Intuition, wie viel Nichtwissen um das, was wirklich vor sich geht, man sich erlauben kann.

James Watson (links) und Francis Crick 1953 mit ihrem Modell eines DNA-Moleküls. Die beiden lernten sich am Cavendish Laboratory an der Cambridge University kennen.

Crick und seinem Team war das Glück nicht nur hold, ihr Experiment zeichnet sich auch durch eine große Eleganz aus: Der amerikanische Biochemiker Marshall Nirenberg, der ebenfalls daran arbeitete, den genetischen Code zu knacken, nannte es «einfach schön». 2004 erzielte das an *Nature* geschickte Originalmanuskript bei einer Auktion 13.145 Pfund. Da nun die grundlegende Zusammensetzung der Codonen feststand, sagte Crick, solange der genetische Code (die tatsächliche Entsprechung zwischen Basentripletts und Aminosäuren) in allen Organismen derselbe sei, könne es «gut sein, dass er innerhalb des nächsten Jahres geknackt ist». Wie sich herausstellte, war die Nuss jedoch etwas härter als angenommen.

Der erste Buchstabe des genetischen Codes (1960–1961)

Wie lautet der genetische Code, der DNA mit Proteinen verknüpft?

Im November 1958 glaubte der Biochemiker Marshall Nirenberg zu wissen, wie er die Entsprechungen zwischen Codonen und Aminosäuren ableiten konnte. Der entscheidende Punkt war dabei, eine Möglichkeit zu finden, ein Protein außerhalb lebender Zellen in einem Reagenzglas aus seiner entsprechenden Boten-RNA zu synthetisieren. Auf diese Weise ließ sich die RNA-Sequenz festlegen, die das Protein kodierte. Wem das gelang, notierte Nirenberg in seinem Laborbuch, könnte «den Code des Lebens knacken!».

Die Proteinsynthese *in vitro* war nur ein Jahr zuvor dem amerikanischen Biochemiker Paul Zamecnik in Boston und seinem Team gelungen. Er hatte herausgefunden, dass die Bildung natürlicher Proteine aus mRNA unter den Bestandteilen von Leberzellen aus Ratten auch dann weiter erfolgte, wenn sie die Zellen gespalten hatten; die Zellextrakte enthielten alle molekularen Bestandteile, die dafür nötig waren. (Andere Teammitglieder entdeckten außerdem, dass an dem Prozess neben der mRNA noch eine andere Form von RNA beteiligt war, die später unter dem Namen Transfer-RNA bekannt wurde.) 1960 versuchten Nirenberg und sein deutscher Kollege Heinrich Matthaei, solche zellfreien Extrakte zur Herstellung proteinähnlicher Moleküle einzusetzen, und zwar nicht aus der bereits in den Zellen vorhandenen mRNA, sondern aus RNA-Molekülen, die sie selbst hinzugaben und die sie mit chemischen Methoden synthetisiert hatten.

Heute lässt sich jede RNA-Sequenz erzeugen, indem mithilfe biotechnologischer Methoden ihre vier Nukleinbasen in jeder beliebigen Reihenfolge aneinandergehängt werden. In den frühen 1960er-Jahren war das noch nicht möglich. Doch immerhin stand Nirenberg und Matthaei eine Methode zur Verfügung, die der spanische Biochemiker Severo Ochoa entwickelt hatte, um nur einen Basentyp zu einem langen Polymerstrang zu verknüpfen. In seinen Forschungen, für die er 1959 den Nobelpreis in Physiologie oder Medizin bekommen hatte, hatte Ochoa entdeckt, dass ein Enzym namens Polynukleotid-Phosphorylase einzelne Nukleinbasen aneinanderreihen konnte. Es gab keine Möglichkeit zu kontrollieren, in welcher Reihenfolge sie zusammengefügt wurden, aber wenn alle gleich waren, machte das keinen Unterschied.

Nirenberg und Matthaei überlegten sich Folgendes: Wenn Codone, die nur einen Basentyp enthielten (zum Beispiel AAA oder UUU), eine spezifische Aminosäure in einem Protein kodierten, dann müssten RNA-Stränge, die nur aus einer dieser Basen erzeugt wurden (bezeichnet als Poly-A, Poly-U usw.) als Vorlage oder Anweisung für den Proteinerzeugungsmechanismus fungieren, lange Ketten zu bilden, die nur aus der entsprechenden Aminosäure bestehen – jede Ba-

MARSHALL NIRENBERG
1927–2010

Marshall Warren Nirenberg wuchs in Florida auf, wohin seine Familie in der Hoffnung umgezogen war, dass das Klima sein rheumatisches Fieber lindern würde, an dem er als Kind litt. Nirenberg entwickelte eine Faszination für die lokale Flora und Fauna und studierte schließlich Zoologie an der University of Florida in Gainesville, wo er 1952 seine Abschlussarbeit über Köcherfliegen schrieb. Nach seinem Wechsel an die University of Michigan sattelte er für seine Doktorarbeit auf Biochemie um, wo ihn die Frage der Stunde anzog: der genetische Code. 1968 bekam Nirenberg den Nobelpreis in Physiologie oder Medizin, weil er den ersten Buchstaben des genetischen Codes geknackt hatte.

Siehe auch: Experiment 50: Das Kopieren von Genen, 1958 (Seite 200); Experiment 51: Der Beweis, dass der genetische Code aus Tripletts besteht, 1961 (Seite 204).

Marshall Nirenberg (rechts) und Heinrich Matthaei im Labor, Januar 1962. National Institutes of Health, Bethesda, Maryland.

sen-Dreiergruppe müsste als ein Codon interpretiert werden. Eine Kette aus nur einer Art von Aminosäure ist kein echtes Protein – es hätte keine biologische Funktion –, aber es ist ein Molekül, ein sogenanntes Polypeptid. Natürliche Proteine sind eine Untergruppe der Polypeptide.

Im November 1960 hatten die beiden Forscher die Kunst der zellfreien Proteinsynthese aus Extrakten des Bakteriums *Escherichia coli* gemeistert. Konnten sie dieses System nun dazu bringen, mit Ochoas Methode hergestellte repetitive RNA-Stränge als Vorlage für die Herstellung repetitiver Polypeptide zu verwenden? Falls ja, müsste sich daraus ableiten lassen, welche Aminosäuren die Codonen mit den identischen Buchstaben kodierten, indem man untersuchte, welche in den Polypeptiden verwendet wurden, die mithilfe der Anweisungen auf der RNA zusammengesetzt wurden.

Die Forscher konnten die Proteine und Polypeptide aus ihrem zellfreien System isolieren, doch es fehlte ihnen die Analysemethode, um direkt zu bestimmen, welche Aminosäuren sie enthielten. Matthaei fand eine geniale Lösung für dieses Problem. Er nutzte Aminosäuren, in denen einige Kohlenstoffatome gegen das radioaktive Isotop ^{14}C des Kohlenstoffs ausgetauscht waren. Dieses Isotop bildet sich auf natürliche Weise in der Atmosphäre und wird in lebende Organismen eingebaut. Es zerfällt radioaktiv, indem

HEINRICH MATTHAEI | GEB. 1929

Als Marshall Nirenberg 1960 in den National Institutes of Health begann, den genetischen Code zu studieren, schloss sich ihm der Postdoktorand Johannes Heinrich Matthaei an, der auf Besuch von der Universität in Bonn gerade an der Cornell University in New York weilte. Obwohl die entscheidende Methode der Radiokarbonmarkierung teilweise Matthaeis Eingebung war, wurde er aus nie genannten Gründen vom Nobelpreis 1968 ausgeschlossen.

es ein Betateilchen abgibt – ein praktisches Signal zur Überprüfung, ob es in einer chemischen Substanz enthalten ist.

Matthaei leitete durch ein Eliminationsverfahren ab, welche Aminosäure benutzt wurde, wenn er Poly-U in sein System gab. Es gibt zwanzig natürliche Aminosäuren in Proteinen, und er begann mit Mischungen aus zehn Aminosäuren mit ^{14}C und zehn mit normalem Kohlenstoff. Wenn die Produkte Betateilchen abgaben, enthielten sie eine der zehn ^{14}C-markierten Aminosäuren. Dann konnte er den Prozess mit diesen zehn wiederholen und sie in fünf markierte und fünf unmarkierte Aminosäuren trennen – und immer so weiter. Auf diese Weise hatte Matthaei im Mai 1961 die Auswahl der Aminosäuren, die von Poly-U kodiert wurden, auf nur zwei eingeengt: Es musste entweder Phenylalanin oder Tyrosin sein. Für den letzten Test fütterte er das zellfreie Proteinsynthesesystem jeweils mit nur einer dieser Aminosäuren, die er mit ^{14}C markiert hatte. So konnte er zeigen, dass Poly-U lange Phenylalaninketten herstellte, was darauf hinwies, dass das Poly-U-Codon diese Aminosäure codierte. Als er und Nirenberg ihre Ergebnisse im Oktober veröffentlichten, waren sie umsichtig genug zuzugeben, dass sie noch nicht sicher wussten, ob dieses Codon ein Triplett war (wie weithin angenommen) oder eine größere Gruppe.

Nirenbergs Erfolg überraschte alle, denn er gehörte nicht zu den «großen Tieren» wie Max Delbrück oder Francis Crick, die über dem Problem des genetischen Codes brüteten. Laut Crick ließ seine Verkündung der Ergebnisse auf einer internationalen Konferenz in Moskau im August desselben Jahres das Publikum «verblüfft» und «elektrisiert» zurück. Im Rückblick erscheint die Lösung, synthetische Polynukleotide im Experiment zu verwenden, vollkommen offensichtlich. Tatsächlich hatten es auch einige andere (darunter Forschende in Ochoas Labor) erfolglos versucht, und Matthew Meselson bestätigte, dass einige der Anwesenden bei Nirenbergs Vortrag in Moskau am liebsten sofort in ihr Labor geeilt wären, um seine Methoden abzuwandeln und den restlichen Code zu knacken. 1967 war es für alle 64 Triplett-Codonen gelungen, und das erste Kapitel der modernen Genetik war abgeschlossen. Crick drückte es 1962 so aus: «Wenn die DNA-Struktur das Ende des Anfangs war, dann ist die Entdeckung von Nirenberg und Matthaei der Anfang vom Ende.»

Marshal Nirenberg mit DNA-Modellen in den National Institutes of Health, 1960er-Jahre. National Institutes of Health, Bethesda, Maryland.

Das Klonschaf Dolly (1996)

Lässt sich ein Säugetier aus dem genetischen Material in einer reifen adulten Zelle klonen?

Die Möglichkeit des Klonens geistert schon lange in der Vorstellung der Menschen herum. Das Wort stammt vom griechischen Wort für «Zweig» ab, eine Anspielung auf die Vermehrung von Pflanzen durch Stecklinge. 1959 erweiterte der französische Wissenschaftler Jean Rostand diese Idee auf Menschen: Wenn wir ein Stück Gewebe von einer kürzlich verstorbenen Leiche entnehmen, sagte er, könnten wir «die vervollkommnete Wissenschaft der Zukunft als fähig vorstellen, aus einer solchen Kultur den vollständigen Menschen wiederherzustellen. [...] Das wäre, kurz gesagt, *die Vermehrung des Menschen aus Stecklingen.*»

IAN WILMUT | 1944–2023

Nach seinem Landwirtschaftsstudium an der University of Nottingham in England war Ian Wilmuts Interesse am Klonen sowohl durch die praktischen Anwendungsmöglichkeiten motiviert als auch durch die grundlegende Biologie dahinter. Das zeigte sich auch in seiner Doktorarbeit zur Kryokonservierung von Schweine- und Wildschweinsperma, und in seiner Berufung ans Roslin Institute in Schottland. Auch wenn er das Team leitete, das Dolly klonte, bestand Wilmut stets darauf, dass ein großer Teil der Anerkennung für die Arbeit seinem Kollegen, dem Tierbiologen Keith Campbell, gebührt.

Siehe auch: Experiment 47: Organisatoren, die die Entwicklung steuern, 1921–1924 (Seite 191); Experiment 54: Der erste «synthetische Organismus», 2010 (Seite 214).

So einfach ist es natürlich nicht: Eine Gewebekultur wächst nicht spontan zu einem vollständigen Organismus heran. Zum einen haben sich Gewebezellen bereits zu einem bestimmten Typ spezialisiert: zu einer Herzzelle etwa oder zu einem Neuron.

Embryozellen in der sehr frühen Entwicklungsphase haben ihre Möglichkeiten jedoch noch nicht eingeschränkt. Die sogenannten embryonalen Stammzellen bleiben pluripotent, können sich also zu allen Gewebetypen des Körpers weiterentwickeln. Der erste Mensch, der diese Vielseitigkeit für das Klonen ausnutzte, war der deutsche Biologe Hans Driesch, der 1892 Seeigel-Embryonen im Zwei- oder Vierzellstadium schüttelte, bis sich die Zellen trennten, und beobachtete, wie jedes Fragment zu einem vollständigen Seeigel heranwuchs.

Zu Beginn des 20. Jahrhunderts teilte Hans Spemann Salamander-Embryonen im Zweizellstadium mit einem Lasso aus einem Haar seines Säuglings (siehe Seite 191). Doch es war Spemanns Experiment von 1928, das wirklich den Weg für das Klonen größerer Tiere ebnete. Mit feinen Nadeln zog er den Zellkern mit den Chromosomen aus einem frisch befruchteten Salamanderei und ersetzte es durch den Kern einer embryonalen Salamanderzelle. Der neue Chromosomensatz ließ das Ei zu einem vollständigen Embryo heranwachsen.

In seiner Nobelpreisrede von 1938 fantasierte Spemann über den Einsatz eines solchen «Kerntransfers», um die Chromosomen aus einer voll ausgereiften Körperzelle (somatische Zelle) in ein Ei zu übertragen und so einen adulten Organismus zu klonen. Dieses Experiment wurde gewissermaßen erstmals 1955 von Robert Briggs und Thomas King in Philadelphia mit Froscheiern durchgeführt. Sie verwendeten allerdings keine adulte Zelle als Zellspender, sondern die Zelle eines weiter entwickelten Embryos. John Gurdon gelang es in den 1960er-Jahren in Cambridge, Frösche durch einen somatischen Zellkerntransfer (SCNT) aus Zellen einer noch höheren Entwicklungsstufe zu klonen, wenn auch immer noch nicht aus komplett adulten Zellen.

Dolly mit ihrem ersten eigenen Lamm Bonnie im April 1998. Mit freundlicher Genehmigung des Roslin Institute, The University of Edinburgh.

In den 1980er-Jahren wurden Schafe, Kühe und Mäuse durch SCNT geklont, und 1995 klonten Forschende am Roslin Institute in Schottland zwei Schafe, die sie Megan und Morag nannten, durch SCNT aus Embryozellen, die über mehrere Wochen gezüchtet worden waren. Später in diesem Jahr klonten sie vier Schafe aus neun Tage alten Embryozellen als Chromosomspender. Typischerweise lässt sich das Ei, das den übertragenen Zellkern aufnimmt, einfach durch einen kleinen elektrischen Schlag zur Weiterentwicklung stimulieren.

Angesichts dieser umfangreichen Vorgeschichte des Klonens durch SCNT mag es seltsam erscheinen, dass das 1996 geklonte Schaf Dolly so viele Schlagzeilen machte, als das Roslin-Team unter Leitung von Ian Wilmut und Keith Campbell im Februar des Folgejahres den Erfolg vermeldete. Doch das Besondere an Dolly war, dass sie als erstes großes Säugetier aus einer voll ausgereiften adulten Spenderzelle geklont worden war, genauer gesagt aus einer Zelle aus einem Schafseuter. Es schien also zum ersten Mal möglich, sich das Klonen eines erwachsenen Menschen aus einer seiner Zellen vorzustellen, indem man ihre Chromosomen in ein unbefruchtetes Ei überträgt und so eine genetische Kopie des Menschen herstellt. Diese Vorstellung wurde aus zahlreichen wissenschaftlichen und ethischen Gründen nie in die Tat umgesetzt. Insbesondere gibt es eine hohe Ausfallquote beim Klonen von Säugetieren: Die meisten Eier, die einen neuen Kern erhalten haben, entwickeln sich nicht zu einem vollständigen Embryo, wenn sie wie ein Embryo nach In-vitro-Fertilisation in die tierische Gebärmutter eingesetzt werden. In einem Klonexperiment an Makaken 2018 in China – die erste Klonierung eines Primaten – gab es nur zwei Lebendgeburten aus sechs Schwangerschaften, die sich nach der Implantierung von 79 geklonten Embryonen in 21 Affenweibchen entwickelten. Es ist nicht klar, wie sehr sich diese Chancen verbessern lassen, und das allein schon liefert einen guten Grund, den Vorgang bei Menschen nicht zu versuchen.

Darüber hinaus ist nach wie vor unklar, ob es langfristige Konsequenzen für das geklonte Tier gibt. Dolly starb relativ jung: Im Alter von sechs Jahren wurde sie eingeschläfert, nachdem man in ihrer Lunge Tumore gefunden hatte. Auch wenn nicht klar ist, ob der Krebs etwas mit ihrer Klongeschichte zu tun hatte, vermuten einige Forschende, dass geklonte Tiere vorzeitig altern könnten: Möglicherweise bleibt eine Spur ihres «früheren Lebens» in den übertragenen Chromosomen erhalten. Wilmut und Campbell berichteten, dass geklonte Föten mit zehnmal höherer Wahrscheinlichkeit als normale im Mutterleib sterben, und dass geklonte Nachkommen ebenfalls ein höheres Risiko aufweisen, früh zu sterben.

Allein die Aussicht auf das Klonen von Menschen garantierte Dolly Ruhm oder traurige Berühmtheit, wie manche sagen würden. In einem Artikel über Wilmut schrieb das *Time*-Magazin: «Man erwartet Dr. Frankenstein nicht in Wollpullover und ausgebeultem Parka, mit weichem britischem Akzent und dem Gesicht eines Bankangestellten.» Der deutsche *Spiegel* bebilderte seinen Artikel mit einem Bataillon geklonter Hitlers – eine alte, fixe Idee, die regelmäßig im Zusammenhang mit der Vorstellung des Klonens von Menschen auftaucht. Wilmut erzählte, er habe «schon bald die Anfragen trauernder Familien gefürchtet, ob wir ihre verstorbenen Liebsten klonen können». Der Trugschluss an dieser Stelle – dass ein geklonter Mensch identisch mit dem «Original» wäre oder dass das Klonen sogar eine Art Unsterblichkeit bietet – hat nicht verhindert, dass es inzwischen Anbieter gibt, die Haustiere klonen. Für das Roslin-Forschungsteam bestand das Ziel eher darin, eine zuverlässige Methode zu entwickeln, genetisch verändertes Nutzvieh zu erzeugen, was ihnen mit Dollys 1997 geborener Nachfolgerin Polly gelang. Das Klonen von Nutztieren könnte auch eine Möglichkeit sein, die besten Tiere (etwa die mit der höchsten Milchleistung) zu vermehren. Das reproduktive Klonen von Menschen dagegen ist nach wie vor nicht wissenschaftlich fundiert und in den meisten Ländern illegal; außerdem gibt es hier keine klare Motivation.

«Dolly: the cloning of a sheep, 1996.» Schematische Darstellung aus der *Encyclopedia Britannica.*

54

Der erste «synthetische Organismus» (2010)

Lässt sich das Genom eines Organismus von Grund auf planen und herstellen?

Die Biologie galt lange als entdeckungsbasierte Wissenschaft: Ihr Ziel besteht darin, mehr über natürliche Organismen zu erfahren und ihre Funktionsweise abzuleiten. Doch seit Jahrtausenden besitzen wir auch die Fähigkeit, die Natur zu verändern, nämlich über die selektive Züchtung – eine Art «künstliche Selektion». Das ist jedoch beschränkt auf die Wahl aus den Variationen, die die Natur uns anbietet. Im Laufe des vergangenen Jahrhunderts haben wir erste Schritte darüber hinaus gemacht, indem wir aktiv in lebende Systeme eingriffen und sie umgestalteten. Schon 1912 schrieb der deutsche Marinebiologe Jacques Loeb: «Der Gedanke, der mir vorschwebt, ist der, dass der Mensch selbst als Schöpfer auch in die belebte Natur eingreifen kann. […] Man würde so wenigstens zu einer Technik der lebenden Wesen gelangen können.»

Einige meinen, dass diese Vision – Biologie als Ingenieurskunst, als Erfindung – heute Realität wird durch biotechnologische Innovationen wie die Gentechnik, in der die genetischen Anweisungen, die biologisches Wachstum steuern, nach unseren eigenen Spezifikationen umgeschrieben wird. Seit dem Ende des 20. Jahrhunderts versucht sich die synthetische Biologie an noch tiefgreifenderen Eingriffen, die die Funktionen und Formen künstlich hergestellter Organismen radikal verändern. Forschende rüsteten Bakterien so um, dass sie mithilfe fluoreszierenden Proteins Lichtimpulse erzeugen, oder Hefepilze so, dass sie Malariamittel herstellen.

Die ultimative Umsetzung dieser Ziele wäre die Erschaffung eines vollkommen synthetischen Organismus, am Zeichenbrett entworfen und im Labor hergestellt. Das berichtete 2010 ein Team der J. Craig Venter Institutes (JCVIs) in Rockville (Maryland) und La Jolla (Kalifornien) – Forschungslabore einer gemeinnützigen Genomforschungsorganisation, gegründet und geleitet von dem amerikanischen Biotechnologieunternehmer Craig Venter. Nach eigenen Behauptungen hatten ihre Experimente «die erste synthetische selbstreplizierende Bakterienzelle» hervorgebracht.

Tatsächlich war dieser Organismus alles andere als vollständig im Labor hergestellt. Er bestand aus Zellen der Mikrobe *Mycoplasma mycoides* (ein bakterieller Parasit), in dem das gesamte Genom künstlich synthetisiert worden war. Das JCVI-Team unter der Leitung der Biologen Hamilton Smith, Clyde Hutchison, John Glass und Dan Gibson stützte sich bei diesem synthetischen Genom auf das des natürlichen Bakteriums: ein kreisförmiger DNA-Strang aus 1,2 Millionen DNA-Basenpaaren (bp), den grundlegenden molekularen DNA-Bausteinen. Sie entwarfen eine abgespeckte Version, die nur 1,08 Millionen bp lang war und aus der einige als nicht überlebenswichtig eingestufte Gene entfernt waren. Dem JCVI-Team zufolge sollte ein einfacheres Genom leichter zu verstehen, anzupassen und umzulenken sein, um dem Bakterium neue Fähigkeiten zu verleihen, «was uns in die Lage versetzt, Zellen und Organismen Arbeiten verrichten zu lassen wie das Säubern von Wasser oder die Produktion neuer Biotreibstoffe, die natürliche Arten derzeit nicht verrichten können.»

Der «synthetische Organismus» wurde *Mycoplasma mycoides JCVI-syn 1.0* getauft und war der Höhepunkt von 15 Jahren Forschung, in denen das Team die Techniken entwickelte, die für die Herstellung sehr langer Stränge künstlicher DNA und ihre Übertragung zwischen Organismen benötigt wurden. Die Forschenden bauten das synthetische Genom in 1.078 Segmenten von je 1.080 bp Länge, von einem an die JCVIs angeschlossenen DNA-Syntheseunternehmen namens Blue Heron Technology chemisch synthetisiert. Die Segmente wurden in Hefezellen zusammengesetzt, die natürliche Enzyme enthalten, die DNA-Moleküle sicher miteinander verbinden. Anschließend wurde das fertige Genom in das Bakterium *M. capricolum* übertragen, dessen ursprüngliches Genom dann entweder durch DNA schneidende Enzyme zerstört oder einfach bei der Zellteilung ausgestoßen wurde. Die «synthetischen Zellen» schienen mit diesem neuen, gestrafften Genom wunderbar zu funktionieren.

Das Forschungsteam fügte vollkommen künstliche DNA-Segmente in das Genom von *M. mycoides JCVI-syn 1.0* ein, die als eine Art Wasserzeichen ihres künstlichen Ursprungs dienten. Mithilfe eines speziellen Codes, der das Alphabet in DNA-Basen übersetzt, schrieben sie die Namen aller 46 am Projekt Beteiligten, eine Website-Adresse und ein Zitat des amerikanischen Physikers Richard Feynman in das Genom: «Was ich nicht erschaffen kann, verstehe ich nicht.»

CRAIG VENTER | GEB. 1946

Craig Venter war ein schlechter Schüler, der lieber surfen ging als zum Unterricht. Erst nach seinem Dienst in einem Feldlazarett während des Vietnamkriegs begann er, sich ernsthaft um seine Ausbildung zu kümmern, und machte 1972 an der University of California in San Diego (UCSD) seinen Abschluss in Biochemie. 1984 trat er eine Stelle in den US National Institutes of Health an, wo er Techniken zur Identifizierung von Genen erlernte. 1998 gründete er das Gensequenzierungsunternehmen Celera Genomics, das sich mit dem öffentlich geförderten Human Genome Project einen Wettlauf in der Sequenzierung des gesamten menschlichen Genoms lieferte. Venter glaubt fest an die Möglichkeit, die Gentechnik für die Lösung von Problemen wie die Herstellung von Biotreibstoffen und Arzneimitteln einzusetzen, und gründete daher das J. Craig Venter Institute mit Zweigstellen in Maryland und Kalifornien, um Pionierarbeit auf dem Gebiet der synthetischen Biologie zu leisten. 2022 verkaufte Venter die Einrichtung in Kalifornien an die UCSD. Er war auch Mitbegründer der Human Longevity Inc., einem Unternehmen, das nach Möglichkeiten sucht, die menschliche Lebensspanne zu verlängern.

Siehe auch: Experiment 49: Der Beweis für DNA als Genmaterial, 1951–1952 (Seite 197); Experiment 53: Das Klonschaf Dolly, 1996 (Seite 211).

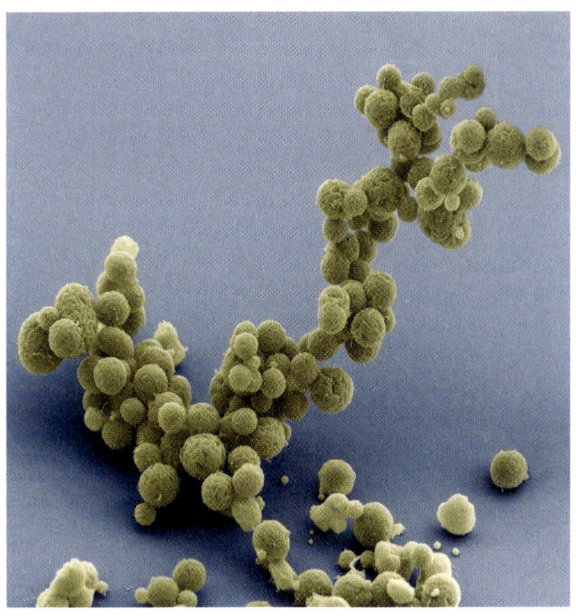

Mikrografie eines Rasterelektronenmikroskops von *Mycoplasma mycoides JCVI-syn 3.0*, einem synthetischen Bakterium.

Da die Arbeit natürliche Zellen mit ihrer gesamten molekularen Maschinerie als Wirt für das künstliche Genom erforderte, kann man darüber streiten, ob *M. mycoides JCVI-syn 1.0* sich wirklich als «synthetischer Organismus» bezeichnen lässt. Dessen ungeachtet erschienen die Konsequenzen des Experiments so tiefgreifend, dass die Forschenden ihre früheren Pläne, ein «Minimalgenom» herzustellen, einem unabhängigen Ethikrat vorgelegt hatten, der entschied, dass sie die Arbeit fortsetzen durften. Um sicherzustellen, dass synthetische Organismen wie dieser keine verheerenden Schäden an mikrobiologischen Ökosystemen anrichten, falls sie aus dem Labor entkommen, könnte das Team sie nach eigener Aussage so entwerfen, dass sie von einem Nährstoff abhängig sind, der in freier Wildbahn nicht zur Verfügung steht, oder sogar «Suizidgene» einbauen, die außerhalb der kontrollierten Laborumgebung aktiviert werden.

2
3
4
7
8
9
30
291

KAPITEL SECHS

Wie verhalten sich Lebewesen?

55

Demonstration von Elektrizität aus elektrischen Fischen (1772–1776)

Können manche Tiere wirklich elektrische Entladungen erzeugen?

Als der deutsche Entdecker und Naturforscher Alexander von Humboldt 1800 durch Venezuela reiste, entdeckte er begeistert, dass es in den flachen Tümpeln um die Stadt Calabozo von Zitteraalen nur so wimmelte. Diese besonderen südamerikanischen Fische hatte er schon lange untersuchen wollen. Dabei gab es jedoch ein Problem: Ihre elektrischen Schläge konnten angeblich einen Menschen töten. Die Lösung der Einheimischen bestand darin, wilde Pferde in den Teich zu treiben, wo sie furchtbare Schläge erlitten, bis die Fische erschöpft waren und so gut wie keine Elektrizität mehr produzieren konnten. Allerdings bekam von Humboldt beim Studieren und Sezieren der Aale selbst dann noch unangenehme elektrische Schläge ab.

Der südamerikanische Zitteraal hatte europäische Naturforschende fasziniert, seit er Mitte des 18. Jahrhunderts zur kurzen Liste elektrischer Fische hinzukam, die seit der Antike bekannt waren. Dazu gehörten auch der Zitterwels, der seit dem 3. Jahrtausend v. Chr. in ägyptischen Flachreliefs auftauchte, und der Zitterrochen, der im Mittelmeer und an den Küstenregionen Südeuropas vorkommt. Die elektrischen Schläge dieser Tiere werden bereits von Platon und Aristoteles erwähnt. Aristoteles' Nachfolger Theophrastus berichtet, dass sie einen Menschen selbst ohne direkten Kontakt durch das Wasser hindurch be-

Durch Schläge des Zitteraals niedergeworfenes Pferd. Aus: Emil Du Bois-Reymond: *Untersuchungen über thierische Elektricität*, Berlin: Verlag von G. Reimer, 1849, Bd. 2. ETH-Bibliothek Zürich, Schweiz.

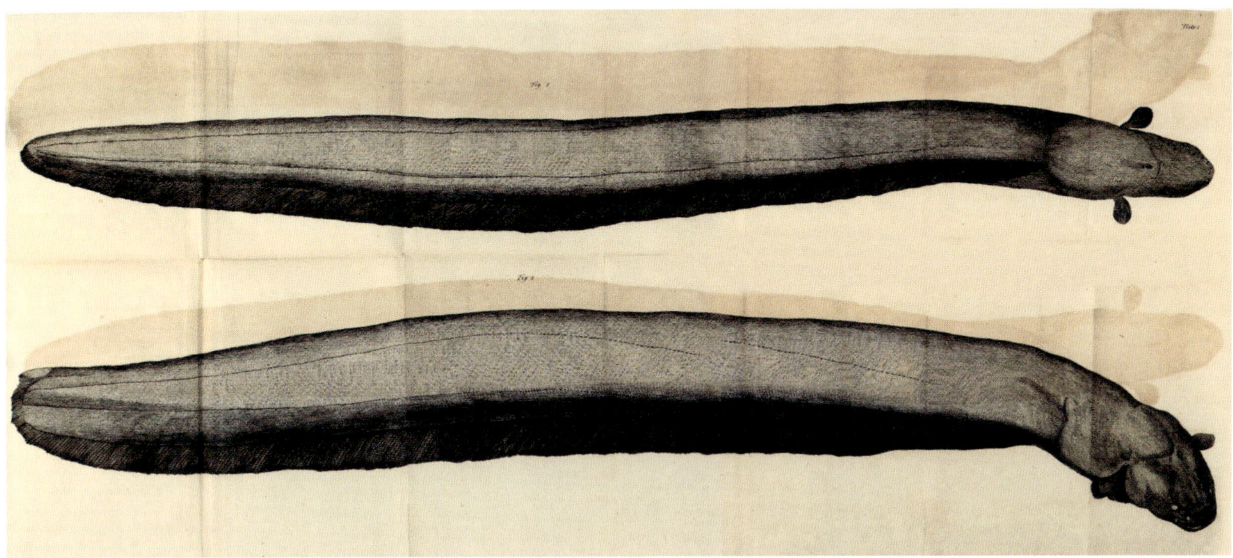

täuben können. Der griechisch-römische Arzt Galen verwendete Zitterrochen für Elektroschock-Kuren; der persische Arzt Avicenna (Ibn Sina) schwor auf ihren Einsatz bei Kopfschmerzen.

Der italienische Arzt Stefano Lorenzini stellte 1678 die These auf, dass Zitterrochen einen Teilchennebel ausstoßen, der in Gewebe eindringt und die Nerven trifft, während der französische Naturforscher René-Antoine Ferchault de Réaumur 1714 theoretisierte, dass der Schlag auf den Aufprall des sich unmerklich schnell ausdehnenden Fischkörpers zurückgeht. Doch diese «mechanischen» Erklärungen wurden Mitte des Jahrhunderts vom französischen Botaniker Michel Adanson in Zweifel gezogen, der anmerkte, der Schlag des afrikanischen Zitterwelses «erschien mir nicht merklich anders als der elektrische Aufruhr im Leidener Experiment, das ich viele Male durchgeführt habe» – also die Entladung einer Leidener Flasche, die kurz zuvor zum Speichern von Elektrizität erfunden worden war. Diese Auffassung unterstützten auch die Beobachtungen des amerikanischen Arztes Edward Bancroft über einen amerikanischen Zitteraal 1769: Er vermittle «einen Schock [...], der gänzlich dem durch Elektrizität ähnelt». Wie Elektrizität wurde der Schlag durch Metall oder Wasser geleitet – tatsächlich hatten Fischer schon vor langer Zeit bezeugt, dass sie die Schläge des Zitterrochens über nasse Netze oder Angelschnüre spüren konnten. Er war auch in einer ganzen Kette von Menschen zu fühlen, die sich bei den Händen hielten – der Schlag lief die Reihe entlang von einem zum nächsten.

Illustration von Zitteraalen von James Roberts. Aus: John Hunter: «An Account of the Gymnotus Electricus», *Philosophical Transactions*, London: Royal Society, 1775, Bd. 65, Tafel 1. Natural History Museum Library, London.

Manchen erschien es unglaubwürdig, dass Lebewesen eine Quelle von Elektrizität sein können. Wie sollten sie sie aufbauen und halten, während sie doch von einer leitenden Flüssigkeit umgeben waren und aus feuchtem Gewebe bestanden? Und wie sollten elektrische Fische wie eine Leidener Flasche einen richtigen Funken abgeben können? Andere fragten sich, ob es zwei unterschiedliche Arten von Elektrizität geben könnte oder ob vielleicht – wie der englische Wissenschaftler Henry Cavendish vorschlug – das «elektrische Fluidum» in den Fischen weniger dicht war als das in den Flaschen. Cavendish zeigte, dass der Schlag durch einen Fisch eher dem vieler verbundener, schwach geladener Leidener Flaschen ähnelte als dem einer einzelnen, stark geladenen Flasche, die einen Funken erzeugen konnte.

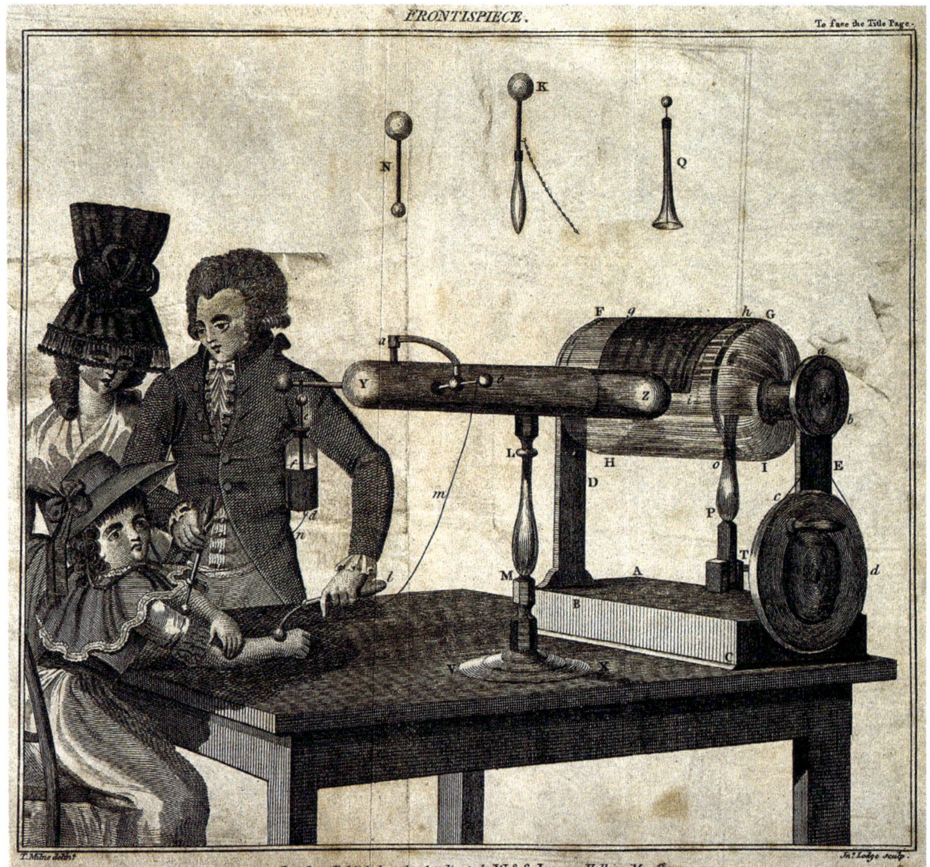

Dieser Stich von J. Lodge nach T. Milne zeigt George Adams, der einer Frau und ihrer Tochter eine Elektrotherapiemaschine mit einer Leidener Flasche zum Speichern von Elektrizität vorführt. Aus: George Adams: *An Essay on Electricity*, London: W & S Jones, 1799. Wellcome Collection, London.

Der englische Naturforscher John Walsh, ein Fellow der Royal Society in London, machte es sich zur Aufgabe, die Frage zu klären. Nach einem Briefwechsel mit dem amerikanischen Wissenschaftler Benjamin Franklin, dem vielleicht größten Experten für Elektrizität zu jener Zeit, reiste Walsh 1772 nach La Rochelle an der französischen Küste, um den Zitterrochen zu studieren. Dort bekam er seinen ersten Schlag von einem der Rochen und wies nach, dass er tatsächlich durch Metall und von Mensch zu Mensch weitergegeben werden konnte, dass Siegelwachs ihn jedoch blockierte. Walsh erwähnte ein «elektrisches Organ» im Fisch, das die Entladung erzeugte. Der britische Anatom John Hunter sezierte den Zitterrochen und zeigte, dass das Organ zahlreiche übereinandergestapelte Membranen enthielt – offenbar eine Inspiration für die gestapelten Metallplatten in der «Volta'schen Säule» des Alessandro Volta, der mit Walsh korrespondierte.

Walshs Forschungen, die er 1773 veröffentlichte, brachten ihm im folgenden Jahr die angesehene Copley-Medaille der Royal Society ein. Doch er war noch immer auf der Suche nach dem schwer zu fassenden Funken aus einem Fisch: dem entscheidenden Beweis, dass Elektrizität die Ursache war.

Schließlich gelang ihm das mit einem aus Guayana importierten Zitteraal, an dem er in seinem Londoner Haus experimentierte. Diese Aale erzeugen etwa zehnmal so viel Spannung wie ein Zitterrochen, und 1776 gelang es Walsh endlich, dem Tier einen Funken zu entlocken, der über einen schmalen Spalt in einem Blechstreifen am Glas mit dem Fisch sprang. Das

Der Zitteraal *Electrophorus electricus* (ehem. *Gymnotus electricus*), Smithsonian's National Zoo & Conservation Biology Institute, Washington, DC.

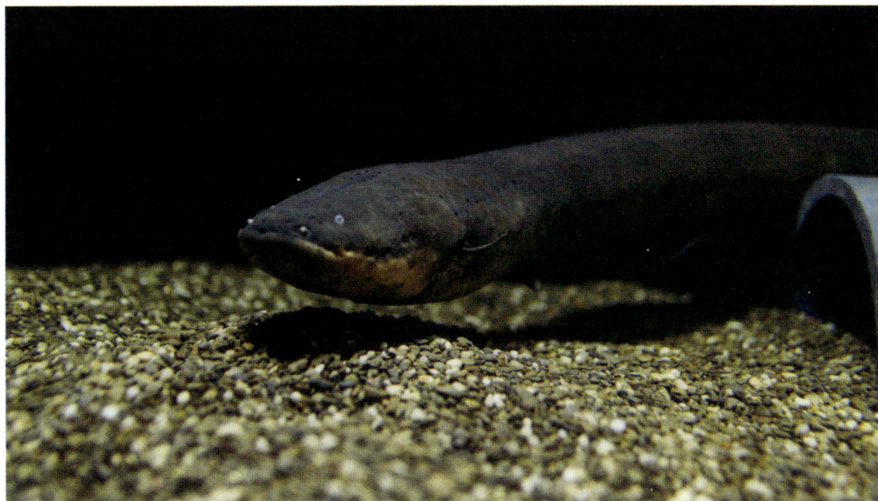

Experiment wurde im Dunkeln durchgeführt, damit der winzige Funken besser zu sehen war. Walsh lud Freunde und Kollegen in sein Haus ein, um das Ergebnis zu bezeugen, und fand heraus, dass der Funken einen elektrischen Schlag verursachte, der durch eine Kette von 27 Menschen zu spüren war.

Das Ergebnis war unwiderlegbar und überzeugte sogar einige, die sich zuvor skeptisch über die «tierische Elektrizität» geäußert hatten. Walsh beschrieb das Experiment in einem Brief an den französischen Naturforscher Jean-Baptiste Le Roy, der ihn übersetzte und in einer französischen Fachzeitschrift veröffentlichte.

Näher kam Walsh nie an eine tatsächliche Veröffentlichung seiner Untersuchungen heran. Zu jener Zeit galt die Aussage sachverständiger Augenzeugen teilweise noch immer als ausreichender Beweis. Vielleicht lag es daran, dass die Ergebnisse zwar damals allgemein bekannt waren, dann jedoch schnell in Vergessenheit gerieten. Als Michael Faraday 1839 einige von Walshs Experimenten an elektrischen Fischen wiederholte, äußerte er Zweifel daran, ob Walsh sie überhaupt durchgeführt hatte. Gleichwohl motivierte Walshs Demonstration, dass Tiere autonom Elektrizität erzeugen können, Luigi Galvani zu seinen Studien zur elektrischen Stimulation von Nerven (siehe Seite 172), mit denen der Bereich der Elektrophysiologie seinen Anfang nahm.

JOHN WALSH
1726–1795

John Walsh wurde im kolonialen Indien geboren und gelangte dort als Angestellter der Ostindien-Kompanie von 1742 bis 1757 und Privatsekretär von Lord Clive zu beträchtlichem Wohlstand. Das versetzte ihn in die Lage, als Privatier seiner Leidenschaft für die Naturkunde nachzugehen. Nachdem er von Clive nach England entsandt wurde, um bei der Koordination der Pläne zur Neuordnung der Regierung in Bengalen zu helfen, war er von 1761 bis 1780 Mitglied des Parlaments und wurde 1770 zum Fellow der Royal Society ernannt.

Siehe auch: Experiment 16: Die Entdeckung der Alkalimetalle durch die Elektrolyse, 1807 (Seite 72); Experiment 42: Tierische Elektrizität, 1780–1790 (Seite 172).

Was der Regenwurm weiß (1870–1880er-Jahre)

Können wir Intelligenz selbst in «niederen Tieren» feststellen?

Allein die Tatsache, dass Charles Darwins 1881 veröffentlichtes letztes Buch den Titel *Die Bildung der Ackererde durch die Thätigkeit der Würmer* trug, spricht Bände über den Charakter dieses Mannes. Nachdem er mit seiner *Entstehung der Arten* (1859) die Biologie in ihrer Gesamtheit revolutioniert und in *Die Abstammung des Menschen* (1871) dargelegt hatte, wie seine Vorstellungen von der Evolution das Verständnis unserer eigenen Position in der Welt verändern, hätte man annehmen können, Darwin gebe sich in seinem späteren Leben mit der Rolle des großen spekulativen Philosophen zufrieden. Stattdessen blieb er seiner Leidenschaft für die Details der lebendigen Welt treu und beschäftigte sich auch mit vermeintlich einfacheren Themen, zum Beispiel damit, wie Erde durch Würmer entsteht. Vielleicht lag etwas in der bescheidenen, aber unendlich wichtigen Arbeit dieser Lebewesen, mit dem sich Darwin identifizierte. «Man kann wohl bezweifeln», schrieb er, «ob es noch viele andere Thiere gibt, welche eine so bedeutungsvolle Rolle in der Geschichte der Erde gespielt haben wie diese niedrig organisirten Geschöpfe.»

Druck nach einer Daguerreotypie von Charles Darwin mit seinem Sohn William Erasmus, der ihm später bei seinen Experimenten mit Regenwürmern assistierte, 1842. Cambridge University Library.

Trotz – oder wegen? – des scheinbar prosaischen Themas verströmt Darwins Buch über Erde und Würmer einen ungeheuren Charme. Es ist keine umfassende Synthese in der Art der *Entstehung der Arten,* sondern basiert vielmehr auf sorgfältigen Beobachtungen und Experimenten, von denen er viele in seinem eigenen Garten mithilfe seiner Familienmitglieder durchführte. Er und seine Kinder brachen jeden Morgen früh aus ihrem Landhaus in Down (Kent) auf, um die Arbeit der Regenwürmer in der kühlen, feuchten Erde zu beobachten. Die Tierchen fraßen sich durch Blätter und anderes Pflanzenmaterial und verwandelten es in ihren Gedärmen in reichhaltigen, fruchtbaren Humus. Ihre einzelne Arbeitsleistung mochte trivial erscheinen, doch Darwin errechnete, dass die Würmer im Laufe eines Jahres in jedem Hektar Land bis zu acht Tonnen Erde bewegen und dass ihre Tätigkeit über die Zeit ganze alte Gebäude und Monumente begraben konnte. Er war offenbar beeindruckt, was langsame, fast unsichtbare, aber stetige Arbeit mit etwas Zeit erreichen kann.

Die Bildung der Ackererde steckt voller Beschreibungen von Experimenten an Würmern und ihren Gewohnheiten, teilweise von köstlicher Verschrobenheit – als etwa Darwin die Tiere in Töpfen mit Erde auf sein Klavier stellte und ihre Reaktionen auf den Klang verschiedener Noten beobachtete oder als er untersuchte, wie sie auf seinen Atem reagierten, wenn er Tabak kaute oder sich Essig in den Mund tropfte. Doch es sind Darwins Studien des Röhrenbaus in freier Wildbahn, die am stärksten von seiner grenzenlosen Neugier und seinem einfallsreichen Experimentierstil zeugen. Darwin fragte sich, welche

Regenwurmstein mit zentralem Messpflock, von Darwin bei seinen Gartenexperimenten in Down House, Kent, benutzt. Wellcome Collection, London.

Prinzipien steuerten, wie Würmer die Öffnungen ihrer Röhren mit Blättern verschließen – eine Handlung, die sie mit solchem Elan ausführten, schreibt er, dass das Rascheln in stillen Nächten teilweise zu hören ist. Ob sie es zum Schutz gegen Räuber oder Regenwasser oder kalte Luft tun oder die Blätter als Nahrung unter die Erde ziehen, konnte er nicht genau sagen, wie er zugibt; vielleicht ein wenig von allem.

Was Darwin am meisten an diesem Verhalten faszinierte, war die Tatsache, dass es ein Beweis für die Intelligenz des Wurms war. «Wenn Jemand eine kleine cylindrische Röhre mit solchen Gegenständen wie Blätter, Blattstiele oder Zweige zu verstopfen hätte», schrieb er, «so würde er dieselben mit ihren zugespitzten Enden hineinstecken oder hineinziehen; wären aber diese Gegenstände sehr dünn im Verhältnis zu der Grösze der Höhle, so würde er wahrscheinlich einige mit ihrem dickeren oder breiteren Ende voran hineinbringen.» Passen Würmer auf ähnliche Weise ihre Strategie an den betreffenden Gegenstand an oder handeln sie einfach zufällig? Darwin berichtete, dass 80 Prozent der Blätter, die er aus Wurmröhren entfernte, mit der Spitze zuerst hineingezogen worden waren – weit entfernt von einer zufälligen Verteilung. Im nächsten Schritt untersuchte er die Unterschiede zwischen den verschiedenen Arten und Formen der Blätter. Nach nächtlichen Beobachtungen bei schwachem Licht mit seinem Sohn Francis bestätigte Darwin: «Sowohl meinem Sohne als mir selbst kam es so vor, als ob die Würmer es augenblicklich wahrnähmen, wenn sie das Blatt in der richtigen [also der effizientesten] Art und Weise ergriffen hatten.»

CHARLES DARWIN | 1809–1882

Viele berühmte Wissenschaftlerinnen und Wissenschaftler werden für ihre Arbeit bewundert, aber nur sehr wenige genießen die Verehrung, die Charles Darwin zuteilwird. Zweifellos trägt auch sein abenteuerreiches Leben dazu bei: die prägende Reise um die Welt an Bord der HMS *Beagle* von 1831–1836, eine persönliche Tragödie (der Tod seiner Tochter Annie) und eine Glaubenskrise, als seine wissenschaftliche Theorie der Evolution durch natürliche Selektion Fragen über die Natur des Menschen und das Bedürfnis nach einem Gott aufwarf. Seine Anziehungskraft wird sicherlich auch durch seine Bescheidenheit verstärkt – gewissenhaft wies er stets darauf hin, dass seine Theorie der natürlichen Selektion nahezu identisch mit der von Alfred Russel Wallace war, auch wenn erst Wallaces Manuskript Darwin 1856 dazu anregte, seine eigenen Konzepte endlich zu Papier zu bringen. Und es liegt eine herrliche Antiklimax in der Tatsache, dass Darwin das wahrscheinlich wichtigste Konzept in der gesamten Biologie nicht nur aufgrund persönlicher Zweifel und fehlenden Selbstvertrauens mit Verzögerung veröffentlichte, sondern auch wegen einer Verpflichtung, mehrere Monografien über Seepocken zu schreiben. Im Herzen blieb er wohl immer Botaniker und schrieb Bücher über Orchideen, Kletterpflanzen oder Pflanzendüngung. Diese Studien bedeuteten ihrem Autor mindestens genauso viel wie die Theorie darüber, wie alles Leben auf der Erde zu dem wurde, was es ist.

Siehe auch: Experiment 57: Verhaltenskonditionierung als Fenster zum Geist, 1903–1936 (Seite 226); Experiment 59: Entschlüsselung des Schwänzeltanzes der Bienen, 1919–1940er-Jahre (Seite 230).

Unzufrieden mit diesen Studien mit natürlichen Blättern, führte Darwin eine systematischere Untersuchung der Auswirkungen der Blattform auf das Verhalten der Würmer durch, indem er Papierdreiecke mit unterschiedlichen Seitenverhältnissen ausschnitt, «welche auf beiden Seiten mit rohem Fett eingerieben wurden», um sie vor Feuchtigkeit zu schützen. «[Wir] können [...] schlieszen, dasz die Würmer durch irgend welche Mittel zu beurtheilen im Stande sind, welches das beste Ende ist, mit welchem Papierdreiecke in ihre Höhlen gezogen werden können.»

Für Darwin legte das nahe, dass der einfache Regenwurm kein reiner Automat ist, der ausschließlich durch Instinkte geleitet wird. «[Wir] können [...] die Folgerung kaum vermeiden, dasz Würmer in der Art und Weise ihre Röhren zuzustopfen einen gewissen Grad von Intelligenz entfalten», schrieb er. «Es wäre aber überraschend, wenn ein auf der Stufenleiter so tiefstehendes Thier, wie ein Wurm, die Fähigkeit haben sollte, so zu handeln.»

Tatsächlich kann man Darwins Argumentation als anekdotisch kritisieren. Er stellt die Intelligenz des Wurms der Dummheit der Biene gegenüber, die stundenlang versucht, durch die falsche Hälfte eines

Schematische Darstellung des Verdauungstrakts eines Regenwurms *(Lumbricus)*. Zeichnung nach Ray Lankester mit Anmerkungen von Charles Darwin, *Quarterly Journal of Microscopial Science*, Bd. XV., N.S. Tafel VII. Cambridge University Library.

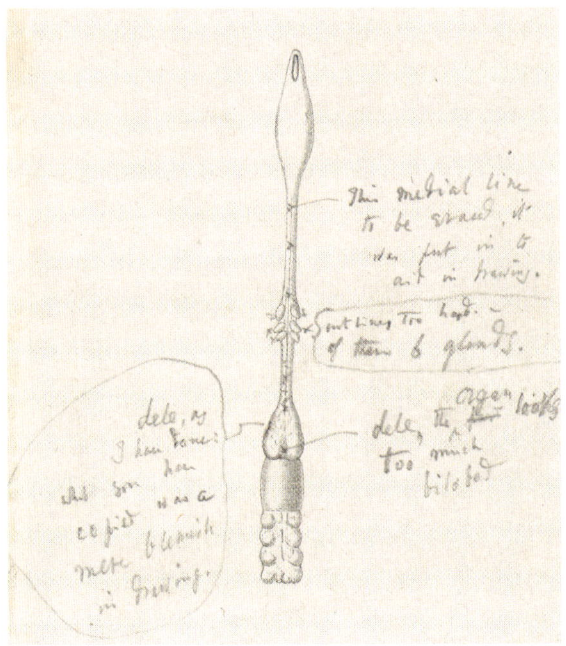

Linley Sambournes Darwin-Karikatur «Man Is But A Worm» erschien am 6. Dezember 1881 in der Zeitschrift *Punch* – im selben Jahr, in dem Darwin sein letztes Buch *Die Bildung der Ackererde durch die Thätigkeit der Würmer* veröffentlichte. *Punch Almanack*, London: At the Office, Fleet Street, 1882. Bibliothek der Universität Heidelberg, Deutschland.

halb geöffneten Fensters zu entkommen (heute gibt es überdies reichlich Belege dafür, dass Bienen lernen und kommunizieren. Seine grundlegende Methodik für die Untersuchung von Verhalten ist jedoch solide: eine experimentelle Umgebung erschaffen, in der sich die Wahl einer nutzbringenden und anscheinend rationalen Handlung von zufälligen Handlungen unterscheiden lässt, und belastbare Statistiken über die Ergebnisse sammeln. Am lobenswertesten in einer Zeit, in der der menschliche Exzeptionalismus noch die Norm war, ist vielleicht die Tatsache, dass Darwin den potenziellen kognitiven Fähigkeiten «niederer» Tiere erfrischend offen gegenüberstand – eine Haltung, die sich heute in der «biopsychischen» Überzeugung einiger Biologinnen und Biologen widerspiegelt, dass alle Lebewesen eine Art von Gefühl oder Empfindungsvermögen besitzen.

Darwins Buch war ein unerwarteter Bestseller und verkaufte sich zu seiner Zeit besser als die *Entstehung der Arten*. Vielleicht sagt uns das etwas über die Briten, deren Begeisterung für allumfassende Naturtheorien von ihrer Leidenschaft für das Gärtnern klar in den Schatten gestellt wird.

Verhaltenskonditionierung als Fenster zum Geist (1903–1936)

Wie sieht die innere Welt von Tieren aus?

Laut Aristoteles stehen Menschen über den Tieren, weil sie eine «rationale Seele» haben, die ihnen Vernunft verleiht. Tiere dagegen haben nur eine «sensitive Seele», sodass sie nur automatenartig Reize wahrnehmen und auf diese reagieren können. René Descartes betrachtete im 17. Jahrhundert Tiere genauso mechanistisch wie das physische Universum: als komplexe Maschinen, die sich am besten als Systeme aus Pumpen, Hebeln und Hydraulik begreifen ließen. Solange eine derart reduzierende Sichtweise auf die Empfindungsfähigkeit von Tieren vorherrschte, überrascht es kaum, dass einige Naturforschende sich berechtigt fühlten, teilweise groteske Vivisektionsexperimente an lebenden Tieren durchzuführen.

Dieser recht brutale Ansatz der Tierforschung blieb bis zum Ende des 19. Jahrhunderts bestehen. Ein anschauliches Beispiel dafür sind die Experimente des russischen Physiologen Iwan Pawlow, Leiter der Abteilung Physiologie am kaiserlichen Institut für experimentelle Medizin in St. Petersburg. Für Pawlow war ein Organismus eine Art biologische Maschine, gesteuert von Regeln, die die Bewegungen ihrer Bestandteile bestimmten, und das Ziel des Physiologen war es, diese Regeln zu beleuchten. Er konzentrierte sich in seinen Arbeiten auf die Verdauung, und sein bevorzugtes Versuchstier war der Hund.

Es ist nicht einfach, diese distanzierte Haltung mit Pawlows offensichtlicher Hundeliebe in Einklang zu bringen. Er hatte seine Lieblinge unter den im Labor gezüchteten Hunden und zweifelte nie daran, dass Hunde Lebewesen mit einem Bewusstsein, Gefühlen und Emotionen waren. Und dennoch wies er sein Team an, an den lebenden Tieren Operationen durchzuführen, als wolle er sie in Instrumente verwandeln, mit denen er einzelne Aspekte von Verdauungsprozessen messen und quantifizieren konnte. Pawlow beharrte darauf, dass solche Experimente den objektiven wissenschaftlichen Geist verkörpern und «sich nur mit äußeren Phänomenen und ihren Beziehungen beschäftigen» sollten – mit dem, was man sehen und messen konnte, statt Rückschlüsse auf das innere «seelische» Leben des Geschöpfes selbst zu ziehen.

Trotz allem brachten Pawlows umfangreiche Untersuchungen des Verdauungsprozesses im späten 19. Jahrhundert ihn schließlich zu der Erkenntnis, dass die Psyche sich aus einem Verständnis des Verhaltens nicht ausklammern lässt. In seinen Studien zum Speichelfluss beim Hund beobachtete Pawlow, dass diese Reaktion sich durch den Geruch oder allein

IWAN PAWLOW | 1849–1936

Iwan Petrowitsch Pawlow lernte erst für das Priesteramt, bevor er sich 1870 an der Universität von St. Petersburg einschrieb, um Naturwissenschaften zu studieren. Dort nahm ihn der große russische Physiologe Ilya Faddeyewitsch Tsion unter seine Fittiche. Nach verschiedenen Stationen in seiner frühen Karriere ließ sich Pawlow 1891 am neu gegründeten Institut für experimentelle Medizin nieder, wo er einen Ruf für besonders gründliche Versuchsarbeit erwarb. Wie Einstein gehört er zu den Wissenschaftlern, die den Nobelpreis für andere Arbeiten als die bekamen, für die sie am ehesten bekannt sind; Pawlow bekam ihn 1904 für seine Forschungen zur Verdauung, als er seine Studien der bedingten Reflexe bei Hunden gerade erst begonnen hatte. In seinen letzten beiden Lebensjahrzehnten war Pawlow ein scharfer Kritiker der Verfolgung Intellektueller unter Stalin.

Siehe auch: Experiment 58: Angeborene und erworbene Verhaltensweisen, 1947–1949 (Seite 228); Experiment 60: Mentale Zeitreisen und das Konzept des anderen Geistes bei Vögeln, 2001 (Seite 232).

Fünf Hunde in Experimenten zur Magensekretion in der Physiologie-Abteilung, Kaiserliches Institut für experimentelle Medizin, St. Petersburg, 1904. Wellcome Collection, London.

die Erwartung von Futter auslösen ließ – genau wie bei Menschen. Das war an sich schon lange bekannt gewesen, doch im Verlauf von drei Jahrzehnten Forschung zu Beginn des 20. Jahrhunderts machte Pawlow diesen «bedingten Reflex» zu einem verlässlichen Laborverfahren, das sich anwenden ließ, um den Geist seiner Hunde zu untersuchen.

Er stellte fest, dass Hunde lernen konnten, einen bedingten Reiz mit Futter zu verknüpfen, wenn auf den Reiz die Fütterung erfolgte. War das geschehen, löste der Reiz selbst – Licht, Geräusche, Kühlen der Haut, sogar leichte elektrische Schläge – den Speichelfluss auch dann aus, wenn kein Futter darauf folgte. Allerdings ließ die Reaktion ohne die Belohnung allmählich nach. Indem er die Reizparameter änderte und die Speichelreaktion untersuchte, konnte Pawlow ableiten, wie gut Hunde zwischen unterschiedlichen Reizen unterscheiden können – aus Experimenten mit Metronomen folgerte er beispielsweise, dass sie zeitliche Verschiebungen von 1/43 Sekunde wahrnehmen. Auf diese Weise nutzte er bedingte Reize, um die subjektiven Erfahrungen der Tiere zu quantifizieren, etwa wie gut sie Veränderungen von Farbe, Temperatur, Entfernung erkennen können. Pawlows Techniken waren so präzise und aufschlussreich, dass er behauptete, wir würden kaum mehr über ihre innere Welt erfahren, wenn die Hunde direkt mit uns sprechen könnten.

Einige verkannten Pawlows Studien als reine Demonstrationen, dass Hunde in Erwartung eines Leckerbissens sabbern; George Bernard Shaw kommentierte überheblich, dass «jeder Polizist Ihnen das über einen Hund sagen kann». Doch Pawlow gab vielmehr erste Hinweise darauf, wie Forschende durch sorgfältige Beobachtungen des Verhaltens Rückschlüsse auf die Kognition ziehen können, die der direkten Beobachtung verborgen bleibt. Sein ultimatives Ziel, betonte er 1903, war es, «den Mechanismus und die lebenswichtige Bedeutung dessen zu erklären, was den Menschen am meisten beschäftigt – unser Bewusstsein und seine Qualen». Neben solchen Innovationen läutete seine Arbeit, durchgeführt von einem großen Assistenzteam in einer Art «Laborfabrik», den Beginn der Großforschung in der Moderne ein.

58

Angeborene und erworbene Verhaltensweisen (1947–1949)

Sind Verhaltensweisen erlernt oder instinktiv?

Die Geschichte der Wissenschaft hat einen Hang zum sorgfältig ausgewählten Narrativ, das Mehrdeutigkeiten und Komplikationen glättet wie die rauen Kanten eines Kieselsteins. Wir haben eine gefährliche Vorliebe für den strahlenden Heureka-Moment einer experimentellen Offenbarung; in Wirklichkeit sind diese Momente jedoch verschwindend selten.

Für nichts trifft dies wohl mehr zu als für eine der klassischen Untersuchungen der Verhaltensforschung, die der niederländische Ethologe Nikolaas Tinbergen 1947 durchführte. Sie gilt als eine der ersten Demonstrationen, dass Tiere nicht jeden Aspekt ihres Verhaltens erlernen, wie man lange glaubte, sondern auch bereits angelegte Instinkte besitzen, die durch Evolution geformt wurden.

Tinbergen untersuchte das Fütterungsverhalten von Silbermöwenküken. Der Elternvogel füttert die Küken, indem er halb verdaute Nahrung hochwürgt und in der Schnabelspitze anbietet, die die Küken ungeschickt bepicken. 1937 erkannte der deutsche Ornithologe Friedrich Goethe, dass die Küken beim Picken auf einen roten Fleck am Unterschnabel zielen, der als eine Art Hinweis auf das Futter fungiert. Goethe zeigte, dass Silbermöwenküken häufiger rote Gegenstände anpicken. War das ein instinktives Verhalten oder konnten sie lernen, auch auf andere Flecken zu picken? Um das herauszufinden, zeigte Tinbergen Küken in freier Wildbahn Vogelköpfe aus Karton, die jeweils einen Fleck anderer Farbe am Schnabel hatten: rot, schwarz, blau, weiß und ein gelber Schnabel ohne Fleck.

Üblicherweise heißt es, er hätte herausgefunden, dass die Küken häufiger den roten Fleck anpickten – ein Verhalten ohne offensichtliche erlernte Grundlage, das daher vermutlich angeboren war. Doch tatsächlich zeigte seine Studie von 1947 (veröffentlicht 1948) zu seiner Überraschung, dass die Küken häufiger gegen den schwarzen Fleck pickten. Tinbergen folgerte, dass für die Küken nicht die Farbe, sondern der Kontrast zwischen Fleck und Schnabel wichtig war.

1949 behauptete er dann jedoch, dass die früheren Studien in die Irre führten, weil sie immer Vergleichspaare aus einem roten und einem andersfarbigen Fleck präsentierten. Im Ergebnis, so sein Argument, bekamen die Küken das Rot viel häufiger zu sehen als andere Farben und gewöhnten sich daran, weswegen sie eine Tendenz entwickelten, es zu ignorieren, sobald sie erkannten, dass es keine Futtergabe garantierte. Nach weiteren Studien, die sich an dieser Idee orientierten, beschloss Tinbergen, dass seine

NIKOLAAS («NIKO») TINBERGEN | 1907–1988

Tinbergen teilte sich 1973 den Nobelpreis für Medizin oder Physiologie mit Karl von Frisch und Konrad Lorenz. Dem Trio wird allgemein zugeschrieben, die moderne Ethologie – das Studium des tierischen Verhaltens – in den wissenschaftlichen Mainstream geholt und anstelle einer anekdotischen Beschäftigung von Amateur-Naturforschern eine präzise experimentelle Wissenschaft daraus gemacht zu haben. Tinbergens 1951 erschienenes Buch *Instinktlehre* fasst einen Großteil seiner Forschungen zu angeborenen Verhaltensweisen zusammen. Er arbeitete mit Vögeln, Bienen und Säugetieren und forschte auch zu den psychiatrischen Störungen beim Menschen und zum Autismus bei Kindern. Nachdem er während des Zweiten Weltkriegs in den Niederlanden im Gefängnis saß, ging er 1949 an die University of Oxford, wo unter anderem Richard Dawkins und Desmond Morris bei ihm studierten.

Siehe auch: Experiment 57: Verhaltenskonditionierung als Fenster zum Geist, 1903–1936 (Seite 226); Experiment 59: Entschlüsselung des Schwänzeltanzes der Bienen, 1919–1940er-Jahre (Seite 230).

früheren Daten «korrigiert» werden mussten, um den Gewöhnungseffekt zu berücksichtigen, woraufhin sie nun doch die erwartete Vorliebe für Rot zeigten. Recht bald jedoch erwähnte er in seinen nachfolgenden Beschreibungen dieser Experimente diese Korrektur nicht mehr, und es klang, als wäre Rot die ganze Zeit die bevorzugte Farbe gewesen. Mit jeder Nacherzählung entfernte sich die Geschichte mehr von den eigentlichen Ergebnissen der Experimente.

Allem Anschien nach ließ Tinbergen sich bei seinen Interpretationen der Daten mehr von seiner Intuition als von objektiven Auswertungen leiten. Dennoch schien er mit dieser Intuition richtiggelegen zu haben. In einer Studie von 2009 wiederholte der Verhaltensbiologe Carel ten Cate von der Universität Leiden in den Niederlanden die Experimente und fand heraus, dass Küken tatsächlich von Natur aus rote Flecken bevorzugen, sich aber schnell daran gewöhnen lassen, sie nicht zu beachten.

Das soll nicht heißen, dass Tinbergen jemanden täuschen wollte oder sein Ansatz unzulänglich war. Vielmehr änderten sich die Standards in der Wissenschaft: Was vor vielen Jahrzehnten gängige Praxis war, genügt heute oft nicht mehr den Anforderungen. Heute besteht kein Zweifel mehr daran, dass ein großer Teil des tierischen Verhaltens von Instinkten statt von Erlerntem geleitet wird. Und Tinbergens einfache und systematische Manipulationen des Verhaltens in natürlicher Umgebung – später untersuchte er die Auswirkungen von Veränderungen an Kopffarbe, Kopfform, Schnabellänge, Ausrichtung usw. des Modells – werden ebenfalls häufig nachgeahmt.

Darüber hinaus sind Forschende heute sensibler dafür, dass sie sich durch ihre Erwartungen und ihren unbewussten Wunsch nach einem bestimmten Ergebnis in die Irre führen lassen könnten, also für das Bestehen einer sogenannten kognitiven Verzerrung. Wie der Physiker Richard Feynman einmal sagte, besteht in der Wissenschaft «das Grundprinzip [darin], sich nicht selbst zu betrügen und dass man selbst am leichtesten zu betrügen ist.» In Experimenten werden häufig zusätzliche Schritte eingebaut, um diesen Selbstbetrug zu verhindern, zum Beispiel durch doppelblinde Tests (bei denen bis nach der Datensammlung und -analyse niemand weiß, welche die Testgruppe und welche die Kontrollgruppe ist) und

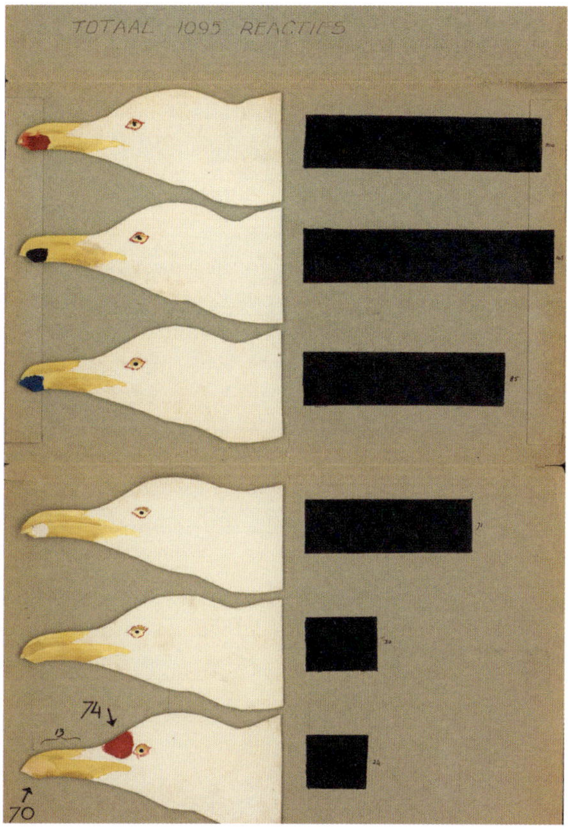

Niko Tinbergens schematische Darstellung der Pickreaktionen von Küken auf Silbermöwenschnäbel mit unterschiedlich gefärbten Schnabelflecken. Rijksmuseum Boerhaave, Niederlande.

durch das vorherige Registrieren ihrer Hypothese und Methoden, damit sie die Fragestellung nicht so abändern, dass die Daten sie beantworten. Dennoch sind Studien zu Verhalten und Psychologie – vor allem an Menschen – berüchtigt für ihre Tendenz, nicht reproduzierbar zu sein, und das in einem Ausmaß, das diesen Arbeitsbereichen in den letzten Jahren Sorgen bereitete. Aber das ist vielleicht auch nicht überraschend. Wenn es um Verhalten geht, ist es schwierig, ein Experiment auf die klassische wissenschaftliche Weise zu entwickeln und durchzuführen, indem man alle Variablen bis auf eine unverändert lässt. Wir und andere Tiere scheinen manchmal äußerst stark auf Kontext und kleine Unterschiede zu reagieren.

59

Entschlüsselung des Schwänzeltanzes der Bienen (1919–1940er-Jahre)

Wie übermitteln Bienen auf Nahrungssuche Informationen?

Je mehr wir über die Kognition von Tieren begreifen, desto weniger besonders erscheint der menschliche Geist. Inzwischen ist allgemein anerkannt, dass wenigstens einige andere Arten ein gewisses Maß an Bewusstsein, Emotionen und Stimmungen besitzen, komplexe soziale Interaktionen tätigen und einen Sinn für Vergangenheit und Zukunft haben. Zumindest in einer Hinsicht scheinen wir Menschen aber noch immer einzigartig zu sein: Wir sind die einzige bekannte Art mit einer echten Sprache, im Unterschied zu einem einfachen Repertoire an Rufen und Gesängen, die Gefahr, Paarungsbereitschaft und Ähnliches anzeigen. Die menschliche Sprache hat eine Syntax, die Wortreihenfolge mit Bedeutung verknüpft, und lässt sich in der abstrakten symbolischen Form der Schrift ausdrücken. Doch symbolische Kommunikation selbst ist nicht ausschließlich die Domäne der Menschen, wie man früher glaubte. Es gibt noch mindestens ein weiteres Tier, das durch den willkürlichen Gebrauch von Symbolen kommuniziert, die für Informationen stehen: die Honigbiene.

Wenn eine Biene auf Nahrungssuche eine Futterquelle findet, kehrt sie in den Bienenstock zurück und teilt den anderen Bienen mit, wo sie sich befindet, damit auch andere Stockbewohnerinnen sie zum Wohle der Kolonie aufsuchen können. Diese Information wird ausschließlich durch die Bewegungen der Biene übermittelt. Futterquellen in der Nähe (innerhalb von rund 100 Metern) werden mit einem «Rundtanz» angezeigt, bei dem die Biene in engen Kreisen mit dem und gegen den Uhrzeigersinn über die Waben läuft. Bei weiter entfernten Quellen ist die Kommunikation komplexer und läuft über den sogenannten Schwänzeltanz. Dabei läuft die Biene zunächst in gerader Linie und bewegt dabei ihren Hinterleib hin und her. Dann läuft sie in einem Halbkreis wieder zum Ausgangspunkt und wiederholt die Bewegung erst nach links und dann nach rechts wie bei einer Acht. «Der Schwänzeltanz sieht drollig aus», bescheinigte der deutsch-österreichische Ethologe Karl von Frisch. «Er ist aber eigentlich nicht drollig, er ist fabelhaft interessant. Er gehört zu den wunderbarsten Vorgängen im Reich der Insekten.»

Von Frisch begann, Bienen zu studieren, nachdem er 1912 an der Universität München zum Professor der Biologie berufen wurde. Mit seinen ersten Forschungen wollte er belegen, dass Bienen im Gegensatz zur damaligen Überzeugung Farben sehen können. Ab 1919 begann er zu untersuchen, wie Bienen auf Nahrungssuche gehen, und machte dabei die entscheidende Entdeckung, dass sie sich darauf trainieren lassen, Nahrung an künstlichen Futterstationen zu orten, sodass man steuern kann, wohin sie fliegen. Er bemerkte, dass die Bienen ihren Tanz je nach Richtung und Entfernung der Futterstationen abänderten, und folgerte, dass die Bewegungen bestimmte Informationen übermittelten. Von Frisch entwickelte ein System, mit dem er Bienen durch farbige Lackpunkte markierte, um Einzeltiere in einem Schwarm im Auge zu behalten, und er setzte die neuesten Technologien

Hunderte Bienen mit winzigen Farbpunkten, um ihre individuellen Bewegungen identifizieren und beobachten zu können. Aus: Karl von Frisch: Über die «Sprache» der Bienen, Jena: G. Fischer, 1923.

ein, vor allem Fotografie und Film, um seine Daten zusammenzutragen. Seine Studien zur Nahrungssuche wuchsen zu einer riesigen Menge an Experimenten an, die er im Laufe von drei Jahrzehnten durchführte.

Aus seinen Beobachtungen leitete von Frisch ab, dass der Schwänzeltanz in symbolischer Form zwei Informationen kodiert, um andere Bienen zur Nahrungsquelle zu leiten. Die Richtung der in der Mitte gelaufenen Linie zeigt die Richtung zum Stock – erstaunlicherweise jedoch nicht wie ein einfacher Pfeil, sondern in kodierter Form. Der Winkel der Linie im Verhältnis zur senkrechten Ausrichtung der Wabe zeigt an, in welchem Winkel die Bienen in Relation zur Linie vom Stock zur Sonne fliegen müssen – genau genommen zum Azimut, in Richtung des Horizonts direkt unter der Sonne. Von Frisch platzierte Futterstationen in fächerförmig angeordneten Reihen um den Bienenstock, um abzuleiten, wie präzise diese Anweisung (und ihre Ausführung) war.

Die Dauer des Tanzes wiederum zeigt die Entfernung zur Futterquelle, wobei grob gesagt jede Tanzsekunde einem Flugkilometer entspricht. Von Frisch entdeckte auch lokale Variationen in diesem Code bei unterschiedlichen Bienenarten, ähnlich Dialekten, und dass sie in ihren Anweisungen Flugzeitänderungen aufgrund von Wind einbeziehen können.

Die Informationen im Tanz sind nicht genau genug, um die Futterquelle präzise zu bestimmen, aber die Bienen finden sie über den Geruchssinn, wenn sie erst in der Nähe sind. Einige Forschende, vor allem der amerikanische Biologe Adrian Wenner, bezweifelten von Frischs Schlussfolgerungen und argumentierten, dass die Bienen allein nach dem Geruchssinn navigieren – und tatsächlich stellte Wenner in den 1960er-Jahren fest, dass der Schwänzeltanz bei Nahrung ohne Geruch nicht funktionierte. (Die Sammlerinnen tragen den Duft der Nahrungsquelle an wachsartigen Haaren an ihren Beinen mit in den Stock.) Noch heute wird über die relative Bedeutung der beiden Informationsquellen diskutiert, obwohl Radarmessungen von Bienen-Flugbahnen 2005 überzeugende Beweise für die Richtigkeit der Interpretation von Frischs lieferten.

Inzwischen wissen wir, dass Bienen über einige beeindruckende kognitive Fähigkeiten verfügen, etwa das Lernen komplexer Aufgaben (wie eine kleine Kugel in ein Loch zu schieben) gegen Belohnung. Ihre Fähigkeit, geometrisch präzise sechseckige Waben zu bauen, hat die Naturphilosophie seit jeher fasziniert. Der amerikanische Ethologe James Gould, der von Frischs Forschungen zum Schwänzeltanz bestätigte, schrieb: «Es besteht vielleicht ein Gefühl des Missverhältnisses insofern, als dass die Sprache der Honigbiene symbolisch und abstrakt und im Hinblick auf den Informationsgehalt nur der menschlichen Sprache unterlegen ist. Entgegen allen Erwartungen jedoch erweisen sich Tiere als komplexer, als man bisher angenommen hatte.»

KARL VON FRISCH | 1886–1982

Karl von Frisch wurde in Wien geboren und hatte als Kind nicht nur Haustiere, sondern einen wahren Zoo mit 170 verschiedenen Arten: «Tiere aller Art […] sind die ständigen Gäste meiner Kinderstube gewesen», erzählte er. Sein Vater wollte, dass er Arzt wurde, doch er wechselte vom Medizinstudium zur Zoologie und wurde 1912 Dozent für dieses Fachgebiet an der Universität von München. In der Nazizeit machten von Frischs jüdische Großeltern ihn zum «Nichtarier», und er lief damit Gefahr, aus der Universitätslehre ausgeschlossen zu werden. Nur weil seine Forschungen zu Bienen, wichtigen Bestäubern von Nutzpflanzen, als potenziell hilfreich im Kampf gegen den *Nosema*-Pilz angesehen wurden, der damals die Bienen und damit die deutsche Nahrungsmittelversorgung bedrohte, durfte er seinen Posten behalten. 1973 bekam er für seine Forschungen zum Schwänzeltanz der Bienen zusammen mit Nikolaas Tinbergen und Konrad Lorenz den Nobelpreis in Medizin oder Physiologie, der damit erstmals im Bereich Tierverhaltenswissenschaft vergeben wurde.

Siehe auch: Experiment 56: Was der Regenwurm weiß, 1870–1880er-Jahre (Seite 222); Experiment 58: Angeborene und erworbene Verhaltensweisen, 1947–1949 (Seite 228).

Mentale Zeitreisen und das Konzept des anderen Geistes bei Vögeln (2001)

Haben Vögel eine Vorstellung von Vergangenheit und Zukunft?

Die Geschichte der tierischen Verhaltensforschung war lange eine Geschichte der Einzigartigkeit des Menschen. Trotz Darwins Beharren auf einem ununterbrochenen Zusammenhang zwischen Menschen und anderen Tieren – es gebe, so behauptete er, «keine fundamentalen Unterschiede zwischen dem Menschen und den höheren Säugetieren, was die geistigen Fähigkeiten angeht» – gab es eine gewisse Zögerlichkeit, auch nur einen Funken Bewusstsein, Gefühle und Emotionen in unseren nichtmenschlichen Verwandten anzuerkennen.

Zum Teil ist diese Zurückhaltung verständlich und sogar berechtigt. Es besteht eine starke Verlockung anzunehmen, dass jedes Verhalten, das unserem eigenen ähnelt, von einem vergleichbaren Geisteszustand geleitet wird, sodass wir Gefahr laufen, Tiere ungerechtfertigterweise zu vermenschlichen. Inzwischen hören wir in der Tierverhaltensforschung auch das Argument, dass wir zur Überkompensierung neigen und komplizierte Gründe dafür finden, dass ein Tier etwas aus blindem und automatisiertem Instinkt tut, wenn doch die sparsamste Erklärung in der Annahme einer Ähnlichkeit mit unserem eigenen empfindsamen Geist läge.

«The Crow and the Pitcher». Holzstich aus Thomas Bewick: *Bewick's Select Fables of Aesop and Others,* London: Bickers, 1871, Teil II. University of Toronto – Robarts Library.

Eine Geradschnabelkrähe bei einem Experiment. Geprüft werden soll, ob sie bei einer Wahlmöglichkeit zwischen einem massiven und einem hohlen Gegenstand den massiven wählt, um das Wasser im Zylinder zu verdrängen und an ein schwimmendes Stück Futter zu gelangen. Alle Vögel, die das Experiment korrekt durchführten, wählten in fast 90 Prozent der Fälle das massive Objekt.

Hervorzulocken, was andere Tiere denken oder fühlen oder auch nicht, erfordert einen großen Erfindungsreichtum, und erst in den letzten Jahrzehnten haben solche Studien erstmals mit Sicherheit gezeigt, dass wir vielleicht weniger einzigartig sind, als wir angenommen hatten. Es ist vielleicht weniger überraschend, Ähnlichkeiten im Geist anderer Primaten wie Schimpansen zu entdecken. Schwieriger ist es jedoch, die kognitiven Prozesse von Tieren zu verstehen, deren Physiologie, Anatomie und Lebensziele weniger mit uns gemein haben, etwa von Vögeln.

Vögel haben sehr unterschiedliche kognitive Fähigkeiten. Einige spüren das Magnetfeld der Erde beim Navigieren, manche geben komplexe, aber reproduzierbare Gesänge zur Partnersuche von sich, viele bauen raffinierte Nester und der Laubenvogel besitzt offenbar so etwas wie ein ästhetisches Urteilsvermögen beim Bauen (Männchen) bzw. Beurteilen (Weibchen) der «Lauben», die zu ihrem Paarungsritual gehören. Manche Vögel, etwa Rabenvögel, be-

Professor Nicola Clayton mit einigen Saatkrähen am Comparative Cognition Laboratory, das sie an der Cambridge University einrichtete.

NICOLA CLAYTON | GEB. 1962

Nicola Clayton machte ihren Abschluss in Zoologie an der Oxford University und beschäftigte sich im Rahmen ihrer Doktorarbeit an der University of St. Andrews mit Vogelgesang. 2000 richtete sie an der University of Cambridge ihr Comparative Cognition Laboratory ein, um das Verhalten von Rabenvögeln zu untersuchen. Für diese langfristigen Forschungsarbeiten ist es erforderlich, eine Beziehung zu den Vögeln aufzubauen. «Es ist ein Privileg», sagt Clayton, «die Gelegenheit zu bekommen, in ihren Geist hineinzusehen, und dass sie uns ausreichend vertrauen, ihr Wissen mit uns zu teilen.» Wegen dieses erforderlichen anhaltenden Engagements war es besonders beängstigend, als Claytons Labor 2021 vor der Schließung stand, weil die Finanzierung nicht fortgeführt wurde. Nach einer Protestwelle aus anderen Teilen der Wissenschaft konnten durch einen öffentlichen Aufruf 500 000 Pfund gesammelt werden, um das Labor offen zu halten.

Siehe auch: Experiment 56: Was der Regenwurm weiß, 1870–1880er-Jahre (Seite 222); Experiment 58: Angeborene und erworbene Verhaltensweisen, 1947–1949 (Seite 228).

nutzten Werkzeuge; andere, wie Papageien, können ausgezeichnet Geräusche nachahmen.

Es bleibt jedoch die Frage, ob diese Fertigkeiten mit Bewusstsein und Eigenwahrnehmung einhergehen. Eine der zentralen Fragen in der Tierverhaltensforschung lautet, ob Tiere eine sogenannte «Theory of Mind» besitzen, ob sie also andere als eigenständige Wesen mit eigenen Motiven und Sichtweisen sehen. Erkennen sie zum Beispiel, dass sie über Wissen verfügen können, das andere nicht haben, und umgekehrt? Eine andere Frage lautet, ob Tiere eine Vorstellung von Vergangenheit und Zukunft haben. Lange glaubte man, diese «mentale Zeitreise» sei eine rein menschliche Eigenschaft und andere Tiere lebten in einer immerwährenden Gegenwart.

Beide Eigenschaften des Geistes wurden 2001 in einem Experiment der Tierpsychologin Nicola Clayton von der University of Cambridge und ihrem Mann, dem Kognitionswissenschaftler Nathan Emery, untersucht. Sie erforschten den Floridahäher, einen in Nordamerika heimischen Rabenvogel, der in freier Wildbahn Nahrungsvorräte in Verstecken anlegt, zu denen er später zurückkehrt. Beim Verstecken selbst wenden die Häher keine besondere Mühe auf. Das Vorratslager ist recht leicht zu entdecken, und so kommt es häufig vor, dass das Versteck eines Vogels von einem anderen geplündert wird. Insbesondere kehren Häher, die einen anderen beim Verstecken von Nahrung beobachten, manchmal später an diesen Ort zurück, um den Vorrat zu stehlen. Doch gelegentlich versuchen die Vögel auch, solche Diebstähle zu verhindern, indem sie zu ihrem Versteck zurückkehren und die Vorräte woanders verstecken.

Clayton und Emery führten ein Experiment durch, um herauszufinden, wie die Versteckstrategien einzelner Vögel sich voneinander unterscheiden. Sie gaben den Hähern sandgefüllte Schalen zum Verstecken von Würmern und ließen sie nach drei Stunden zu ihren Verstecken zurückkehren, wo sie fressen konnten, aber auch die Möglichkeit hatten, nicht gefressenes Futter woanders zu verstecken; zu diesem Zweck gab ihnen das Forscherpaar eine zweite Sandschale. Sie fanden heraus, dass die Häher ihre Vorräte deutlich häufiger neu versteckten, wenn sie beim ersten Verstecken von einem anderen Vogel beobachtet worden waren und es bemerkt hatten. Darüber hinaus versteckten sie die Würmer häufiger in der neuen Schale, weil sie sie vermutlich für ein sichereres Versteck hielten.

Dieses Verhalten deutet darauf hin, dass die Vögel sich bewusst sind, dass ein Versteck in größerer Gefahr ist, geplündert zu werden, wenn ein anderer Vogel sie beim Verstecken beobachtet hat – als dächten sie: «Er hat dabei zugesehen, also weiß er, dass die Würmer da sind.» Das allein verrät uns jedoch noch nicht, was wirklich im Vogelkopf vor sich geht; vielleicht hat das Tier auch einfach einen angeborenen Instinkt wie «neu verstecken, falls beobachtet». Doch Clayton und Emery sahen noch etwas anderes. Sie führten weitere Experimente mit einer Gruppe von Vögeln durch, denen sie vorher die Möglichkeit gege-

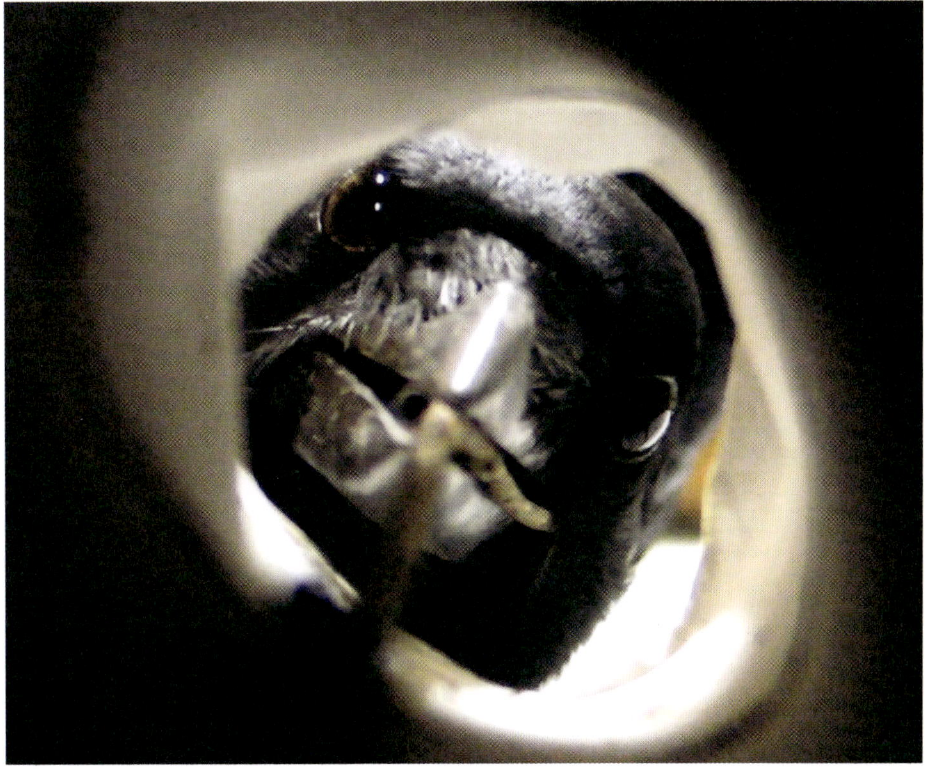

Videostandbild einer Krähe, die 2012 in einem Experiment mit einem Zweig nach Larven angelt. Mit freundlicher Genehmigung von Dr. Jolyon Troscianko von der University of Exeter.

ben hatten, von anderen zu stehlen; diese Vögel hatten sozusagen «Übung» im Stehlen. Sie bemerkten, dass die erfahrenen Plünderer, wenn sie beim Verstecken beobachtet wurden, mehr Würmer neu versteckten als eine Gruppe, die dieses Training nicht genossen hatte. Nun schien es, als dächten die Vögel: «Ich weiß, dass *ich* schon mal gestohlen habe, also nehme ich an, andere werden das auch tun.» Die Vögel schienen in der Lage zu sein, anderen das Potenzial für ein Motiv oder Verhalten zuzuschreiben, das sie selbst in der Vergangenheit erlebt hatten. Wie Clayton und Emery schrieben, ist dies «die erste Demonstration im Experiment, dass ein nicht-menschliches Tier sich an den sozialen Kontext spezifischer vergangener Ereignisse erinnern und sein aktuelles Verhalten anpassen kann, um potenziell schädliche Folgen in der Zukunft zu vermeiden.» Mit anderen Worten, die Vögel unternahmen sowohl eine mentale Attribution – eine Art Theory of Mind – als auch eine mentale Zeitreise.

Die Kunst bei Tierversuchen dieser Art besteht darin, Experimente zu entwickeln, die ausreichend kontrolliert sind, um verlässliche Schlüsse zu ziehen, ohne die Situation so künstlich zu gestalten, dass sie nicht mehr zuverlässig zeigen kann, was das Tier in freier Wildbahn tun würde. Häufig passt das natürliche Verhalten zu einer Vielzahl von Deutungen, und das Ziel besteh darin, die Möglichkeiten so einzuschränken, dass wir etwas Verlässliches über den unzugänglichen Geist ableiten können, der es steuert.

Literaturhinweise

Soweit es mir möglich war, habe ich für alle in diesem Buch beschriebenen Experimente die Originalquellen zurate gezogen. Das ist oft weniger abschreckend, als es klingt – die Arbeiten von Humphry Davy und Michael Faraday beispielsweise sind wunderbar einnehmend und klar geschrieben. Oft ist dieses Vorgehen auch sehr aufschlussreich: Retrospektive Berichte neigen dazu, die Geschichte zu glätten, und entfernen sich dabei manchmal vom tatsächlichen Ablauf.

Die Idee eines Überblicks über die Geschichte der experimentellen Wissenschaft anhand beispielhafter Experimente ist nicht neu. Rom Harré verwirklichte sie in *Great Scientific Experiments* (Phaidon, 1981) und geht dabei in seiner Erörterung der Philosophie und Methodik des Experimentierens mehr ins Detail, als der Platz in diesem Buch es mir erlaubt. Eine kleinere Auswahl an Experimenten mit einem starken Schwerpunkt auf der Physik stellt Robert Crease in seinem Buch *The Prism and the Pendulum: The Ten Most Beautiful Experiments in Science* (Random House, 2004) vor. Crease untersucht darin mit großem Scharfsinn das ästhetische Element des Experimentierens. Mein eigenes Buch *Elegant Solutions: Ten Beautiful Experiments in Chemistry* (Royal Society of Chemistry, 2005) war gleichzeitig Hommage und Erwiderung auf Crease und sollte zeigen, dass es auch in der experimentellen Geschichte der Chemie viele bewundernswerte und sogar schön zu nennende Beispiele gibt. George Johnson liefert in *The Ten Most Beautiful Experiments* (Bodley Head, 2008) eine weitere, ergänzende Auswahl an Experimenten.

Die Schwierigkeit bei all diesen Arbeiten ist dieselbe, der sich auch dieses Buch gegenübersah: dass man durch den Fokus auf bestimmte Experimente schnell den falschen Eindruck vermittelt, Fortschritte in der Wissenschaft bestünden aus einer Abfolge von Heureka-Entdeckungen, oft gemacht von einzelnen (und darüber hinaus westlichen und männlichen) Forschenden mit einem Standardsatz an methodischen Werkzeugen. Die Notwendigkeit, spezifische Experimente genauer zu untersuchen, verschiebt den Akzent zudem eher auf die Entwicklungen seit der frühen Moderne (etwa ab dem 17. Jahrhundert), da Aufzeichnungen aus früheren Zeiten häufig sehr lückenhaft sind. Ich hoffe, dass die Darstellungen in diesem Buch dies als bestenfalls eine Teilsicht auf die Funktionsweise der Wissenschaft entlarvt. Die klassische Darstellung, wie die frühe moderne Wissenschaft (insbesondere die «experimentelle Philosophie») gesellschaftlich vermittelt wurde, findet sich in dem Buch *Leviathan and the Air Pump* (Princeton University Press, 1985) von Steven Shapin und Simon Schaffer; eine alternative Sicht auf diese Zeit bietet David Wootton in *The Invention of Science* (Allen Lane, 2015). Eine ausgezeichnete Darstellung der unbeständigen Realitäten in der Ausübung moderner Wissenschaft liefert Jeremy Baumberg in *The Secret Life of Science* (Princeton University Press, 2018). Das relativ kürzliche Aufkommen der vermeintlich «wissenschaftlichen Methode» und ihre rhetorischen Funktionen untersucht Henry Cowles in *The Scientific Method* (Harvard University Press, 2020). Zur Philosophie der experimentellen Wissenschaft gibt es viel Literatur, zu der Pierre Duhem mit *Ziel und Struktur der physikalischen Theorien* (Felix Meiner Verlag, 1998) einen einflussreichen frühen Beitrag leistete. Es wäre ein Fehlschluss zu glauben, dass heute irgendein Konsens darüber herrscht, was «Experiment» bedeutet!

Für einen ausführlichen Blick auf die experimentelle Wissenschaft ist Lynn Thorndikes monumentales mehrbändiges Werk *A History of Magic and Experimental Science* (Columbia University Press, 1923–1941) nach wie vor eine Quelle von unschätzbarem Wert, auch wenn eine Vielzahl detaillierter wissenschaftlicher Arbeiten diese Geschichte seitdem ergänzt und erweitert hat. Ein großer Teil dieser Arbeiten prägt *The Cambridge History of Science*, Band I (2018) und II (2013), die die antike bzw. mittelalterliche Wissenschaft in allen Einzelheiten beschreiben, einschließlich der fragmentarischen Aufzeichnungen darüber, was Experimente in jener Zeit bedeutet haben könnten – nicht nur in klassischen Zivilisationen und im Westen, sondern beispielsweise auch in China, Indien und Babylonien. *The Oxford Handbook of Science and Medicine in the Classical World* (Oxford University Press, 2018) von Paul Keyser und John Scarborough leistet hier ähnlich hervorragende, noch prägnantere Arbeit. Zwar spricht die Art dieses Buches, in dem einzelne Experimente erläutert werden, gegen eine genaue Untersuchung der experimentellen Praktiken jener Zeiten, in denen es noch keine detaillierten Aufzeichnungen gab, doch damit ist keinesfalls gesagt, dass die Menschen nicht seit jeher auf eine Weise mit ihrer Umwelt interagierten, die wir als experimentell betrachten können.

Die ästhetischen Aspekte der Wissenschaft schließlich bekamen bis vor Kurzem deutlich weniger Aufmerksamkeit, als ihnen zustehen würde. *The Aesthetics of Science: Beauty, Imagination and Understanding* (Routledge, 2022), herausgegeben von Milena Ivanova und Steven French, ist ein ausgezeichneter erster Schritt hin zur Korrektur dieses Versäumnisses. Der Astrophysiker Subrahmanyan Chandrasekhar lieferte zuvor mit *Truth and Beauty: Aesthetics and Motivations in Science* (University of Chicago Press, 1987) bereits eine durchdachte persönliche Sicht auf dieses Thema. Dass es nun ernsthaft wissenschaftlich behandelt wird, ist ebenso spannend wie überfällig.

Register

Kursiv gesetzte Seitenzahlen verweisen auf Abbildungen.

Bildnachweis

Es wurde alles unternommen, um die Inhaber der Urheberrechte der in diesem Buch verwendeten Bilder zu ermitteln, und die Herausgeber bedauern jedes allfällige unbeabsichtigte Versehen. Die Abbildungen auf den folgenden Seiten wurden mit freundlicher Genehmigung ihrer Eigentümer, Lizenzgeber oder Institutionen wie nachfolgend angegeben zur Verfügung gestellt:

Adilnor Collection, Courtesy of: 140; Akira Tonomura, from John Steeds et al 2003, *Phys. World 16* (5) 20, fig. 2: 164 (unten); Alamy: 65 (The Natural History Museum); 88 (Science History Images): 156 (unten; Pictorial Press Ltd); 175 (Chronicle); 213 (Universal Images Group North America LLC); ATLAS Experiment © 2022 CERN: 133; Bavarian Academy of Sciences https://publikationen.badw.de/en/003395746 (CC by 4.0): 156; Berlin Museum of Natural History, Germany: 193; Biblioteca dell'Accademia Nazionale dei Lincei e Corsiniana, Florence: 102 links; Biblioteca Nazionale Centrale, Florence: 41; Bridgeman Images: 6 (Detail; The British Library, London); 59 (© Royal Institution); 139 unten (© Veneranda Biblioteca Ambrosiana/Metis e Mida Informatica/Mondadori Portfolio); 144 (© Courtesy of the Warden and Scholars of New College, Oxford); 147 unten (© Christie's Images); British Library, Oriental Manuscripts, Or 2784, courtesy Qatar Digital Library: 139 (oben); Caltech Archives and Special Collections, Courtesy of: 113, 125, 127, 201; Caltech/MIT/LIGO Lab: 28, 29; Cambridge University Library, Department of Archives and Modern Manuscripts: 187, 222; 224 (Reproduced with permission of the Syndics of Cambridge University Library and William Huxley Darwin); © 2005 CERN; Photo: Maximilien Brice: 131; Cold Spring Harbor Laboratory Archives, Courtesy of: 195, 199; Deutsches Museum, Munich, Archive, CD87008: 160; Division of Medicine and Science, National Museum of American History, Smithsonian Institution: 163; ETH-Bibliothek Zürich, Rar 21896: 218; German Federal Archives, Koblenz (CC BY-SA 3.0 DE): 161; © Getty Images: 23 (Bettmann); 25 (Photo by Boyer/Roger Viollet); 49 (National Gallery, London/Photo12/Universal Images Group); 55, 108, 148 (Science & Society Picture Library); Getty Research Institute, Los Angeles: 36; Heidelberg University Library (PDM): 225; Institut Pasteur/Musée Pasteur, Paris: 77 (MP:30357); 78 (MP21012), 79; James St John, via Flickr: 95; © Jim Harrison Photo: 166; John Carter Brown Library, Providence: 138; Jolyon Troscianko, Courtesy of: 234; Library of Congress, Washington D.C.: 43, 44, 50, 63 (Rare Book and Special Collections Division); M. C. Escher's *Depth* © 2023 The M. C. Escher Company-The Netherlands. All rights reserved. www.mcescher.com: 99; Manchester Literary and Philosophical Society, The (Photo courtesy Science & Society Picture Library, London): 54; Marine Biological Laboratory Archives, Arizona State University, "Hans Spemann." *Embryo Project Encyclopedia* (1931). ISSN: 1940-5030 http://embryo.asu.edu/handle/10776/3167: 191; Metropolitan Museum of Art, New York: 70; Missouri Botanical Garden, Peter H. Raven Library, via BHL: 2 (unten links), 105; Musée d'histoire des sciences de la Ville de Genève, MHS 2237 (CC BY-SA 3.0 FR): 117 (oben); Museo Galileo, Firenze. Photo by Franca Principe: 40, 101; Museum Prinsenhof Delft, Collection. Gift of H.C. Vroom (Photo Tom Haartsen): 35; Nadrian C. Seeman, New York University: 98; NASA: 37; National Institute of Standards and Technology Digital Archives, Gaithersburg, MD: 27; National Library of Medicine, Bethesda: 85, 209 (Photo: Norman MacVicar), 210; National Museum Boerhaave, Leiden: 171 (Photo Tom Haartsen), 229 (Niko Tinbergen's *A Total of 1095 Responses*); Natural History Museum Library, London: 2 (oben links), 20, 68, 219; Nimitz Library, United States Naval Academy: 19; Northeastern University, Boston, MA, Snell Library: 107; Paul W. K. Rothemund, "Folding DNA to create nanoscale shapes and patterns," *Nature*, vol. 440,16, p.298, fig. 1 (Detail), © 2006 Nature Publishing Group reproduced with permission of SNCSC: 97; PBA Galleries, Berkeley, CA, Courtesy of: 81; Philip Mynott: 233 (unten); Photo: Kelvin Ma, via Wikipedia (CC0 1.0): 147 (oben links); © Photo SCALA, Florence: 16 (CMN dist. Scala/Photo: Benjamin Gavaudo, 2016); 39 (Courtesy of the Ministero Beni e Att. Culturali e del Turismo); 189 (RMN-Grand Palais/Dist. Photo SCALA); PNAS; After Philip C. Hanawalt, "Density matters: The semiconservative replication of DNA," *PNAS*, Vol. 101, No. 52, fig.3. Copyright (2004) National Academy of Sciences, USA: 203; Private collection: 17; 192, 216, 230; Rijksmuseum, Amsterdam (CC0 1.0), SK-A-957: 170; Roslin Institute, The University of Edinburgh, Photo courtesy of The: 211; Royal Society, London, The: 32 (Detail), 47, 122; Sarah Jelbert, Dr., University of Bristol: 233 (oben); Science History Institute, Philadelphia: 2 (oben rechts), 51 (oben links); Science Museum Group: 103; Science Photo Library, London: 66, 73 (Royal Institution of Great Britain); 72 (Sheila Terry); 93 (J. Bernholc et al, North Carolina State University); 117 unten, 119 (IBM Research); 129 (LANL/Science Source); 152 (Royal Astronomical Society); 203 (Steve Gschmeissner); 207 (A. Barrington Brown, © Gonville & Caius College); 215 (Thomas Deerinck, NCMIR); Sean R. Garner and Lene Vestergaard Hau, *Coming Full Circle*: 167; Shutterstock/pOrbital.com: 109; Smithsonian Institution Archives, Washington D.C.: 26, 53; Smithsonian's National Zoo, Photo: Roshan Patel: 221; Stanford University Libraries, Courtesy of the Department of Special Collections (M2568, Emil Fischer papers): 87; Suleymaniye Manuscript Library, Istanbul, by permission of the Presidency of Manuscripts Institution, Turkey: 137; SXS (Simulating eXtreme Spacetimes) Project, Courtesy The: 12 (Detail): 30; © The Trustees of the British Museum: 67; University Libraries Leiden (CC BY 4.0): 34; University Library, Basel: 141; University of California Libraries: 15, 86; University of Cambridge, Courtesy of and Copyright Cavendish Laboratory: 111, 122 (Courtesy Royal Society, London); University of Illinois Urbana-Champaign: 22; University of Toronto, via BHL: 186 (Gerstein Science Information Centre); 232 (Robarts Library); Wellcome Collection, London (PDM): 2 (unten rechts), 7, 8, 9, 10, 45, 51, 69 (unten), 74, 80 (Detail), 82, 83, 89, 91, 102 (rechts), 134, 143, 146, 150, 168, 172, 173, 174, 177, 178, 179, 185, 220, 227; (CC by 4.0): 57, 188, (David Gregory and Debbie Marshall), 223; (Copyright, by permission): 205, 206; Copyright (2023) Wiley. Used with permission from P. Lenard, "Über die lichtelektrische Wirkung," Annalen der Physik, 1902, vol. 8, issue 1: 156 (oben); The Yorck Project (2002): 180.

Dank

Die Erfahrung hat mich gelehrt, dass das Redaktions- und Layoutteam bei Quarto – in diesem Fall Ruth Patrick, Anna Galkina, Martina Calvio, Sara Ayad Cave und Allan Sommerville – hervorragende Arbeit bei der Herstellung dieses Buches leisten würden, und meine Erwartungen hätten nicht besser erfüllt werden können. Ein Buch dieser Art ist eine wahre Gemeinschaftsarbeit, für die der Autor meist ungerechterweise alle Lorbeeren erntet – allerdings wohl auch alle Kritik. Dankbar bin ich auch meiner Lektorin Karen Merikangas Darling bei University of Chicago Press, die wieder einmal großes Vertrauen in mich setzte, von dem ich nur hoffen kann, dass es berechtigt ist. Für die Beantwortung einiger Fragen zu Experimenten in der modernen Biologie danke ich Matthew Cobb, und dem Historiker Thony Christie gebührt großer Dank für die sorgfältige Durchsicht der ersten Kapitel. Aus meinen Gesprächen mit Milena Ivanova über die Ästhetik der Wissenschaft schließlich habe ich großen Nutzen gezogen.